이렇게 즐거운 도쿄라니

'토요일의 도쿄' 박재한 지음

이렇게 즐거운 도쿄라니

초판 1쇄 발행 · 2025년 3월 27일
초판 2쇄 발행 · 2025년 4월 11일

지은이 · '토요일의 도쿄' 박재한

발행인 · 우현진
발행처 · 용감한 까치
출판사 등록일 · 2017년 4월 25일
팩스 · 02)6008-8266
홈페이지 · www.bravekkachi.co.kr
이메일 · aoqnf@naver.com

기획 및 책임편집 · 우혜진
마케팅 · 리자 **디자인** · 죠스 **교정교열** · 이정현
CTP 출력 및 인쇄 · 제본 · 이든미디어

ISBN 979-11-91994-37-7

세상에서 가장 용감한 고양이 '까치'

동물 병원 블랙리스트 까치. 예쁘다고 만지는 사람들 손을 마구 물고 할퀴며 사나운 행동을 일삼아 못된 고양이로 소문이 났지만, 사실 까치는 누구보다도 사람들을 사랑하는 고양이예요. 사람들과 친해지고 싶은 마음에 주위를 뱅뱅 맴돌지만, 정작 손이 다가오는 순간에는 너무 무서워 할퀴고 보는 까치.

그러던 어느 날, 사람들에게 미움만 받고 혼자 울고 있는 까치에게 한 아저씨가 다가와 손을 내밀었어요. "만져도 되겠니?"라는 말과 함께 천천히 기다려준 그 아저씨는 "인생은 가까이에서 보면 비극이지만, 멀리서 보면 코미디란다"라는 말만 남기고 휭하니 가버리는 게 아니겠어요?

울고 있던 겁 많은 고양이 까치는 아저씨 말에 마지막으로 한 번 더 용기를 내보기로 했어요. 용기를 내 '용감'하게 사람들에게 다가가 마음을 표현하기로 결심했죠. 그래도 아직은 무서우니까, 용기를 잃지 않기 위해 아저씨가 입던 옷과 똑같은 옷을 입고 길을 나섭니다. '인생은 코미디'라는 말처럼, 사람들에게 코미디 같은 뻥 뚫리는 즐거움을 줄 수 있는 뚫어뻥 마법 지팡이와 함께 말이죠.

과연 겁 많은 고양이 까치는 세상에서 가장 용감한 고양이가 될 수 있을까요? 세상에서 가장 용감한 고양이 까치의 여행을 함께 응원해주세요!

때론 작은 계기가 인생을 바꾸곤 합니다

도쿄에 온 지도 어느덧 10년이 훌쩍 넘었습니다.
그동안 도쿄에서 많은 곳에 가고 많은 사람들과 추억을 쌓았습니다.
이 모든 것은 어릴 적 우연히 접한
도쿄를 소개하는 책 한 권에서 비롯되었습니다.
형형색색의 옷을 입은 사람들, 서울과는 다른 분위기의 도시 모습.
책을 한 장 한 장 넘기며 도쿄는 어떤 도시일까 궁금증이 커져갔습니다.
'직접 도쿄를 느껴보자!'라는 단순한 생각으로 아르바이트를 하면서
차곡차곡 모은 돈을 들고 무작정 도쿄행 비행기에 몸을 실었습니다.
그때는 몰랐습니다.
도쿄가 이렇게 재밌는 도시일 줄은,
도쿄의 재미에 빠져 이렇게 오래 살게 될 줄은.

그렇게 한참을 도쿄에 매료되어 지내던 중
코로나로 세상이 바뀌었습니다.
동시에 화려하게 밤을 비추던 도쿄의 불빛도 점점 흐려져 갔습니다.
사람과 거리를 두어야 했고
추억이 쌓였던 가게가 폐업하기도 했습니다.
익숙함에 늘 당연하다고 여겼던 것도 언젠가 사라질 수 있다는 사실을
코로나를 계기로 다시 한번 깨닫게 됐습니다.
'사라지는 것에 대한 아쉬움을 어떻게 덜어낼 수 있을까?'
고심한 끝에 한 가지 행동을 하기로 결심했습니다.
"모두가 볼 수 있는 유튜브에 기록을 남겨야겠어."

'토요일의 도쿄'는 식(食)을 중심으로
제가 다녔던 곳을 기록하는 유튜브 채널입니다.
언젠가 코로나가 끝나고 하늘길이 다시 열렸을 때
저의 기록을 참고하며 같은 즐거움을 느끼길 바라는 마음,
힘든 시기를 버틴 가게에
미약하게나마 도움이 되면 좋겠다는 마음으로 시작했습니다.
여행이 재개되고, 제가 기록한 곳을 다니며 추억을 공유하는 분들이
조금씩 생겨서 항상 감사하고 신기할 따름입니다.

유튜브에서는 도쿄의 식문화를 중심으로 소개하지만
마음속에는 항상 영상에는 다 담을 수 없었던 도쿄의 다양한 곳을
소개하고 싶은 욕심이 있었습니다.
참 신기합니다. 마음속으로 간절히 원하면 길이 열리니 말입니다.
마침 용감한 까치로부터 도쿄 가이드북 집필 제안을 받았고
어린 시절 저를 설레게 했던 한 권의 책처럼,
이제는 제가 도쿄 이야기를 전할 차례가 되었다는 생각에
뛸 듯이 기뻤습니다.

이 책은 도쿄를 즐기는 101가지 방법에 대한 소개서이자
저, 그리고 저와 도쿄 여정을 함께하는 아내와 바라본
도쿄에 대한 기록이기도 합니다.
도쿄에 10년 이상 거주하며 실제 방문하고 좋았던 곳, 다른 책에서는
보기 힘든 '진짜' 도쿄를 담았습니다.
저희 기록이 도쿄의 매력을 더욱 깊이
알아가는 작은 계기가 되길 바랍니다.

CONTENTS

notice

- 책에 소개한 내용 중 외래어는 외래어 표기법을 기준으로 표기했지만 일본어는 현지 발음을 기준으로 기재했습니다.
- 본문에 소개한 가게명은 실제로 표기된 이름을 기준으로 기재했습니다.
- 본문에 소개된 가게의 주소는 1층을 제외하고 층수를 표시했습니다.
- 가게 정보에 기재한 '커버 차지'는 자릿세를 의미합니다. '테이블 차지'는 인원수 상관없이 테이블 하나당 지불하는 커버 차지를 의미합니다.
- 본문의 모든 내용은 2025년 2월 취재를 기준으로 작성한 내용으로 현지 사정에 따라 달라지거나 변동될 수 있습니다. 또 책에 소개한 내용은 저자의 개인적 경험을 바탕으로 설명한 것으로, 개인에 따라 다를 수 있습니다.

평일 출근 시간대의 도쿄

도쿄의 아침 하늘은 눈부시도록 파랗고 아름답습니다.
고층 건물이 적어 햇살이 잘 들어오는 것도
그 이유 중 하나가 아닐지
떠다니는 구름을 바라보며 추측해봅니다.

밀린 빨래를 널고 따뜻한 햇살을 느끼며 창가에서
따뜻한 커피 한잔을 마시고
잠시 숨을 돌린 뒤 오늘 할 일을 확인하며 문밖을 나섭니다.

목적지까지 빠르게 갈 수 있는 전철을 탈지,
조금 늦더라도 바람을 느끼며 자전거를 탈지,
어느 쪽으로 출근할까 잠시 고민하다 날씨도 좋으니
자전거를 타기로 합니다.
출근길은 요요기 공원을 가로질러 갑니다.
조용히 공원 풍경을 감상하며
어제와 다른 도쿄를 눈에 새깁니다.

봄에는 잠시 멈춰 벚꽃을 구경하기도 하고, 초여름에는
잔디밭에 앉아 아침 식사로 샌드위치를 먹기도 합니다.
조금 여유 있게 출발해 오늘의 도쿄는 어떤 모습일까?
어떤 재밌는 일이 펼쳐질까? 혼자 신나는 상상을 하면서
출근길 풍경을 카메라에 담습니다. 얼마나 지났을까,
미리 맞춰둔 알람이 이제 그만 회사로 가라고 재촉합니다.
"어?! 벌써 시간이 이렇게 됐네. 이러다 지각하겠다!"

오츠카레사마데시타!

(수고하셨습니다!)

퇴근 후 도쿄의 일상

저녁이 되면 건물 여기저기에서 들리는 퇴근 인사를 뒤로하고
동료들과 그동안 가보고 싶었던 이자카야로 발걸음을 옮깁니다.

예전에는 한국에서 온 저를 안내해준다는 이유로,
지금은 콘텐츠를 제공한다는 이유로
동료들은 앞다투어 자신만의 맛집, 꼭 방문해봐야 할 곳에 대한
이야기를 쏟아냅니다.

"진짜 오래된 단골 가게가 있는데 말이야…."
"최근에 여기 전시회 가봤는데 너무 멋있더라."
"이 가게 마스터가 너무 웃겨.
다음에 한국분들에게 소개해보는 건 어때?"

동료들이 쏟아낸 정보를 하나씩 기록하며 잠시 생각에 잠깁니다.
'10년 넘게 도쿄 여행을 이어왔지만, 아직도 갈 곳이 많구나.'

도쿄의 시간들

"도쿄의 어떤 점이 좋아서 계속 살고 있는 건가요?"

도쿄에서 생활하기 시작한 후

가장 많이 들은 질문입니다.

간결하고 명확한 대답을 원할 테지만

예전이나 지금이나

도쿄를 좋아하는 이유에 대해

짧게 답변하지 못합니다.

음식도 입에 잘 맞고

계절에 따라 변화하는 풍경도 좋고

친근한 사람들도 좋고

동네를 돌아다니면 발견하게 되는

소소한 '피식' 포인트도 좋고.

이것도 좋고 저것도 좋고.

이렇게 좋은 이유를 쓰다 보니 끝이 없네요.

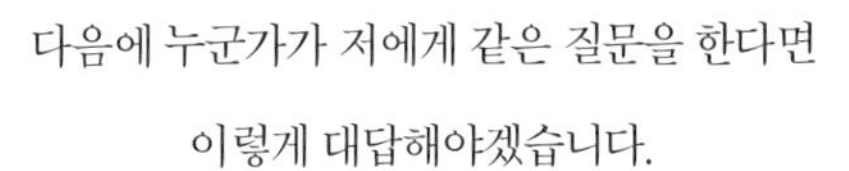

다음에 누군가가 저에게 같은 질문을 한다면

이렇게 대답해야겠습니다.

"음… 나는 도쿄에서 보내는 시간이

너무 편하고 좋아."

銀座カラー
カラオケ館
桜花クリニック
シーボン.
白木屋
PROMISE
ミュゼプラチナム

어스름 저녁의 도쿄

딱 맞는 퍼즐 조각처럼 주차된 택시,

한 치의 오차도 허용하지 않을 것 같은 반듯한 건물 숲,

부슬비로 젖은 땅에 부서지듯 반사되는 네온사인 빛,

그 안에서 술에 취해 비틀거리며 귀가를 서두르는 사람들.

질서 정연하면서도

자유로운 도시, 도쿄.

마무리

《이렇게 즐거운 도쿄라니》에서는 단순히 장소를 소개하는 것이 아닌
공간이 품고 있는 이야기에 집중했습니다.
수많은 도쿄의 장소를 소개하면서
이토록 많은 이야기를 풀어낸 책은 지금껏 어디서도
본 적 없을 거라고 자부합니다.
도쿄를 처음 방문한 분들, 도쿄를 여러 번 방문한 분들
모두에게 작은 영감을 주는 책이 되었으면 좋겠습니다.

01

굿모닝 도쿄!

Fu Teishokuya

뚜벅이 도쿄 여행의 시작은 아침 식사와 함께! 오늘도 도쿄 이곳저곳을 둘러보며 1만 보를 걸으려면 아침밥을 든든히 먹어두는 게 좋겠죠? 현지인의 아침을 책임지는 로컬 힐링 스폿에서 상쾌한 도쿄의 아침을 느끼며 가득 차린 식사와 함께 활기찬 하루를 시작해보세요.

九段下 4 市ケ谷
Kudanshita Ichigaya
新宿駅東口
Shinjuku Sta.
歌舞伎町
パチンコエスパス日拓
アコム
3F
DARTS
KARAOKE & PARTY
カラオケ&パーティー
PASELA
東海苑
YUNIK
Alpen Outdoors

Ohitsuzen Tanbo

가장 일본스러운 아침 식사를 할 수 있는 곳

오히츠젠 탄보는 도쿄에서 가장 맛있는 쌀밥을 먹을 수 있는 곳입니다. 오히츠젠(나무로 만든 밥통)에 담아 내오는 흰쌀밥은 정성스럽게 정미해 윤기가 흐르고 밥알 하나하나가 살아 있습니다. 아침 정식 세트에 함께 나오는 연어구이와 달걀말이, 김을 더하면 일드에서 보던 정갈한 아침 한 상을 맛볼 수 있어요.

TIP 맛있는 쌀밥으로 만든 주먹밥도 포장 가능합니다.

INFO **주소** 1-41-9 Yoyogi, Shibuya-ku, Tokyo **영업시간** 08:00~20:00 **휴무일** 무휴 **가격** 탄보 아침 정식 980엔

Fu Teishokuya

골라 먹는 재미! 커스터마이즈 아침 식사

'일본 가정식' 하면 어떤 반찬이 떠오르나요? 후테이쇼쿠야는 베스킨 라빈스급으로 다양한 종류의 클래식한 일본식 반찬을 갖추어 취향에 따라 골라 먹을 수 있습니다. 도나베(일본식 돌솥)로 지은 고슬고슬한 밥, 따뜻한 미소시루와 함께 완벽한 일본식 아침 식사를 즐겨보세요.

TIP 메인 메뉴는 이름이 적힌 칩을 고르면 조리한 후 자리로 서빙해줍니다.

INFO **주소** 4-5-23 Ebisu, Shibuya-ku, Tokyo **영업시간** 평일 07:30~15:00, 주말·공휴일 07:30~22:30 **휴무일** 수요일 **가격** 1,000~2,000엔

ALLEY CATS YUTENJI

떠오르는 핫 플레이스 아침 식사 맛집

동네의 100엔 숍을 개조해 만든 아침 식사 맛집, 앨리 캐츠 유텐지는 13년 이상 햄버거를 만들어온 오너의 가게입니다. 아침 식사 메뉴는 호밀빵에 호박 페이스트를 듬뿍 올린 아보카도 토스트, 포슬포슬한 스크램블드에그가 매력 만점인 브렉퍼스트 플레이트, 모닝 버거로 가볍게 만든 스매시 버거입니다.

TIP 브렉퍼스트 플레이트는 아침 10시까지만 판매하는 한정 메뉴입니다.

INFO **주소** 1-23-19 Yutenji, Meguro-ku, Tokyo **영업시간** 아침 식사 08:00~10:00, 브런치 10:00~15:00 **휴무일** 목요일 **가격** 브렉퍼스트 플레이트 1,500엔, 아보카도 토스트 1,400엔, 커피 500엔, 라테 550엔

BONDI COFFEE SANDWICHES

현지인들의 모닝커피 맛집

본다이 커피 샌드위치는 호주 본다이 비치를 연상시키는 자유롭고 개방적인 분위기 덕에 이웃에게 힐링 카페로 사랑받고 있습니다. 아침 7시에 오픈하며 가게에서 직접 만드는 빵부터 샌드위치, 에그 베네딕트, 아사이 볼 등 다양한 메뉴를 즐길 수 있습니다.

TIP 커피는 원두 3종류 중 고를 수 있어요.

INFO **주소** 2-22-8 Tomigaya, Shibuya-ku, Tokyo **영업시간** 07:00~19:00 **휴무일** 무휴 **가격** 에그 베네딕트 1,100엔, BLTE 715엔, 카페라테 660엔

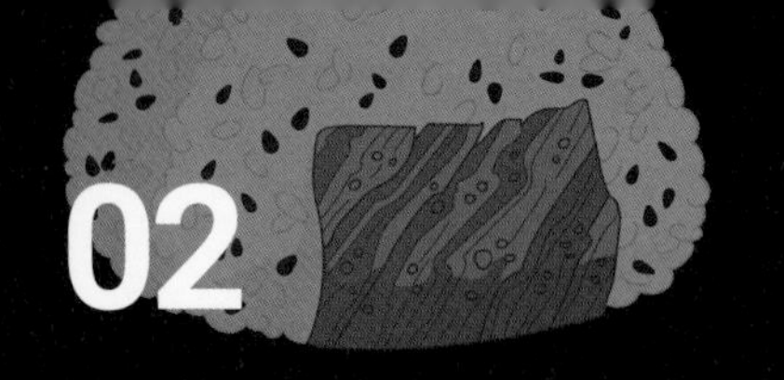

02

오니기리, 일본인의 솔 푸드

오니기리에는 단순함의 미학이 있습니다. 맛있는 밥과 속 재료, 두 가지만 있어도 맛있는 오니기리를 만들 수 있지만 결코 쉽지 않습니다. 단순함으로 차별점을 만들기란 여간 어려운 일이 아니기 때문입니다. 지금 도쿄는 오니기리 격전지라고 불러도 될 정도로 수많은 오니기리 전문점이 뜨고 지기를 반복하는 중입니다. 새로운 흐름에 따라 차별화를 꾀하는 맛집, 시대의 흐름 속에서도 묵묵히 자기 자리를 지키는 맛집. 도쿄 오니기리 편에서는 주문과 동시에 직접 만드는 차별화된 맛집을 소개합니다.

Bongo Itabashi

나만 알고 싶은 웨이팅 짧은 오니기리 맛집

봉고는 도쿄를 대표하는 오니기리 맛집입니다. 오츠카에 있는 오니기리 봉고 본점은 사람이 많을 때면 4시간 동안 웨이팅해야 먹을 수 있는 극악의 난도로 유명합니다. 반면 이타바시점은 웨이팅이 본점만큼 길지 않고 맛도 본점에 뒤지지 않을 정도로 훌륭합니다. 이타바시점은 본점에서 일했던 사장의 조카가 개업한 가게로, 봉고의 이름을 공식적으로 이어받은 건 이타바시점뿐입니다. 스시의 밥처럼 공기를 머금은 듯 부드럽게 뭉쳐 있는 오니기리는 봉고 이타바시점의 시그너처입니다.

TIP 현금 결제만 가능합니다. 주말에는 오픈 30분 전에 가는 걸 추천해요.

INFO **주소** 1-27-13 Itabashi, Itabashi-ku, Tokyo **영업시간** 11:10~14:00, 16:00~20:30(매진 시 조기 종료) **휴무일** 일요일, 공휴일 **가격** 오니기리 250~400엔

Yamataro

오니기리와 톤지루의 환상 조합

야마타로는 오니기리를 진심으로 사랑하는 부부가 운영하는 가게입니다. 속을 꽉 채운 묵직한 오니기리, 돼지고기와 채소를 듬뿍 넣은 톤지루의 조합을 맛볼 수 있습니다. 이 두 조합은 서로의 부족한 부분을 완벽하게 채워주는 역할을 합니다. 오니기리 한입과 톤지루 한 모금을 마시면 행복한 미소가 절로 지어집니다. 음식의 모습을 그대로 살리고자 하는 야마타로는 따뜻한 마음이 넘치는 가게입니다.

TIP 밤에는 바(bar)로 운영하는데 오니기리 속 재료를 안주로 즐길 수 있습니다.

INFO **주소** 2-10-7 Zoshigaya, Toshima-ku, Tokyo **영업시간** 이트 인 11:00~15:00, 테이크아웃 11:00~15:00 · 16:30~18:30 **휴무일** 부정기 **가격** 오니기리 300~750엔, 톤지루 360엔

Yadoroku

세계 최초 미슐랭 오니기리집

1954년에 오픈한, 도쿄에서 가장 오래된 오니기리 가게. 야도로쿠를 표현하는 데 이 한 문장이면 충분합니다. 일본 오니기리의 원형을 가장 잘 보존하고 있는 가게이며 오니기리로는 최초로 〈미슐랭 가이드〉에 오른 곳이기도 합니다. 오니기리의 재료는 연어, 매실장아찌, 채소절임 등 일본의 오니기리 하면 떠오르는 전통적인 식재료를 사용합니다. 각이 잘 잡힌 오니기리를 한입 베어 물면 부드러운 쌀밥의 단맛이 김 향과 함께 밀려옵니다.

TIP 현금 결제만 가능합니다. 웨이팅이 길기 때문에 여유 있게 방문하길 추천합니다.

INFO **주소** 3-9-10 Asakusa, Taito-ku, Tokyo **영업시간** 월~토요일 런치 11:30~재료 소진 시, 월·목·금·토요일 디너 17:00~재료 소진 시 **휴무일** 일요일 **가격** 오니기리 352~803엔

ANDON

오니기리로
이어지는 마음

오니기리는 지역에 따라 '연을 잇다(結ぶ, 무스부)'라는 뜻을 담아 오무스비라고도 부릅니다. 안돈은 일본의 쌀 생산지로 유명한 아키타현과 도쿄를 잇기 위해 연 가게입니다. 이곳에서는 농가에서 직접 구입한 쌀로 만든 오니기리와 지역 사케, 그리고 술맛을 돋워줄 갖은 안주를 맛볼 수 있습니다. 아담한 가게에 삼삼오오 모여 맛있는 음식과 술을 즐기다 보면 옆 테이블과 자연스럽게 소통하는 경험을 할 수도 있습니다. 부정기적으로 음식 이벤트를 개최해 오니기리와 색다른 음식의 조합을 선보이기도 합니다.

TIP 영업일은 인스타그램(@andon.omusubi)을 통해 확인하세요.

INFO **주소** 3-11-10 Nihonbashihoncho, Chuo-ku, Tokyo **영업시간** 11:30~13:30, 18:00~22:00 **휴무일** 일·수요일, 부정기 **가격** 오니기리 330엔~, 디너 커버 차지 1인 400엔

오니기리
이자카야

코메코는 오니기리와 이자카야를 결합한 가게입니다. 동네 상점가에 위치한 이곳은 식사 겸 반주가 가능해 퇴근길 직장인의 발길을 끄는 식당이자 술집입니다. 이자카야의 특성을 십분 살려 오니기리 외에도 교자와 오뎅, 오이타현의 향토 음식인 류큐 등 다양한 술안주도 제공합니다. 쌀은 밥을 지었을 때 쫀득한 식감과 단맛이 돋보이는 야마가타의 고품질 쌀인 츠야히메를 사용합니다. 오니기리에 넣는 소금은 감칠맛을 더욱 끌어올려주는 해조 소금과 굴 소금을 혼합해 사용합니다.

TIP 영업일은 인스타그램(@komeko5350)을 통해 확인하세요.

INFO **주소** 2-5-3 Hatagaya, Shibuya-ku, Tokyo **영업시간** 유동적 **휴무일** 수요일 **가격** 오니기리 308~660엔

03

'최애' 우동을 찾아 떠나는 여행

Udon Jinza

탱탱함을 넘어 씹는 맛 가득 느껴지는 면발부터 칼국수처럼 살짝 퍼진 면발까지. 또 츠유 향이 가득 넘치는 국물부터 슴슴한 맛을 자랑하는 국물까지. 도쿄의 우동에는 지금껏 만나보지 못한 다양한 모습이 숨어 있습니다. '최애' 우동을 찾아 떠나는 여행, 여러분의 우동 여행에는 어떤 종착지가 기다리고 있을까요? 이것만 기억하세요. 여러분의 발걸음에는 '그저 우동만 있을 뿐이야.'

1

Gibitsumi

여배우의 우동 한 그릇

기비츠미는 일본 록의 명곡 'Give It to Me'에서 따온 가게명과 영화 <훌라 걸스>에 출연한 배우가 점주라는 재밌는 스토리를 지닌 곳입니다. 면에서는 매끄러우면서도 탱탱함과 쫀득함을 갖춘 섬세함이 느껴집니다. 튀김 또한 맛있어서 튀김 메뉴를 안주 삼아 술자리를 겸하는 손님도 있습니다.

TIP 반주 또는 해장 우동으로 추천합니다.

2

Hashida Taikichi

돌아온 미슐랭 우동 맛집

하시다 타이키치에서는 고기 우동에 온천 달걀, 우엉과 닭고기 튀김이 세트인 타이키치 우동을 주문하세요. 매끄러운 면의 목 넘김과 깊은 국물 맛에 놀랄 겁니다. 닭고기는 유즈코쇼(조미료), 우엉은 소금에 찍어 먹은 후 나머지는 국물에 담가 튀김옷을 국물에 적셔 먹습니다.

TIP 거의 다 먹었을 때 매운 다시마를 조금 넣으면 칼칼한 우동으로 새롭게 변신합니다.

3

Tohoseso

소문난 '신상' 우동 맛집

토호세소의 우동은 일반적인 우동과 궤를 달리합니다. 도전적이면서도 우동 본래의 뚝심 또한 지니고 있습니다. 대표 메뉴인 토호세소 우동은 츠케멘처럼 즐길 수 있으며, 소고기 명란 버터 우동은 비빔면으로 먹다가 국물을 더해 새롭게 맛을 즐기는 것도 가능합니다.

TIP 낮에는 우동집, 밤에는 이자카야로 변신합니다.

4

Menki Yashima

겉과 속이 다른 집

멘키 야시마의 멸치로 낸 투명한 국물은 상당히 슴슴합니다. 수타면은 뜨겁게 먹으면 칼국수 면처럼 식감이 퍼지고 차갑게 먹으면 딱딱하다고 느껴질 정도로 쫀득합니다. 슴슴한 맛 때문에 호불호가 나뉘지만 그 맛에 빠지면 이보다 중독성 강한 우동이 없습니다.

TIP 토핑으로 오징어 다리 튀김을 꼭 먹어보세요.

5

Kunugiya

떡처럼 쫄깃쫄깃한 면발

떡처럼 쫀득한 식감을 더하기 위해 독자적인 압력솥 삶기 방식을 고수하는 쿠누기야. 궁극의 쫄깃함을 맛보고 싶다면 꼭 가봐야 할 가게입니다. 가장 인기 높은 메뉴는 명란 크림 우동이며 가츠오와 다시마로 우려낸 국물에 녹진한 명란 크림을 더해 깊고 진한 맛을 느낄 수 있습니다.

TIP 카운터에서 번호를 부르면 주문한 음식을 직접 픽업하세요.

6

Udon Jinza

실패 없는 스페셜 조합

진자의 우동은 먹고 나면 "잘 먹었다!"는 소리가 절로 나옵니다. 주인공인 우동이 아직은 나설 때가 아니라며 살포시 물러나 있는 듯 위에 올린 돼지고기와 닭 튀김의 맛이 일품입니다. 재료에 대한 고집을 우선하며 우동의 본고장 카가와현의 우동을 재현하고자 식재료나 조미료는 카가와 것을 중심으로 사용합니다.

TIP 조미료로 맛에 변화를 주는 것도 좋습니다.

INFO **주소** 7-19-21 Nishishinjuku, Shinjuku-ku, Tokyo **영업시간** 런치 11:30~14:30, 디너 17:00~23:00 **휴무일** 일요일, 공휴일 **가격** 텐모리 우동 1,150엔

INFO **주소** 1-15-7 Nishishinbashi, Minato-ku, Tokyo **영업시간** 런치 11:00~15:30, 디너 17:00~21:30 **휴무일** 일요일, 공휴일 **가격** 타이키치 우동 1,250엔

INFO **주소** 1-11-2 Asagayaminami, Suginami-ku, Tokyo **영업시간** 11:30~15:00 **휴무일** 월·화요일, 부정기 **가격** 토호세소 우동 1,100엔

INFO **주소** 1-45-13 Tomigaya, Shibuya-ku, Tokyo **영업시간** 11:30~15:00(매진 시 조기 종료) **휴무일** 월·화·일요일 **가격** 카케 우동 770엔

INFO **주소** 1-7-2 Shinjuku, Shinjuku-ku, Tokyo **영업시간** 11:00~19:30 **휴무일** 무휴 **가격** 멘타이코 크림 우동 980엔

INFO **주소** 2-6-10 Shibadaimon, Minato-ku, Tokyo **영업시간** 11:00~15:00 **휴무일** 무휴 **가격** 스페셜 우동 780엔

Iseman

도쿄에서 보기 힘든 런치 한정 우동

이세만은 미에현의 명물인 이세 우동 전문점입니다. 면은 일반 우동에 비해 2배 두껍고 탄력이 뛰어납니다. 이세만에서는 낫토 우동을 먹어야 합니다. 다른 우동에 비하면 쉽지 않을 수도 있지만, 낫토를 좋아하고 우동의 새로운 세계를 경험하고 싶다면 꼭 먹어보기를 권합니다. 초보자는 차가운 것을, 상급자는 뜨거운 것을 드세요.

TIP 면을 다 먹은 후 국물에 밥을 말아 먹는 것으로 마무리합니다.

INFO **주소** 2F 2-6-6 Takadanobaba, Shinjuku-ku, Tokyo **영업시간** 11:30~14:00 **휴무일** 토·일요일, 공휴일 **가격** 낫토 히야지루 우동 820엔

04

흔들리는 소바 속에서
메밀 향이 느껴진 거야

향긋한 메밀 향이 감도는 소바는 메밀가루와 밀가루의 비율에 따라 맛과 풍미가 현저히 달라집니다. 계절에 맞추어 면을 따뜻하거나 차갑게 즐길 수 있으며 곁들이는 음식도 육류, 생선, 채소 등 다양합니다. 오랜 역사를 지닌 음식답게 도쿄에는 각양각색의 소바가 있습니다. 수많은 도쿄의 소바집 중 특색 있는 곳을 꼽았습니다. 각각의 소바에 어떤 이야기가 담겨 있는지 확인해보세요.

Asakusa Hirayama 소문난 '신상' 소바 맛집

2021년 오픈한 이래 단시간에 소바 애호가들의 입맛을 사로잡은 히라야마는 풍성한 메밀 향과 쫄깃함은 물론 면 한 올마다 힘이 느껴지는 소바가 특징입니다. 세이로 소바에는 호두와 캐슈너트를 곱게 갈아 만든 고소한 코노미 츠유를 더할 수도 있습니다. 또 계절 재료로 만든 튀김과 다시의 은은한 풍미가 느껴지는 달걀말이 등 수준 높은 요리를 비교적 저렴한 가격에 맛볼 수 있는 곳으로 명성을 쌓아가고 있습니다.

INFO **주소** 1-3-14 Nishiasakusa, Taito-ku, Tokyo **영업시간** 런치 12:00~14:00, 디너 18:00~20:30 **휴무일** 월·화요일 **가격** 세이로 소바 1,000엔, 코노미 츠유 300엔, 달걀말이 1,300엔

TIP 저녁에는 예약 후 방문을 추천합니다.

Osoba no Kouga 비주얼 일등 소바

소장하고 싶은 아름다운 소바. 오소바 노 코우가의 소바는 가격은 비싼 편이지만 압도적인 비주얼과 맛으로 사람을 매료시키는 힘을 지녔습니다. 성게알을 듬뿍 올린 소바는 극강의 감칠맛을 선사하고 새콤한 영귤로 가득 덮인 소바는 청명한 여름 날씨를 입에 머금은 듯 상쾌한 느낌을 줍니다.

INFO **주소** 2-14-5 Nishiazabu, Minato-ku, Tokyo **영업시간** 런치 11:30~14:00, 디너 17:00~20:00 **휴무일** 화·수요일 **가격** 성게알 소바 시가(약 4,000엔), 영귤 소바 시가(약 2,000엔)

TIP 소바 가격은 재료 시가에 따라 달라집니다.

Matsunaga 하라주쿠 직장인 소바 성지

하라주쿠 직장인들의 입맛을 사로잡은 소바집, 마츠나가에서는 은은하면서 깊은 맛이 느껴지는 츠유와 쫄깃함, 부드러운 목 넘김이 자랑인 소바면을 즐길 수 있습니다. 튀김 또한 높은 평판을 자랑하며 재료 본연의 맛을 잘 살린 깨끗하면서 군더더기 없는 고소함이 특징입니다.

INFO **주소** 2-19-12 Jingumae, Shibuya-ku, Tokyo **영업시간** 11:30~14:00 **휴무일** 일요일, 공휴일 **가격** 텐푸라 소바 1,800엔, 텐자루 소바 1,900엔

TIP 직장인이 몰리기 전 이른 시간 방문하길 추천합니다.

Teuchi Soba Fujiya 90년 전통 소바집의 간판 메뉴

테우치 소바 후지야는 1933년에 창업한 유서 깊은 소바집입니다. 소바는 맷돌로 정성 들여 갈아낸 메밀가루를 수타 작업을 거쳐 만듭니다. 이렇게 뽑아낸 면은 풍성한 메밀 향을 유지합니다. 후지야의 대표 메뉴는 100% 메밀가루로만 만든 쥬와리 소바입니다. 씹을수록 고소한 메밀 향이 입안 가득 퍼지는 매력을 지니고 있습니다.

INFO

주소 7-21-3 Nishishinjuku, Shinjuku-ku, Tokyo **영업시간** 런치 11:30~14:00, 디너 17:30~21:00 **휴무일** 격주 토·일요일, 공휴일 **가격** 쥬와리 소바 1,080엔, 오리 소바 2,200엔, 모둠 튀김 1,200엔

TIP

소바 면은 기본 2:8 소바(밀가루 2, 메밀가루 8)입니다. 200엔을 추가하면 쥬와리(메밀가루 100%)로 변경 가능합니다.

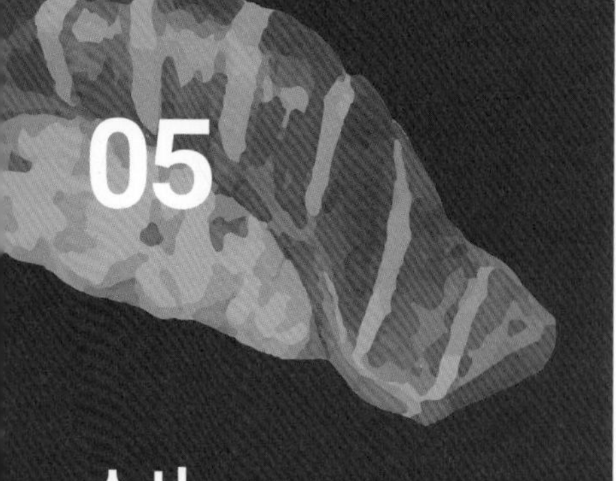

05

스시,
한입으로 느끼는
바다의 행복

일본 여행에서 빼놓을 수 없는 음식, 스시. 도쿄에는 저렴한 체인점부터 고가의 오마카세까지 다양한 스시집이 있습니다. 선택지가 많은 만큼 가격, 접근성, 맛 등 각자의 요구 조건을 충족하는 좋은 스시집을 쉽게 고를 수 있죠. 도쿄의 수많은 스시집 중 관광객이 캐주얼하게 방문하기 좋으면서 독특한 개성을 지닌 맛집 다섯 곳을 추려 보았습니다.

Sushimasa

160년 장인의 스시를 맛보다

1861년에 창업해 5대를 이어온 노포 스시집, 스시마사는 160년이 넘는 역사가 증명하듯 오랜 시간 도쿄를 대표하며 사랑받아온 스시집입니다. 작고 조용한 가게에는 장인의 손맛을 즐기려는 사람들로 빼곡합니다. 적초를 사용해 은은한 단맛과 감칠맛이 도는 샤리(밥), 잘 손질한 네타(초밥 재료)가 훌륭한 균형을 이루어 절로 고개가 끄덕여집니다.

TIP 오마카세 외 단품은 시가입니다.

INFO **주소** 1-4-4 Kudanminami, Chiyoda-ku, Tokyo **영업시간** 평일 런치 11:30~13:30, 디너 17:30~22:00 / 주말·공휴일 런치 11:30~13:30, 디너 17:00~20:30 **휴무일** 무휴 **가격** 런치 오마카세 11종 코스 13,200엔

Omakase

장기 숙성 오마카세 스시

숙성한 생선의 맛을 느끼고 싶다면 오마카세를 추천합니다. 장인이 개발한 생선 처리 방법을 통해 장기 숙성을 거쳐도 비린 맛이 나지 않으며 재료가 지닌 녹진한 맛과 숨은 감칠맛을 극대화해 스시를 만듭니다. 가게 이름처럼 오마카세 코스만 제공하며 스시를 포함한 단품 요리도 맛볼 수 있습니다.

TIP 예약 필수입니다. 예약 방법은 tsukijisushiomakase.com에서 확인하세요.

INFO **주소** 6-24-8 Tsukiji, Chuo-ku, Tokyo **영업시간** 런치 12:00~13:30, 디너 16:00~21:30 **휴무일** 무휴 **가격** 런치 오마카세 22종 코스 6,600엔, 디너 오마카세 22종 코스 8,800엔

시부야 유일의 미슐랭 스시

스시 코린은 시부야 번화가에서 조금 벗어난 곳에 위치합니다. 시부야에서 쇼핑을 즐기는 사람들에게는 여행 계획을 세우기에 가장 좋은 장소라고 할 수 있습니다. 미슐랭 빕구르망에도 선정될 정도로 합리적인 가격으로 맛있는 스시를 즐길 수 있어, 많은 스시 애호가가 방문하는 인기 스시집입니다.

TIP 예약 필수입니다. 예약 방법은 인스타그램(@sushi_kourin)에서 확인하세요. 신용카드는 비자, 마스터만 사용 가능합니다.

INFO **주소** B1F 11-10 Kamiyamacho, Shibuya-ku, Tokyo **영업시간** 15:00~22:00 **휴무일** 무휴 **가격** 오마카세 코스 8,800엔

Atabou Sushi

나만 알고 싶은 심야 스시 맛집

아타보 스시는 밤에만 영업하는 곳입니다. 가게 안은 스시와 함께 술잔을 기울이는 사람들로 북적입니다. 흡사 이자카야 같은 모습이지만 스시는 여타 오마카세 스시집과 견주어도 손색없을 정도로 훌륭한 맛을 자랑합니다. 새벽 3시까지 영업하며 부담 없이 스시와 술을 즐기기에 안성맞춤입니다.

TIP 스시는 단품으로 한 점씩 주문하는 방식입니다.

INFO **주소** 9 Arakicho, Shinjuku-ku, Tokyo **영업시간** 화~토요일 18:00~03:00, 일요일·공휴일 17:00~22:00 **휴무일** 월요일 **가격** 스시 200엔~, 오마카세 모둠 회 1인분 2,200엔

Sushikawa

매일 가고 싶은 캐주얼 스시집

스시카와는 스탠딩 스시집입니다. 엄선된 재료와 군더더기 없는 서비스가 훌륭합니다. 수준 높은 이타마에(스시를 쥐는 장인)의 스시를 비교적 합리적인 가격으로 맛볼 수 있으며, 일본에서 흔한 자릿세 없이 식사할 수 있습니다. 소수의 손님만 수용할 수 있는 공간은 아늑한 분위기와 함께 고급스러움이 감돕니다.

TIP 모든 메뉴는 QR코드를 통해 주문하세요.

INFO **주소** 1-62-6 Sasazuka, Shibuya-ku, Tokyo **영업시간** 평일 17:00~22:00, 주말·공휴일 12:00~22:00 **휴무일** 부정기 **가격** 우메 오마카세 10종 코스 3,600엔

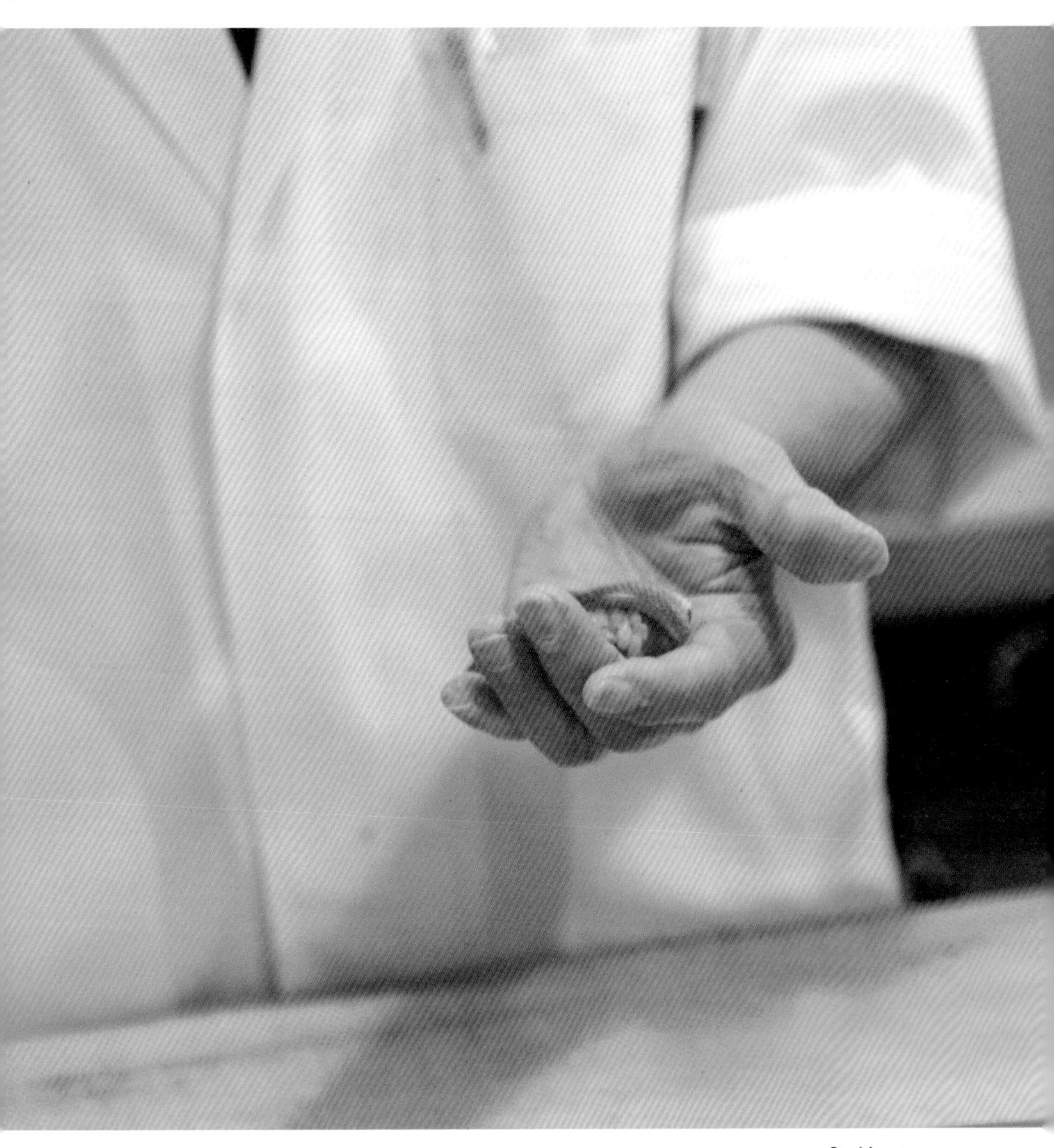

Sushimasa

06

돈코츠 라멘,
진한 육수의 매력

Mendokoro Isshou

돼지 뼈를 진하게 우린 국물로 만드는 돈코츠 라멘. 순댓국, 돼지국밥에 익숙한 우리는 돈코츠 특유의 쿰쿰한 냄새에서 왠지 모를 친숙함을 느끼곤 합니다. 장시간 끓인 육수에서 전해지는 깊은 맛의 향연. 도쿄에서 꼭 가봐야 할 돈코츠 라멘 전문점은 어디일까요? 맛있는 돈코츠 라멘을 찾아 떠나는 여행으로 당신을 초대합니다.

Ramen Kenta

라멘 켄타는 하카타의 포장마차를 연상시킵니다. 국물은 기존 것에 새로운 것을 더해가며 계속 끓입니다. 숙성된 국물은 돈코츠 특유의 냄새가 진동하는 동시에 극강의 감칠맛을 선사합니다. 가게에 붙어 있는 '극악의 냄새를 맛보아라'라는 문구처럼 깊고 진한 향과 맛을 느낄 수 있습니다.

TIP 라멘 서빙 외에 모든 것이 셀프서비스입니다.

INFO **주소** 1-66-6 Yamatocho, Nakano-ku, Tokyo **영업시간** 12:00~15:00 **휴무일** 월요일, 부정기 **가격** 라멘 1,000엔

Shibaraku Nihonbashi

시바라쿠 니혼바시점의 국물은 고소한 돈코츠의 풍미와 깔끔한 목 넘김을 자랑합니다. 하카타 라멘 특유의 살짝 덜 익힌 면의 식감, 입안을 조여오는 듯 진하고 구수한 국물, 라멘의 느끼함이 올라올 때쯤 마시는 시원한 맥주 한 모금의 쾌감은 이루 말할 수 없는 행복을 선사할 것입니다.

TIP 라멘 외에 술안주도 있습니다.

INFO **주소** 2-14-4 Nihonbashikakigaracho, Chuo-ku, Tokyo **영업시간** 평일 11:00~22:30, 주말·공휴일 11:00~19:30 **휴무일** 무휴 **가격** 스페셜 라멘 1,200엔

Hakata Ramen Kazu

카즈의 국물은 진하다고 평가되는 12% 정도의 농도를 유지합니다. 매일 그날의 국물 농도를 벽에 적어두기 때문에 날씨나 습도에 따라 미세하게 변하는 돈코츠의 농도를 확인하는 재미도 있습니다. 사리 추가를 1회 무료로 제공해 배불리 라멘을 즐길 수 있는 것도 매력입니다.

TIP 면 익힘 정도는 5단계 중 선택 가능합니다.

INFO **주소** 5-1-36 Akasaka, Minato-ku, Tokyo **영업시간** 평일 런치 11:00~15:00, 디너 18:00~22:00 / 토요일 런치 11:00~14:00, 디너 17:00~20:00 **휴무일** 일요일, 공휴일 **가격** 특제 카즈 라멘 1,280엔

Mendokoro Isshou

잇쇼는 돈코츠 장르를 넘어 라멘을 좋아한다면 꼭 방문해야 할 명소입니다. 그릇에 라멘과 국물, 토핑을 나누어 제공하는데, 녹진한 국물을 맛본 후 쫄깃한 식감이 일품인 면으로 입안을 가득 채워보세요. 마지막으로 채수 가득한 토핑을 라멘에 붓거나 따로 먹는 등 여러 방법으로 즐길 수 있습니다.

TIP 먼저 면의 종류를 선택한 후, 무료 토핑 한 가지를 골라주세요.

INFO **주소** 1-9-5 Asagayaminami, Suginami-ku, Tokyo **영업시간** 11:00~16:00 **휴무일** 수요일 **가격** 라멘 1,100엔

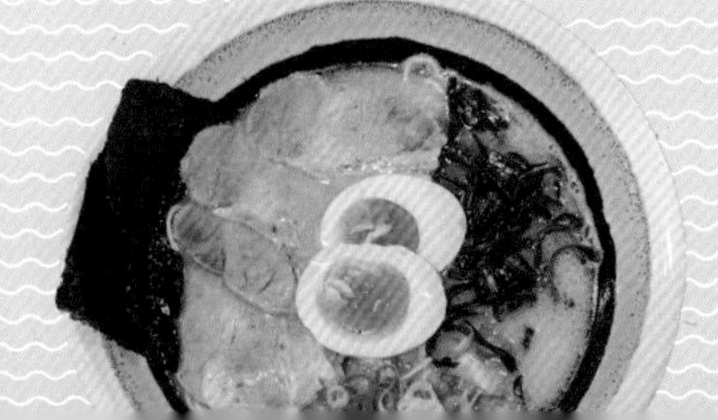

07

쇼유 라멘,
라멘의 근본을 맛보다

Menson RAGE

간장을 베이스로 하는 쇼유 라멘은 일본 라멘의 원형이자 화려한 라멘 역사의 출발이라고 일컬어집니다. 깔끔한 국물과 짭짤한 간장의 만남은 아무리 먹어도 질리지 않는 매력을 지니고 있습니다. 쇼유 라멘은 전통적인 모습을 고수하려는 고지식한 면도 있지만, 다른 종류의 음식에 스스럼없이 스며드는 유연한 모습 또한 지니고 있습니다.

Menson RAGE

8년 연속 〈미슐랭 가이드〉에 오른 라멘집

멘손 레이지는 인기를 증명하듯 항상 많은 팬들의 방문이 끊이지 않습니다. 국물은 기름이 적고 강한 감칠맛이 일품인 투계를 넣어 끓입니다. 7종의 간장을 블렌딩해 만든 양념장은 투계 국물의 깔끔함을 극한으로 끌어올립니다. 재료의 특성을 한 그릇에 응축한 듯 단순한 모습 이면에 숨은 깊은 맛을 느낄 수 있습니다. 마제 소바도 추천 메뉴입니다.

TIP 영업일은 인스타그램(@menson.rage)을 통해 확인하세요.

INFO **주소** 3-37-22 Shoan, Suginami-ku, Tokyo **영업시간** 유동적 **휴무일** 부정기 **가격** 특제 샤모 소바 1,650엔

Shinasoba Osada

톱티어 쇼유 라멘 맛집

시나소바 오사다는 은은하게 퍼지는 국물의 풍미를 마음껏 즐길 수 있는 라멘으로 유명합니다. 도심에서 떨어져 있는데도 오픈 전부터 줄을 설 정도로 인기 높습니다. 닭, 돼지, 말린 생선과 다시마로 낸 국물은 소박하지만 여운이 길게 남는 것이 특징입니다. 쫄깃한 차슈, 부드러운 완탄이 식감에 재미를 더해 주고 간장의 짠맛 뒤에 느껴지는 미세한 산미와 단맛이 재미를 더해줍니다.

TIP 영업일 및 당일 메뉴 품절 정보는 X(@osada_shinasoba)에서 확인하세요.

INFO **주소** 38-1 Oyamakanaicho, Itabashi-ku, Tokyo **영업시간** 유동적 **휴무일** 수·토요일, 부정기 **가격** 차슈 완탄면 1,500엔

Mendokoro Kinari

프렌치 출신의 오너가 만든 라멘

멘도코로 키나리는 말린 생선으로 만든 베이스에 20종류의 간장, 15종류의 소금을 조합해 국물을 만듭니다. 담백하면서도 깊은 맛, 깔끔함이 장점입니다. 첫입은 가볍지만 한입씩 거듭할수록 맛의 무게가 서서히 가중되는 신기한 라멘입니다. 라멘을 다 먹을 때쯤 주문하는 아에다마(추가 면)는 첫입은 면발만 그대로 먹은 뒤, 라멘 국물을 조금씩 부어 섞어 먹습니다.

TIP 아에다마는 기본과 하프 사이즈가 있습니다.

INFO **주소** 1-51-4 Higashinakano, Nakano-ku, Tokyo **영업시간** 런치 11:30~14:30, 디너 18:00~20:30 **휴무일** 수요일 **가격** 코이구치 쇼유 라멘 900엔

Menya Sign

사케와 쇼유 라멘의 궁합은?

멘야 사인의 라멘은 닭으로 낸 국물과 간장의 균형이 돋보입니다. 라멘과 잘 어울리는 사케와의 페어링도 함께 제안하는 것이 이곳의 특징입니다. 닭기름을 간장의 절제된 염분이 감싸며 고급스러운 감칠맛을 선사합니다. 서서히 올라오는 파 향, 숨은 버섯의 단맛은 국물의 풍미를 더해줍니다. 저온 조리한 돼지와 닭 차슈가 입안에서 부드럽게 풀어지며 면의 풍미와 함께 절묘한 조화를 이룹니다.

TIP 라멘 국물에 사케를 살짝 더하면 새로운 맛을 느낄 수 있습니다.

INFO **주소** 2-18-3 Nishigotanda, Shinagawa-ku, Tokyo **영업시간** 런치 11:00~14:30, 디너 18:00~21:30 **휴무일** 일요일 **가격** 특제 쇼유 라멘 1,400엔

08

미소 라멘,
묵직한 한 방

미소 라멘은 갖은 재료로 만든 국물에 미소를 넣은 양념장으로 맛을 냅니다. 흔히 '미소=된장'이라는 단어 뜻 때문에 된장찌개를 상상하지만 맛은 전혀 다릅니다. 깊은 풍미가 가득하고 진한 미소 라멘의 감칠맛은 한번 빠지면 꾸준히 찾게 되는 마성의 매력을 지니고 있습니다.

SAN TORA

17년 수련의 결과물

일본은 수련을 마친 제자가 가게 전통을 이으며 독립할 때 수련한 곳의 가게명을 쓰는 노렌와케라는 것을 합니다. 산토라는 미소 라멘의 전설, 스미레의 노렌와케 가게로 국물은 돼지 뼈, 마른 멸치로 끓인 베이스에 시로 미소와 라드(돼지기름)를 더해 완성합니다. 진한 맛이 일품이며 생강이 느끼함을 잡아줍니다.

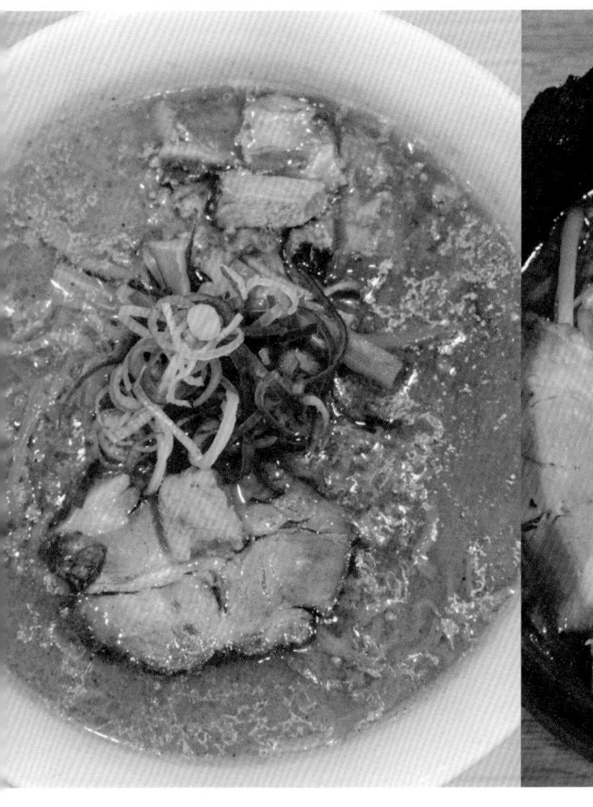

TIP 영업일은 X(@3n_tora)에서 확인하세요.

INFO **주소** 362 Yamabukicho, Shinjuku-ku, Tokyo **영업시간** 런치 11:00~15:00, 디너 17:30~20:00 **휴무일** 부정기 **가격** 미소 라멘 1,000엔

Do Miso Kyobashi

이것이 도쿄 미소 라멘이다

도 미소 라멘은 삿포로가 주류인 미소 라멘 시장에서 도쿄만의 새로운 스타일을 정립한 가게입니다. 맛과 향을 극대화하기 위해 단맛을 강조한 미소를 중심으로 총 5종류의 서로 다른 미소를 배합해 양념장을 만듭니다. 감칠맛을 더하기 위해 추가하는 라드와 향미유가 산뜻한 끝 맛을 선사합니다.

TIP 매운 오로촌 라멘도 인기 메뉴입니다.

INFO **주소** 3-4-3 Kyobashi, Chuo-ku, Tokyo **영업시간** 평일 11:00~22:30, 주말·공휴일 11:00~21:00 **휴무일** 무휴 **가격** 특 미소 콧테리 라멘 1,200엔

Misokko Hook

무조건 반할 미소 라멘

미솟코 훗쿠는 도쿄를 대표하는 미소 라멘집, 하나미치에서 일했던 점주가 2018년에 오픈한 가게입니다. 이곳의 라멘은 감칠맛이 풍부해 누구나 맛있게 즐길 수 있어 인기 높습니다. 국물은 닭 뼈와 돼지 뼈, 잡내를 잡아주는 생강과 양파 등을 첨가해 만들고, 미소는 강한 화력으로 한번 볶아내 불 맛을 더합니다. 보통 맛과 매운맛이 있습니다.

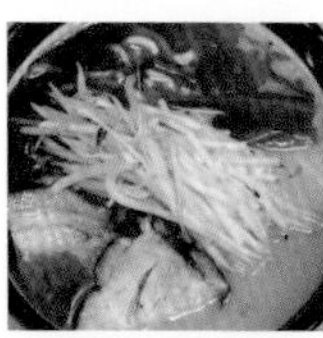

INFO **주소** 2-40-11 Kamiogi, Suginami-ku, Tokyo **영업시간** 런치 11:00~15:00, 디너 18:00~21:00 **휴무일** 화요일, 둘째·넷째 주 월요일 **가격** 미소 라멘 1,000엔

TIP 평일에도 웨이팅이 길어 오픈런이 답입니다.

Isoji

물리지 않는 깔끔함

이소지의 맛을 한 문장으로 요약하라고 하면 '상냥한 미소 라멘'이라 표현하고 싶습니다. 국물 베이스를 돼지 뼈와 어패류로 만들어 가벼우면서 깔끔합니다. 미소는 향과 깊이를 더할 뿐 두드러지지 않습니다. 은은한 유자 향이 식욕을 돋워주고 상큼함이 기분 좋게 마침표를 찍어줍니다. 모든 재료가 적절하게 어우러져 균형을 이루는 맛이 인상적입니다.

INFO **주소** 1-14-5 Yoyogi, Shibuya-ku, Tokyo **영업시간** 월~금요일 11:30~20:30, 토요일 11:30~19:00 **휴무일** 일요일, 공휴일 **가격** 마루토쿠 미소 라멘 1,280엔

TIP 직원이 라멘을 조리하기 전 유자를 넣을지 물어봅니다.

09

시오 라멘, 깔끔하고 정갈한 맛

시오는 소금을 뜻하는 일본어로 시오 라멘은 소금이 지닌 역량을 최고로 끌어올린 라멘입니다. 짭짤한 첫맛과 먹을수록 느껴지는 탄탄한 맛의 기본기 덕분에 시오 라멘은 남녀노소를 불문하고 모두에게 사랑받는 라멘으로 꼽힙니다. 투명한 국물 뒤에 감춰진 깊은 맛과 깔끔함이 궁금하다면 여행 중 한 끼는 시오 라멘으로 먹는 게 어떨까요?

Menya Kintoki

누구나 반할 시오 라멘 맛집

멘야 킨토키는 도심에서 떨어진 위치임에도 라멘 애호가들의 발길이 끊이지 않는 인기 가게입니다. 닭 본연의 맛을 중시하는 국물에서 감칠맛과 정제된 세련미를 느낄 수 있습니다. 촉촉하면서 부드러운 닭 차슈와 맛에 재미를 더해주는 새우 경단도 라멘의 완성도를 높여주는 요소입니다. 취향에 따라 길게 자른 파를 넣으면 매운맛으로도 즐길 수 있습니다. 균형 잡힌 맛의 시오 라멘을 경험하고 싶다면 꼭 방문해야 할 가게입니다.

TIP 시오 라멘과 함께 국물이 없는 시루나시 탄탄멘 맛집으로도 손꼽힙니다.

INFO **주소** 1-2-7 Kotakecho, Nerima-ku, Tokyo **영업시간** 화~토요일 런치 11:00~14:15, 화~금요일 디너 18:00~19:45 ※ 토요일은 런치만 운영 **휴무일** 월·일요일 **가격** 아지타마 시오 라멘 1,350엔

Japanese Ramen Gokan

극락으로
가는
길

도쿄 최고의 시오 라멘집을 추천하라면 많은 이들이 재패니즈 라멘 고칸을 꼽을 것입니다. 다른 가게에 비해 다소 높은 가격대임에도 맛 하나로 모든 우려를 잊게 만드는 곳입니다. 닭, 바지락, 대합 등을 엄선해 우려낸 국물은 혀끝을 지나 목으로 넘어가기까지 감미로운 감칠맛을 선사합니다. 라멘을 구성하는 요소 중 어느 것 하나 빠지지 않지만 그중에서도 오리, 닭, 흑돼지로 구성된 차슈는 완벽함의 경지에 이른 맛을 보여줍니다.

TIP 예약 필수입니다. 예약 방법은 인스타그램(@japanese_ramen_gokan)을 통해 확인하세요. 예약 시 인당 390엔의 수수료가 붙습니다.

INFO **주소** 2-57-2 Higashiikebukuro, Toshima-ku, Tokyo **영업시간** 11:30~15:00 **휴무일** 월·화요일 **가격** 특상 시오 라멘 1,900엔

Tai Shio Soba Touka

도미
한 마리를 담아낸
황금빛 라멘

토우카는 도미 국물의 담백하고 깔끔한 맛이 장점인 라멘을 선보입니다. 도미 뼈를 천천히 우려낸 국물은 도미 1.5마리의 맛이 농축돼 있다고 할 정도로 짙고 아름다운 황금빛을 띱니다. 은은한 향과 함께 고소한 맛이 감돌며 향긋한 유자가 식욕을 돋아줍니다. 참깨소스에 버무린 도미 살과 흰

밥을 라멘 국물과 곁들일 수 있는 오차즈케도 놓쳐서는 안 될 메뉴입니다.

TIP 다른 지점도 있지만 아케보노바시 본점을 추천합니다.

INFO **주소** 12-13 Funamachi, Shinjuku-ku, Tokyo
영업시간 런치 11:00~16:00, 디너 17:00~22:00
휴무일 무휴 **가격** 도미 시오 라멘+도미 차즈케 세트 1,450엔

Ramen Go-on

라멘 격전지에서
살아남은
신인 라멘집

라멘 고온의 '고온(ご恩)'은 은혜를 뜻합니다. 이는 라멘을 만들 때 라멘을 가르쳐준 스승, 거래처, 그리고 손님에 대한 은혜를 잊지 말자는 의미를 담고 있습니다. 따뜻한 마음이 느껴지는 가게 이름처럼 이곳의 라멘은 부드럽고 자극적이지 않은 맛을 품고 있습니다. 닭 날개 400개를 7시간 동안 끓여내 만든 국물은 소금의 짠맛과 만나 깊고 풍부한 감칠맛을 선사합니다.

TIP 재료 소진으로 영업 종료 시 오리 인형을 가게 문에 걸어둡니다.

INFO **주소** 1-13-7 Yamatocho, Nakano-ku, Tokyo **영업시간** 11:00~15:00 **휴무일** 화요일 **가격** 특제 고온 라멘 1,300엔

10

오늘도
돈가스가 먹고 싶다

Maruhachi Tonkatsu Ten

일주일에 한 번, 아니 하루 한 번 먹어도 부족한 돈가스. 부드러운 돼지고기에 고소한 빵가루를 입혀 미끄러지듯 기름에 풍덩 빠뜨리면 짜글짜글 튀김 소리가 고막을 뚫고 침샘을 간지럽힙니다. 소리가 걷히고 잠시 뒤, 반들거리는 속살을 감춘 돈가스가 아름다운 자태를 뽐내며 눈앞에 등장합니다. 조심스럽게 한입! '역시 몇 번을 먹어도 이 집 돈가스는 또 먹고 싶어.'

Tonkatsu Miyako

돈가스와 메이플 시럽이 만나면?

미야코는 소금, 간장, 특제 소스와 함께 메이플 시럽을 곁들여 먹는 돈가스로 유명합니다. 특히 돈가스와 메이플 시럽의 조합이 전혀 예상치 못한 최고의 맛을 완성합니다. 고소한 튀김옷을 입힌 두꺼운 돈가스와 달콤한 메이플 시럽이 부드러운 살코기의 풍미에 품위 있는 단맛을 더해주어 돈가스의 맛과 깊이를 한층 높여줍니다.

TIP 돈가스는 왼쪽에서 오른쪽 순으로 먹는 것을 추천합니다.

INFO **주소** 3-6-9 Azabujuban, Minato-ku, Tokyo **영업시간** 런치 11:00~14:30, 디너 17:00~20:30 **휴무일** 수요일 **가격** 특 로스카츠 정식 1,950엔

Tonkatsu Kenshin

눈 녹듯 사라지는 돈가스

켄신은 도쿄의 유명 돈가스 맛집, 나리쿠라 출신 오너가 오픈한 가게입니다. 110~120°C로 천천히 튀겨낸 돈가스는 튀김의 바삭함과 찜에 가까운 고기의 부드러움을 동시에 느낄 수 있습니다. 한입 씹는 순간 만화에서나 볼 법한, 입안에서 고기가 흩어지는 신비로운 경험을 선사합니다. 고기는 풍부한 육즙과 은은한 단맛, 깔끔한 끝 맛이 특징입니다.

TIP 평일 저녁에 예약 가능합니다. 예약 방법은 tonkatsu-kenshin.com에서 확인하세요.

INFO **주소** 2F 3-1-23 Kagurazaka, Shinjuku-ku, Tokyo **영업시간** 런치 11:00~14:00, 디너 17:00~20:00 **휴무일** 월·목요일 **가격** 로스카츠 정식 1,900엔, 단품 히레카츠 500엔

Tonkatsu Taishi

도쿄 최고의 가성비 돈가스

타이시는 점심 한정 메뉴로 극강의 가성비와 가심비를 느낄 수 있는 돈가스를 제공합니다. 두툼하게 썬 돈가스에서는 고기의 매력을 고스란히 느낄 수 있습니다. 튀김옷은 바삭하면서도 두꺼운 편이며, 고기는 넘치는 육즙의 감미로움과 부드러움 뒤에 느껴지는 쫀득함을 모두 지녔습니다. 묵직하게 들어오는 한 방이 뚜렷한 것이 매력적입니다.

TIP 재료 소진 시 조기 마감됩니다.

INFO **주소** 4-34-12 Daizawa, Setagaya-ku, Tokyo **영업시간** 런치 11:00~14:00, 디너 17:30~21:00 **휴무일** 화요일, 셋째 주 수요일 **가격** 돈가스 정식 1,350엔(런치), 히레카츠 정식 1,650엔(런치)

Maruhachi Tonkatsu Ten

노포 돈가스 맛집의 영업 비밀

1955년에 창업한 노포 마루하치에서는 폭신하면서 고소한 돈가스를 맛볼 수 있습니다. 하루 동안 숙성시킨 돼지고기에 달걀물과 빵가루를 묻혀 중간 불에서 한번 튀기고, 다시 한번 고온에서 같은 과정으로 한쪽 면만 튀겨냅니다. 이렇게 두 번 튀겨낸 돈가스는 튀김옷, 달걀, 고기의 3중 구조를 띠며 겉은 바삭하고 속은 부드럽게 완성됩니다.

TIP 밥 리필은 2회, 양배추 리필은 1회 무료입니다.

INFO **주소** 5-4-10 Higashioi, Shinagawa-ku, Tokyo **영업시간** 평일 11:30~21:00, 주말·공휴일 11:30~20:30 **휴무일** 월요일(공휴일인 경우 화요일) **가격** 상 로스카츠 정식 2,000엔

Takeshin

깔끔 담백한 돈가스

깔끔한 돈가스를 원하는 사람들에게는 타케신을 추천합니다. 쌀기름으로 튀겨낸 돈가스는 여느 돈가스보다 비교적 가벼워 여성에게 인기입니다. 돼지고기의 선홍빛이 살아 있으며 입안에서 부드럽게 풀어지는 육질이 특징입니다. 돈가스 외에도 오직 이곳에서만 먹을 수 있는, 가츠오부시를 올린 담백한 쇼유 가츠동도 추천합니다.

TIP 돈가스 양을 선택할 수 있습니다.

INFO **주소** 3-1-7 Nishihara, Shibuya-ku, Tokyo **영업시간** 런치 11:30~15:00, 디너 17:30~21:30 **휴무일** 월요일 **가격** 로스카츠 정식 110g 1,760엔, 쇼유 카츠동 110g 1,870엔

Tonkatsu Nanaido

라드가 빚어낸 고소함

나나이도의 돈가스는 100% 라드로 저온에서 천천히 튀겨냅니다. 라드와 만난 돼지고기에는 본연의 맛에 한층 더 은은한 풍미가 더해집니다. 두툼하면서 촉촉한 고기가 입안을 가득 채우는데, 바삭한 튀김옷과 연한 선홍빛을 띠는 부드러운 고기 맛이 절묘합니다. 씹을수록 돼지 지방의 고소함이 입안에서 녹아내립니다.

TIP 영업시간이 짧고 예약이 불가능합니다. 치킨카츠도 맛있어요.

INFO **주소** 3-42-11 Jingumae, Shibuya-ku, Tokyo **영업시간** 화~금요일 11:00~13:30 **휴무일** 월·토·일요일, 공휴일 **가격** 상 로스카츠 정식 2,800엔

11

야키니쿠,
따뜻한 밥에 고기 한 점

일본의 야키니쿠는 한국 식문화에 뿌리를 두고 있습니다. 재일 교포로부터 시작된 야키니쿠는 고기를 불판에 구워 먹는 방식과 사이드 메뉴 등 한국과 비슷한 부분이 많지만, 점차 한국의 고깃집과는 다른 방향으로 진화했습니다. 소고기를 중심으로 갖은 양념장을 사용하는 일본의 야키니쿠는 한국과 어떤 점이 다를까요? 도쿄의 야키니쿠 맛집에서 그 차이점을 살펴봅시다.

Yakiniku Honma

입소문만으로 명소가 된 맛집

INFO **주소** 3-16-5 Akasaka, Minato-ku, Tokyo **영업시간** 평일 17:00~24:00, 토요일 17:00~23:00 **휴무일** 일요일, 공휴일 **가격** 혼마 오마카세 코스 1인 9,000엔(2인부터 주문 가능)+서비스 차지 10%

숯불에 구워 먹는 오마카세 야키니쿠를 찾는다면 혼마를 기억하길 바랍니다. 상급 우설, 극상 안창살, 특선 살코기로 시작하는 코스 등 질 좋은 고기의 식감과 맛을 제대로 즐길 수 있습니다. 대표 메뉴는 두툼한 대창구이입니다. 살짝 탄 겉면에서 짭짤함과 달콤함이 어우러진 중독적인 맛이 나고 씹을수록 진한 풍미가 느껴지는 일품 메뉴입니다.

TIP

예약은 전화 또는 타베로그를 통해 가능합니다. 1인 예약은 전화 혹은 직접 방문만 가능합니다.

Kokugyu

깔끔한 공간에서 즐기는 녹진한 고기

요요기에 위치한 코쿠규는 정돈된 공간에서 조용히 야키니쿠를 즐길 수 있는 세련되고 깔끔한 가게입니다. 일본의 소고기를 뜻하는 와규, 그중에서도 마블링과 육즙이 풍부한 최고 등급 A5 와규와 최상급 희소 부위를 맛보면 입안에서 녹아내리는 기름의 감칠맛과 고기의 풍미에 흠뻑 빠집니다. 개인실이 있어 가족과 함께 또는 특별한 날에 방문하기도 좋아 맛, 접객, 분위기 모든 면에서 균형이 잘 잡힌 곳입니다.

Yakiniku Rakuen

아사쿠사 야키니쿠의 라이징 스타

야키니쿠 격전지 아사쿠사에서 라쿠엔은 단연코 주목해야 할 가게입니다. 이곳에서는 저렴한 가격으로 야키니쿠를 푸짐하게 즐길 수 있습니다. 엄선된 신선한 재료를 취급하며 고기의 종류 또한 다양합니다. 사이드 메뉴에서는 맛에 타협하지 않는 점주의 고집이 느껴집니다. 한국어가 가능한 점원이 있어 가게를 편리하게 이용할 수 있다는 것도 장점입니다.

TIP 오마카세 모둠을 시킨 후 다른 부위를 추가 주문하는 것을 추천합니다.

INFO **주소** 2-14-7 Asakusa, Taito-ku, Tokyo **영업시간** 17:00~24:00 **휴무일** 목요일 **가격** 오마카세 모둠 5,000엔, 우설 1,650엔

TIP 예약은 구글맵을 통해 가능합니다. 각 코스에 추가 요금을 지불하면 음료를 무제한으로 즐길 수 있으며, 개인실은 추가 요금을 내야 합니다.

INFO **주소** B1F 3-1-11 Yoyogi, Shibuya-ku, Tokyo **영업시간** 17:00~23:30 **휴무일** 무휴 **가격** 쿠로타케 코스 1인 7,100엔(2인부터 주문 가능)

Hormone Yakiniku Mirakuru

로컬 야키니쿠 가게란 이런 것!

미라쿠루는 싸고 맛있고 빠른 야키니쿠집입니다. 가게는 굉장히 허름한데, 기름이 눌어붙은 흔적이 있을 뿐만 아니라 환풍기도 없어 고기 연기가 몸에 배기도 합니다. 또 로컬 가게답게 항상 떠들썩하고 분주해 불편할 때도 있지만 이 모든 걸 잊을 만큼 고기가 굉장히 맛있습니다. 그래서인지 심야까지 만석일 정도로 인기 높습니다.

TIP 전화 또는 구글맵으로 예약한 후 방문하길 추천합니다. 혼잡 시 이용 시간 제한(2시간)이 있습니다.

INFO **주소** 5-56-16 Nakano, Nakano-ku, Tokyo **영업시간** 월~목요일 18:00~03:00, 금요일 18:00~04:00, 토요일 11:30~04:00, 일요일 11:30~03:00 **휴무일** 무휴 **가격** 고기 3종 모둠 1,430엔, 호르몬 3종 모둠 1,430엔

Mishuku Toraji

도쿄 최고의 안창살을 찾아서

미슈쿠 토라지는 관광객에는 조금 생소한 유텐지에 위치합니다. 야키니쿠 애호가들 사이에서도 이름난 맛집으로, 특히 두꺼운 우설과 거친 근막을 그대로 살린 안창살로 유명합니다. 깔끔하고 간결한 느낌보다 고기가 본디 지니고 있는 향과 육즙, 입안에서 결대로 찢어지는 식감을 느낄 수 있습니다. 흔히 사용하는 간장 양념이 아닌 고춧가루 양념을 사용한 점도 미슈쿠 토라지의 특징입니다.

TIP 예약은 전화 또는 타베로그를 통해 가능합니다. 호르몬(곱창) 중심의 오마카세 코스가 있으며 안창살과 특상 우설은 0.5인분 주문도 가능합니다.

INFO **주소** B1F 2-14-7 Yutenji, Meguro-ku, Tokyo **영업시간** 18:00~22:00 **휴무일** 일·월요일 **가격** 안창살 1인분 3,980엔, 특상 우설 1인분 4,400엔

12

돈부리,
한 그릇의 포만감

Miyakawa

고슬고슬 지은 밥 위에 여러 요리를 올려낸 일본식 덮밥, 돈부리. 한눈에 모든 것을 파악할 수 있는 단순한 형태지만 다양한 재료와 그에 맞춘 양념을 조합해 다채로운 맛을 즐길 수 있습니다. 돈부리 대표 메뉴에는 어떤 것들이 있을까요? 세상에서 가장 완벽한 한 그릇이 주는 감동을 느껴보세요.

Miyakawa

튀김 올스타 대전

미야카와는 아오야마에 간다면 꼭 들러야 하는 텐동 맛집입니다. 65년 노포로 오랜 단골이 많은 이곳에서는 면화씨유에 소량의 참기름을 블렌딩한 기름에 해산물과 채소를 튀겨냅니다. 튀김옷이 얇아 덜 느끼하다는 것이 장점입니다. 양념도 점도가 묽고 양이 많지 않아 튀김의 바삭한 식감을 해치지 않습니다.

TIP 텐동은 점심에만 제공됩니다.

INFO **주소** 6-1-6 Minamiaoyama, Minato-ku, Tokyo **영업시간** 런치 11:30~13:45, 디너 17:00~20:00 **휴무일** 수·일요일, 공휴일 **가격** 텐동 2,000엔(런치 한정 메뉴)

Noguchi Sengyoten

입안에서 살살 녹는 해산물이 한가득

도쿄를 대표하는 카이센동 맛집 노구치 선어점. 신선한 해산물을 아낌없이 담아낸 모습이 인상적이며, 스메시(식초를 친 밥)와의 조합이 훌륭합니다. 맛은 물론, 양도 푸짐해 가성비가 좋은 것으로도 유명합니다. 약 12종의 해산물을 올린 '아사이치 츠키지동'은 노구치 선어점의 간판 메뉴입니다.

TIP 현금 결제만 가능하며, 밥 또는 해산물은 유료로 사이즈 업할 수 있습니다.

INFO **주소** 4-6-9 Higashikomagata, Sumida-ku, Tokyo **영업시간** 런치 11:00~14:00, 디너 16:00~18:30 **휴무일** 수요일 **가격** 아사이치 츠키지동 2,156엔

Katsudonya Zuicho

폭신한 달걀과 돈가스의 환상 조합

즈이초는 시부야를 대표하는 인기 가게이자 가츠동 하나로 일대를 평정한 유명 맛집입니다. 일반적인 가츠동이 양파와 돈가스를 달걀물에 함께 끓여내는 반면, 이곳의 가츠동은 잘 익은 달걀 위에 돈가스를 올려 돈가스가 무르지 않고 바삭함을 유지하는 점이 특징입니다.
매콤한 양념이 포슬한 달걀, 바삭한 돈가스와 만나 재료의 장점을 더욱 부각합니다.

TIP 달걀은 꼭 추가하세요.

INFO **주소** 41-26 Udagawacho, Shibuya-ku, Tokyo **영업시간** 평일 11:30~18:00, 토요일 11:30~20:00 **휴무일** 일요일, 공휴일 **가격** 가츠동 1,500엔, 달걀 추가 100엔

Kisuke

한 그릇에 담은 닭 요리의 정수

키스케의 점심 메뉴는 오직 오야코동(닭고기 달걀덮밥) 하나뿐입니다. 닭고기는 일본의 3대 닭으로 꼽히는 아키타현의 히나이 토종닭을, 달걀은 진한 맛이 일품인 오쿠쿠지 달걀을 사용합니다. 고기는 깨물었을 때 탄력 넘치는 씹는 맛과 부드러운 속살을 차례로 느낄 수 있습니다. 양념장에 설탕을 쓰지 않는다는 점도 이곳만의 특징입니다.

TIP 밥 양은 보통과 곱빼기 중 선택 가능합니다.

INFO **주소** 2-10-16 Akasaka, Minato-ku, Tokyo **영업시간** 런치 11:30~15:00, 디너 18:00~21:00 **휴무일** 주말, 공휴일 **가격** 오야코동 1,300엔

Myojinshita Kandagawa

200년 전통 장어덮밥의 매력

Wadatsumi

와규덮밥을 야무지게 즐기는 방법

칸다가와는 담백하면서도 깊은 풍미를 지닌, 도쿄에서 가장 퀄리티 높은 장어덮밥을 먹을 수 있는 곳으로 정평이 나 있습니다. 적절한 단맛이 나는 장어구이도 인기 메뉴로 입안에서 녹아 없어지는 극강의 부드러움을 경험할 수 있습니다. 모든 식사 공간이 개인실로 이루어져 느긋하게 식사를 즐길 수 있는 것도 이곳의 매력입니다.

TIP 장어덮밥은 점심에만 가능합니다. 전화 예약 후 방문을 추천합니다.

INFO **주소** 2-5-11 Sotokanda, Chiyoda-ku, Tokyo **영업시간** 런치 11:30~13:30, 디너 17:00~19:00 **휴무일** 일·월요일, 공휴일 **가격** 장어덮밥 타케 6,600엔(런치 한정 메뉴), 테이블 차지 15%

와다츠미는 차분한 분위기 속에서 식사를 만끽할 수 있는 곳입니다. 점심 한정 메뉴인 와규 히츠마부시는 숯불로 구운 소 엉덩이 살을 올린 덮밥입니다. 부드러우면서 육향이 진한 소고기덮밥을 즐길 수 있습니다. 덮밥을 반쯤 먹은 후에는 함께 나온 다시를 부어 오차즈케로 색다르게 즐길 수도 있습니다.

TIP 예약 후 방문을 추천합니다. 예약 방법은 wadatsumigroup.com에서 확인하세요.

INFO **주소** 6-1 Maruyamacho, Shibuya-ku, Tokyo **영업시간** 런치 11:30~15:00, 디너 18:00~22:00 **휴무일** 일요일 **가격** 와규 히츠마부시 2,200엔(런치 가격)

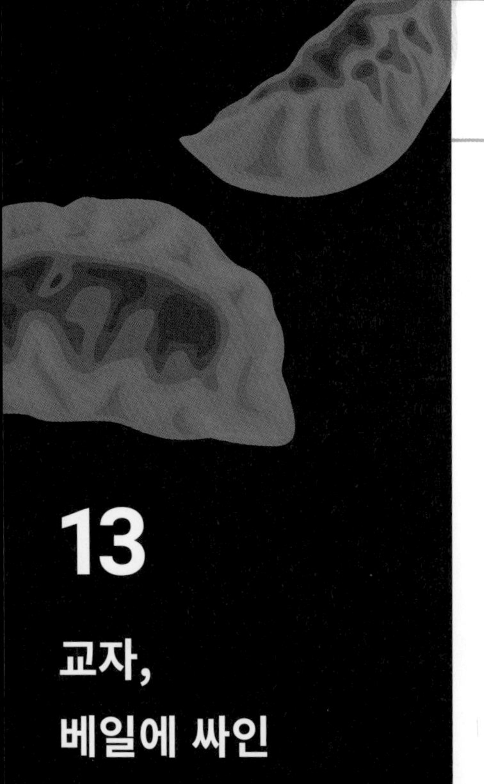

13

교자, 베일에 싸인 비밀의 맛

도쿄 사람들이 가장 좋아하는 음식 1위로 꼽히기도 한 교자. 교자의 역사가 인류의 역사만큼이나 길다고 하는데, 이처럼 오랜 시간 모두에게 사랑받는 음식이 또 있을까요? 조리법과 소에 따라 맛이 천차만별인 교자의 세계. 한입 가득 차오르는 맛의 세계로 떠나볼까요?
※ 군만두는 야키교자, 물만두는 스이교자라 부릅니다.

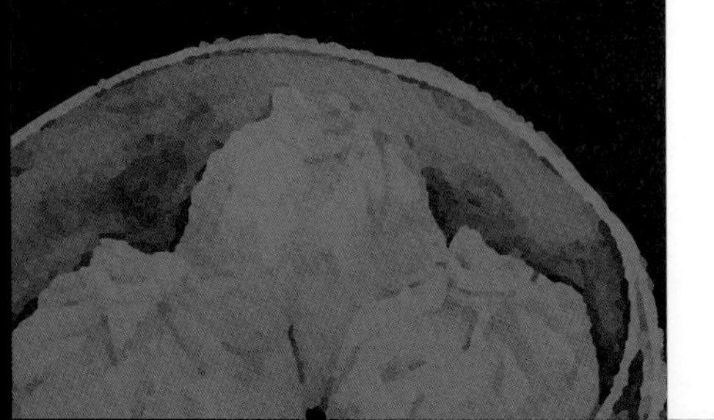

교자 최대 몇 개? 맛있어서 순삭하는 교자집

01. Gyozakan

교자칸은 채소 중심의 교자를 선보입니다. 10종류의 기본 교자와 1종의 계절 교자가 있는데 다른 집보다 메뉴가 많아 무엇부터 먹어야 할지 행복한 고민에 빠지게 됩니다. 교자는 주문과 동시에 만드는데, 하나씩 완성되는 교자를 보며 어떤 맛일지 기대하는 재미가 있습니다. 쫀득한 수제 교자를 가득 채운 속과 깔끔한 맛은 실패 없는 선택이 될 것입니다.

TIP 예약은 받지 않습니다.

INFO **주소** 4-29-19 Kamikitazawa, Setagaya-ku, Tokyo **영업시간** 17:00~22:00 **휴무일** 월·화요일 **가격** 교자 500엔, 차슈 750엔

날개 달린 천상의 교자

02. Nogata Gyoza

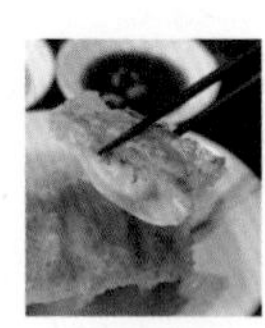

노가타교자의 가장 큰 특징은 부추, 양배추, 마늘을 넣지 않는다는 것입니다. 그 대신 간 고기에서 나온 육즙을 느낄 수 있습니다. 두 가지 교자가 유명한데, 고소함과 바삭함이 절정을 이루는 하네츠키교자, 참깨소스를 베이스로 한 크리미한 마라소스와 물만두를 함께 내는 마라탄탄 스이교자입니다.

TIP 교자 정식 세트와 수제 레몬 사와도 추천합니다.

INFO **주소** 6-18-8 Nogata, Nakano-ku, Tokyo **영업시간** 평일 런치 11:30~14:30, 디너 17:00~23:00 / 주말·공휴일 런치 11:30~15:00, 디너 17:00~23:00 **휴무일** 무휴 **가격** 야키교자 528엔, 마라탄탄 스이교자 748엔

8년 연속 미슐랭 선정 교자 맛집

03. Nihao

피가 두껍고 쫄깃한 중국 북방식 스타일의 니하오 교자는 간 고기를 사용하지 않는 것이 특징입니다. 먹다 보면 고깃덩어리가 떡하니 자리 잡고 있는데, 두꺼운 피와 큼직한 소가 만나 '최고의 씹는 맛'을 탄생시켰습니다. 여기에 샤차소스, 식초, 간장과 다진 파를 배합한 양념장을 더합니다. 24시간 숙성시킨 반죽으로 교자를 빚는 모습을 눈앞에서 감상할 수 있는 것도 이곳만의 매력입니다.

TIP 전화 예약 후 방문을 추천합니다.

INFO **주소** 2F 2-27-4 Nishihara, Shibuya-ku, Tokyo **영업시간** 17:00~22:00 **휴무일** 일·월요일 **가격** 교자 1,300엔, 네기 차슈 1,200엔

중화요리 세계 챔피언이 만든 교자 맛은?

04. Rengetsu

렌게츠는 중식 요리의 올림픽이라 불리는 중화요리 세계 대회에서 2012년 금메달을 차지한 독특한 이력이 있습니다. 간 고기와 신선한 채소를 듬뿍 사용한 야키교자는 재료 본연의 맛을 가득 담고 있습니다. 반면 스이교자는 양고기를 사용해 양고기 특유의 맛과 향에 호불호가 나뉘지만 흔히 접할 수 없는 특별한 매력을 지니고 있습니다.

TIP 오이 고수 샐러드를 곁들이길 추천합니다.

INFO **주소** 1-23-7 Minamiaoyama, Minato-ku, Tokyo **영업시간** 평일 17:00~23:00, 주말·공휴일 17:00~21:00 **휴무일** 부정기 **가격** 커버 차지 1인 330엔, 야키교자 990엔, 양고기 스이교자 900엔

1

2

3

4

14

쌀밥을 더욱 맛있게 즐기는 방법

Ichinao

김이 모락모락 나는 갓 지은 흰쌀밥, 상상만으로도 벌써 침이 고이나요? 일본은 쌀밥만 먹어도 맛있다는 말이 있을 정도로 맛 좋은 쌀이 많기로 정평이 나 있습니다. 그냥 먹어도 단맛이 감도는 쌀밥을 더욱 맛있게 먹는 방법은 무엇일까요? 쌀밥의 맛이 배가되는, 꼭 가야 할 도쿄의 음식점 세 곳에서 힌트를 찾아보세요.

Ichinao

150년 전통의 밥도둑 맛집

이치나오는 150년 전통의 카이세키(일본식 연회 요리) 음식점입니다. 점심 한정으로 제공하는 도미 차즈케는 도쿄를 대표하는 밥도둑 요리입니다. 잘 숙성한 도미회를 천천히 썰어 접시에 정성스럽게 담아 밥과 함께 냅니다. 간장에 살포시 찍어 흰밥과 함께 먹으면 숙성 회의 쫄깃함과 씹을수록 퍼지는 단맛이 입안을 촉촉이 적시고, 참깨 소스에 찍어 먹으면 극에 달한 고소함이 입맛을 돋웁니다. 밥 한 공기를 뚝딱 해치운 후 도미회를 4점 정도 남기고 밥을 리필합니다. “오차즈케 쿠다사이(오차즈케 주세요!)”라고 외치면 직원분이 능숙한 솜씨로 오차즈케를 만들어줍니다. 뜨거운 국물을 머금은 쌀밥에 도미 살을 얹어 입에 넣으면 저절로 이런 생각이 듭니다. ‘아마도 천국이 있다면 여기겠지?’

INFO **주소** 3-8-6 Asakusa, Taito-ku, Tokyo **영업시간** 런치 11:30~13:30, 디너 17:00~23:00 **휴무일** 일요일, 공휴일 **가격** 도미 차즈케 4,400엔

TIP 밥은 리필 가능합니다. 도미 차즈케를 먹으려면 예약 후 방문하는 걸 추천해요.

Dashi Inari Kaiboku

유부세요~ 여기가 맛집이라면서요?

다시 이나리 카이보쿠는 원래 후쿠오카의 명물 유부초밥집입니다. 2019년 니혼바시점을 오픈하면서 도쿄에서도 만나볼 수 있게 되었습니다. 장인과 함께 개발한 유부를 특제 가다랑어로 낸 국물에 시간을 들여 조립니다. 수분을 가득 머금은 쫀득한 밥과 입안에서 흩어지는 유부가 즐거운 식감을 제공하고, 은은하게 퍼지는 유부의 고급스러운 단맛이 쌀의 매력을 북돋아줍니다.

INFO **주소** 3-2-1 Nihonbashimuromachi, Chuo-ku, Tokyo **영업시간** 평일 11:00~20:00, 주말 10:00~20:00 **휴무일** 화요일 **가격** 다시 이나리 4개입 1,490엔

TIP 테이크아웃만 가능합니다.

Donabegohan Komesan

쌀에 의한 쌀을 위한 쌀밥 맛집

일본어로 쌀은 '코메', 3은 '산'이라고 합니다. 이렇듯 코메산의 이름에는 쌀을 향한 애정이 고스란히 담겨 있습니다. 좋은 쌀과 좋은 물, 두 가지를 완벽하게 이끌어줄 솥밥, 이렇게 세 가지를 맛있는 쌀밥을 위한 필수 요소로 생각합니다. 그런 만큼 일본 전국의 산지에서 직송한 쌀을 손수 정미합니다. 정성 들여 씻은 쌀을 물맛이 좋기로 유명한 야마가타현의 물과 함께 솥에 넣습니다. 시간을 들여 지은 밥은 쌀알이 하나하나 살아 있는 모습입니다. 점심에는 맛있게 지은 쌀밥과 잘 어울리는 반찬으로 정식을 즐길 수 있습니다.

INFO **주소** 4-4-12 Nishiazabu, Minato-ku, Tokyo **영업시간** 런치 11:30~14:00 ※ 평일만 제공, 디너 18:00~23:00 **휴무일** 일요일, 공휴일 **가격** 오늘의 점심 1,800엔(변동)

TIP 저녁에는 맛있는 쌀로 지은 솥밥 코스 요리와 니혼슈를 즐길 수 있어요.

15

일본 경양식 하면 떠오르는 음식은?

Omu no Hosomichi

도쿄에는 모두가 좋아할 만한 경양식 메뉴가 많습니다. 노란 달걀에 예쁘게 둘러싸여 있는 오므라이스, 소스를 듬뿍 끼얹은 함바그, 케첩 맛이 가득 감도는 나폴리탄…. 여러분이 가장 좋아하는 경양식은 무엇인가요? 주머니 가볍고 배부르게 즐길 수 있는 가게부터 정통 레스토랑까지, 도쿄에서 꼭 먹어야 할 경양식과 식당을 소개합니다.

TIP

사보우루 1과 2가 있으니 방문 시 주의하세요.

INFO

주소 1-11 Kanda Jinbocho, Chiyoda-ku, Tokyo **영업시간** 11:00~19:00 **휴무일** 일요일 **가격** 나폴리탄 스파게티 900엔, 커피 플로트 750엔

Sabouru2

나폴리탄을 배불리 먹을 수 있는 곳

일본을 대표하는 경양식 메뉴 나폴리탄. 가끔 나폴리탄을 먹을 때 '이 맛있는 나폴리탄을 조금 더 먹었으면…' 하며 모자란 양에 아쉬움을 느끼곤 합니다. 사보우루 2에서는 그런 아쉬움을 달래줄 곱빼기 나폴리탄을 만나볼 수 있습니다. 사보우루 2는 1955년 오픈한 사보우루의 분점입니다. 사보우루에서는 샌드위치 같은 가벼운 메뉴를, 사보우루 2에서는 나폴리탄이나 미트 스파게티 같은 식사류를 먹을 수 있습니다. 창가로 가득 들어오는 햇살을 느끼며 새콤한 나폴리탄, 아이스크림이 천천히 녹아내리는 커피 플로트와 행복한 시간을 보내세요.

Omu no Hosomichi

오므라이스 비주얼 끝판왕

오무노호소미치는 일주일에 단 2일간 영업하고, 한정 수량이라는 조건임에도 극강의 비주얼과 맛을 탐닉하기 위해 먼 곳에서 방문하는 사람이 많은 가게입니다. 폭신한 수플레 오믈렛을 들추면 큼직하게 썬 베이컨과 양파를 넣은 케첩 라이스가 모습을 드러냅니다. 케첩의 산미를 부드럽게 중화한, 심플하지만 중독적인 맛입니다. 가게는 예약제로 운영합니다.

TIP 예약 방법은 인스타그램 계정(@omunohosomichi)의 고정 포스트에서 확인할 수 있습니다. 예약 성공 시 500엔의 예약금을 받습니다.

INFO **주소** 3-2-1 Tachibana, Sumida-ku, Tokyo **영업시간** 유동적 **휴무일** 부정기 **가격** 오므라이스 토핑 전부 추가+음료 세트 1,950엔

Restaurant SAKAKI

미슐랭 프렌치 레스토랑에서 만드는 에비 후라이 맛은?

레스토랑 사카키는 정통 프렌치 식당이지만, 평일 점심 한정으로 친근하게 즐길 수 있는 경양식 메뉴를 선보입니다. 그중 에비 후라이(새우 튀김) 정식이 유명한데, 바삭하게 잘 튀긴 큼직한 새우를 맛보기 위해 긴 줄이 늘어설 정도입니다. 새콤한 타르타르소스에 큼직한 에비 후라이를 듬뿍 찍어 먹으면 입안 가득 깔끔한 맛이 만족스럽게 차오릅니다.

TIP 경양식은 평일 점심에만 먹을 수 있어요. 저녁과 토요일(완전 예약제)에는 프렌치 요리를 제공합니다.

INFO **주소** 2-12-12 Kyobashi, Chuo-ku, Tokyo **영업시간** 런치 11:30~13:30, 디너 18:00~19:30 **휴무일** 일요일, 공휴일 **가격** 에비 후라이 1,500엔

Tsutsui

Since 1950, 노포 경양식 레스토랑

츠츠이는 젓가락으로 즐기는 양식 전문점입니다. 간장 등 일본 조미료를 활용해 양식임에도 일식의 맛을 함께 느낄 수 있습니다. 대표 메뉴는 비프테키동(소고기 스테이크덮밥)입니다. 잘 구운 스테이크에 간장과 비법 양념을 더해 밥 위에 올립니다. 버터 1덩이를 올려 마무리하는데 뜨거운 고기의 잔열로 버터가 서서히 녹으며 풍미를 더합니다. 한입 먹는 순간, 고기가 녹아내리는 부드러움을 느낄 수 있습니다.

INFO **주소** 2-22-24 Akasaka, Minato-ku, Tokyo **영업시간** 런치 11:30~15:00, 디너 17:00~22:00 **휴무일** 토·일요일, 공휴일 **가격** 비프테키동 3,300엔

TIP 오므라이스와 함바그도 유명해요.

Robin

B급 구루메의 교과서

로빈은 저렴하면서도 맛있는 음식을 뜻하는 'B급 구루메' 대표 식당입니다. 대표 메뉴는 치즈 미트 스파게티에 육즙 가득한 함바그를 추가한 조합인데, 두꺼운 함바그와 새콤한 토마토 스파게티가 만나 맛은 물론 포만감까지 최고입니다. 이 밖에 동서양의 음식을 한 그릇에서 맛볼 수 있다는 뜻에서 이름 지은 토르코(튀르키예의 일본식 표현) 라이스 또한 놓쳐서는 안 될 메뉴입니다.

INFO **주소** 2F 1-29-7 Sasazuka, Shibuya-ku, Tokyo **영업시간** 10:30~15:30 **휴무일** 일·수요일, 부정기 **가격** 치즈 미트 스파게티 900엔, 함바그 추가 380엔, 토르코 라이스 1,040엔

TIP 영업일은 인스타그램(@robin_doraemon)을 통해 확인하세요.

16

인도보다 많다는
도쿄 카레 명소

도쿄에서 처음 카레를 접했을 때 느낀 강렬함을 아직도 기억합니다. 식욕을 돋우는 자극적인 향기를 느끼며 한입 맛본 후부터 카레의 매력에 흠뻑 빠지게 되었죠. 카레는 어떤 향신료를 배합하느냐에 따라 맛이 천차만별로 달라집니다. 무한한 카레 맛처럼 도쿄 카레 여행도 끝없이 이어집니다. 즐거운 여행길에 동행하길 바라며 도쿄의 카레 맛집 일곱 곳을 소개합니다.

키마 카레와 수프 카레의 컬래버레이션

LION SHARE

두 가지 카레를 한꺼번에 맛보고 싶다면 요요기의 라이언 셰어를 방문하길 권합니다. 가게의 대표 메뉴인 키마 카레와 좋아하는 수프 카레 1종을 세트로 주문할 수 있습니다. 드라이 키마 카레는 10종류 이상의 향신료와 닭고기로 맛을 내고, 밥은 현미를 사용해 식감이 단단합니다. 화학조미료와 첨가물을 넣지 않아 재료 본연의 맛에 집중할 수 있을 뿐만 아니라, 씹을수록 깊은 맛을 만끽할 수 있습니다. 수프 카레에서는 이국적인 향신료의 맛을 느낄 수 있습니다. 두 가지를 따로 먹어도 좋지만 적절히 섞어가며 먹는 것도 라이언 셰어를 즐기는 방법입니다.

서서 먹는 매운 카레집

SANZOU TOKYO

스탠딩 카레 가게인 산조의 카레는 향신료 냄새가 강하지 않아 누구나 부담 없이 맛있게 즐길 수 있습니다. 특히 드라이 키마 카레인 우루루는 천천히 느껴지는 매운맛이 돋보이며, 볶은 채소의 은은한 향과 견과류의 고소한 맛이 풍미를 더해줍니다. 기호에 따라 치즈가루나 코울슬로를 곁들여도 좋습니다. 입구에 마련된 작은 전시 공간에서 아티스트의 작품을 감상할 수도 있습니다.

일본에서 가장 오래된 인도 카레집

Nair's Restaurant

1949년 창업한 나일 레스토랑은 일본에서 가장 오래된 인도 요리점입니다. 인기 메뉴는 무루기 런치라는 카레로 옐로 라이스와 삶은 양배추에 장시간 끓인 닭 다리를 올린 메뉴입니다. 첫맛은 부드럽지만 씹을수록 스파이스의 향과 매운맛이 입안을 채우죠. 서빙과 동시에 눈앞에서 닭 다리를 발라낸 종업원이 한 마디를 남기고 떠납니다. "전부 비벼 드세요!"

카레가 맛있는 로컬 이자카야

Mikurotokujira

미쿠로토쿠지라는 코엔지의 인기 카레 숍, 쿠지라의 자매점입니다. '마시고, 먹고, 마무리까지!' 한자리에서 시작과 끝 모두 즐길 수 있는 것이 장점입니다. 특히 카레가 가장 인기 있는데, 도쿄에서 카레로 손꼽히는 쿠지라의 스파이스 카레를 여기에서도 맛볼 수 있습니다. 카레 외에 중화 소바(라멘)도 갖추어 선택의 폭이 넓습니다.

일본식 인도 카레 대표 주자

Murugi

무루기의 카레는 일본 카레를 처음 접하는 사람에게 추천하고 싶은 카레입니다. 1951년부터 꾸준히 사랑받아온 일본 카레의 정수를 경험할 수 있습니다. 산맥을 형상화한 듯한 담음새가 인상적인데, 과일과 같은 달콤함 뒤에 느껴지는 미세한 쓴맛, 약간의 산미와 깊은 감칠맛 등 다양한 맛을 느낄 수 있습니다. 수분기 없는 흰밥과 함께 먹기에 최적입니다.

아침 일찍, 카레 향에 이끌려 줄 서는 집

SPICE POST

스파이스 포스트의 카레에는 20종 이상의 향신료를 사용합니다. 덕분에 강한 향신료의 풍미를 즐길 수 있고 카레의 깊은 감칠맛을 느낄 수 있습니다. 향신료를 많이 사용하지만, 맛의 밸런스와 조화를 무엇보다 우선합니다. 첫맛은 강하지만 끝 맛은 부드러워 매력적입니다. 부서지듯 부드럽게 풀어지는 고기, 듬뿍 넣은 아삭한 채소로 식감까지 재밌는 카레입니다.

돈가스를 위해 만든 카레

Rodan

로단은 자체 농장에서 재배한 향신료, 허브, 채소, 과일을 사용해 카레를 만듭니다. 다양한 재료로 맛을 내 진한 카레 맛이 일품입니다. 카츠 카레는 건더기가 없고 단맛이 도는 카레입니다. 향신료 특유의 냄새가 강하지 않아 누구나 즐길 수 있습니다. 기름기 적은 살코기를 튀겨 물리지 않고 양도 많아 포만감이 오래갑니다.

LION SHARE

TIP

토핑 달걀(초란)은 필수입니다.

INFO

주소 3-1-7 Yoyogi, Shibuya-ku, Tokyo **영업시간** 런치 11:30~14:00, 디너 18:30~22:00 **휴무일** 일요일 **가격** A런치(키마 라이스+수프 카레 1종) 1,400엔, 토핑 달걀 150엔

SANZOU TOKYO

TIP

데스밸리 카레는 상당히 매우니 주의하세요.

INFO

주소 reload 3-19-20 Kitazawa, Setagaya-ku, Tokyo **영업시간** 11:00~20:00 **휴무일** 무휴 **가격** 우루루 카레 1,200엔

Nair's Restaurant

TIP

무루기 런치는 저녁에도 먹을 수 있어요.

INFO

주소 4-10-7 Ginza, Chuo-ku, Tokyo **영업시간** 평일·토요일 11:30~21:30, 일요일·공휴일11:30~20:30 **휴무일** 화요일, 첫째·셋째 주 수요일 **가격** 무루기 런치 1,600엔

Mikurotokujira

TIP

1인 1음료 주문 필수입니다.

INFO

주소 1-22-5 Honmachi, Shibuya-ku, Tokyo **영업시간** 18:00~01:00 **휴무일** 부정기 **가격** 2종 카레 1,300엔

Murugi

TIP

추가 요금을 내면 맵기를 조절할 수 있어요.

INFO

주소 2-19-2 Dogenzaka, Shibuya-ku, Tokyo **영업시간** 11:30~15:00 **휴무일** 금요일, 공휴일 **가격** 달걀 무루기 카레 1,200엔

SPICE POST

TIP

2종류의 카레를 선택할 수 있는 메뉴를 추천해요.

INFO

주소 1-52-2 Tomigaya, Shibuya-ku, Tokyo **영업시간** 평일 10:30~재료 소진 시, 주말 09:00~재료 소진 시 **휴무일** 부정기 **가격** 치킨&키마&포크 빈달루(L) 1,700엔

Rodan

TIP

취향에 따라 6종류의 카레 중 2종류를 선택할 수 있는 메뉴도 있습니다.

INFO

주소 3-8-4 Hatchobori, Chuo-ku, Tokyo **영업시간** 런치 11:00~15:00, 디너 18:00~21:30 **휴무일** 부정기 **가격** 로스카츠 카레 1,200엔

17

마음까지 따뜻해지는 나베 요리

나베 요리는 우리나라의 전골이나 찌개처럼 여러 사람이 둘러앉아 나눠 먹는 음식입니다. 일본 사람들은 보글보글 끓는 나베 요리를 가운데 두고, 못다 한 이야기를 나누며 천천히 음식을 즐깁니다. 이처럼 따끈한 나베는 몸과 마음을 녹이기에 더할 나위 없는 음식입니다. 그래서 일본에서 만나는 특별한 나베 요리 3종을 준비했습니다. 가족, 친구와 함께 먹으며 즐거운 도쿄 여행의 추억을 만들어보시길 바랍니다.

이상적인 나베 요리 **Tanbadani Kakuryu**

탄바다니 카쿠류는 롯폰기 뒷골목에 숨은 스키야키 가게입니다. 가정집 같은 건물 입구 뒤로 고풍스러운 실내가 숨어 있습니다. 모든 방이 개인실로 가족과 오붓하게 식사를 즐기기 좋습니다. 스키야키 코스는 일본 각지의 식재료를 사용한 오반자이(교토식 가정 반찬)로 시작해 국물과 고기 맛이 두드러지는 관서풍 스키야키로 이어집니다. 스키야키가 조리되어 나오는 것이 이곳의 특징입니다.

TIP 예약 필수입니다. 예약은 전화 또는 이메일(tanbadani@kakuryu.net)로 가능합니다.

스모 선수들의 솔 푸드 **Tomoegata Chanko**

닭이나 어패류로 국물을 낸 창코나베는 스모 선수가 즐겨 먹는 음식으로 명성이 자자합니다. 특히 스모 성지 료고쿠의 많은 창코나베집 중 토모에가타는 단연 돋보이는 곳입니다. 메뉴는 창코나베 단품부터 모둠 회가 포함된 코스, 말육회까지 다양하고 양 또한 넉넉해 푸짐하게 식사를 즐길 수 있습니다. 국물은 간장, 소금, 된장과 다시마 향이 밴 국물 중 선택할 수 있습니다. 건더기를 모두 먹은 후 남은 국물로 만드는 죽 또는 면은 창코나베의 필수 코스입니다.

TIP 코스 메뉴에서는 창코나베가 조리되어 나옵니다. 다인실 및 개인실도 구비되어 있습니다.

탱글쫄깃한 곱창전골 **Hormone Nabe Mitsuru**

신주쿠의 번화가에 일본의 곱창전골 모츠나베 중에서도 소곱창을 전문으로 하는 미츠루가 있습니다. 미츠루는 약 40년간 영업해온 노포로 두꺼운 팬층을 자랑하는 곳입니다. 국물은 간장 또는 일본 된장 중 선택할 수 있는데, 국물을 가득 머금은 신선한 소곱창에서는 씹을수록 고소한 맛이 배어 나옵니다. 단품 요리로 소간 튀김이나 볶음밥도 인기입니다.

TIP 나베는 하절기(4~9월)에는 1인분, 동절기(10~3월)에는 2인분부터 주문 가능합니다.

INFO **주소** 23-6-4 Roppongi, Minato-ku, Tokyo **영업시간** 18:00~24:00 **휴무일** 일요일 **가격** 스키야키 코스 1인 8,800엔(2인부터 주문 가능)

INFO **주소** 2-17-6 Ryogoku, Sumida-ku, Tokyo **영업시간** 런치 11:30~14:00, 디너 17:00~21:00 **휴무일** 월요일 **가격** 된장 창코나베 1인 3,850엔, 추가 죽 1인 770엔

INFO **주소** 2-30-13 Kabukicho, Shinjuku-ku, Tokyo **영업시간** 17:00~23:00 **휴무일** 일요일 **가격** 호르몬 나베 1인분 2,420엔, 볶음밥 1,056엔

18

지글지글
철판 요리

철판구이는 작은 쇼를 구경하는 재미가 있습니다. 신선한 재료를 뜨겁게 달군 철판에 올리고 치이익, 지글지글 기분 좋은 소리를 듣고 있다 보면 이내 하얗게 피어나는 김과 함께 고소한 냄새가 진동합니다. 재료를 섞는 리드미컬한 주걱 소리도 신이 납니다. 혹여 타지는 않을까 조바심이 나지만 인내심을 가지고 지긋이 기다려야 합니다. 기다림의 시간을 지나 드디어 완성! 이제부터 본격적인 먹방 쇼가 시작됩니다.

Taruya

시부야의
술도둑 철판 요릿집

철판 요리의 즐거움을 고스란히 느끼고 싶다면 시부야에 있는 타루야에 꼭 가봐야 합니다. 예약 없이는 입장하지 못할 정도로 인기 있는 이곳에는 조용한 재즈 음악이 흐르는데, 음악 소리에 맞춰 대화를 나누며 식사하는 사람들이 주를 이룹니다. 오코노미야키와 몬자야키, 야키소바, 야키니쿠, 구워 먹는 디저트까지, 철판에서 조리할 수 있는 음식은 무엇이든 철판에 올립니다. 모든 음식의 맛이 훌륭해 미식을 즐기는 사람에게 추천합니다.

TIP 2인부터 방문 가능하며 예약 필수입니다. 예약은 전화 또는 인스타그램(@taruya_shibuya)으로 문의하세요. 실내 흡연 가능.

INFO **주소** 2-20-6 Dogenzaka, Shibuya-ku, Tokyo **영업시간** 18:00~24:00 **휴무일** 일요일, 공휴일 **가격** 커버 차지 1인 220엔, 오코노미야키 베이스 737엔, 야키소바 베이스 638엔, 토핑 99엔~, 단팥말이 605엔

Monja Kato

세계관
최강자들의 만남

카토는 몬자야키의 원조인 '모헤지'와 창의적인 몬자야키 '사토', 두 최강자가 합작한 가게입니다. 서로의 가게를 대표하는 몬자는 물론, 이곳에서만 먹을 수 있는 한정 메뉴도 있습니다. '호빵맨 몬자'처럼 재미있는 메뉴부터 '명란 떡 몬자' 같은 클래식, 그리고 '마르게리타 몬자' 등 실험적인 메뉴까지. 어떤 몬자야키를 주문해도 맛과 퀄리티 모두를 만족시킵니다.

TIP 1인 방문도 가능합니다. 전화 예약 후 방문을 추천합니다.

INFO **주소** 1-17-10 Asakusa, Taito-ku, Tokyo **영업시간** 10:45~23:00 **휴무일** 무휴 **가격** 호빵맨 몬자 2,200엔

Kitayoshi

오코노미야키
최대 몇 판 가능?

90분 동안 오코노미야키를 무제한으로 즐길 수 있는 이곳은 떠들썩하고 화기애애한 분위기 속에서 추억을 새기기에 좋은 장소입니다. 돼지고기, 문어, 오징어 중에서 재료를 선택할 수 있고, 야키소바 세트는 테이블당 1회에 한해 주문 가능합니다. 여러 메뉴를 단품으로도 주문할 수 있으며 문어 스테이크나 해산물 모둠 같은 철판 메뉴도 갖추었습니다.

TIP 1인 방문 가능합니다.

INFO **주소** 2F 1-26-7 Jiyugaoka, Meguro-ku, Tokyo **영업시간** 11:30~23:00 **휴무일** 무휴 **가격** 오코노미야키 90분, 무제한 코스 1인 1,320엔(평일, 토요일 12:00~15:00 한정)

Steakhouse Matsunami

철판 장인이 구워주는
스테이크 정식

아사쿠사에는 양질의 스테이크를 요리사가 직접 구워주는 마츠나미가 있습니다. 차분하고 고급스러워 조용히 식사를 즐기기에 좋은 분위기입니다. 요리사 1명이 한 테이블씩 담당해 철판 요리를 진행합니다. 저녁은 고급 코스 요리가 주메뉴지만, 점심 한정으로 립 스테이크를 파격적인 가격에 제공하는 것으로도 유명합니다. 부드러운 스테이크는 물론, 밥도 리필 가능해 배불리 먹을 수 있습니다.

TIP 1인 방문 가능합니다. 고기 익힘 정도를 셰프에게 알려주세요.

INFO **주소** 1-11-6 Asakusa, Taito-ku, Tokyo **영업시간** 런치 11:30~14:00, 디너 17:00~22:00 **휴무일** 무휴 **가격** 치킨+스테이크 세트 2,750엔(런치 한정 메뉴)

19

100년 된 노포 식당

Asahiya

도쿄에는 100년 이상 지역 주민들의 입맛을 사로잡은 식당이 꽤 있습니다. 세월의 흔적에 가게 모습은 조금씩 바뀌었지만 맛은 예나 지금이나 그대로죠. '구관이 명관', '강한 자가 살아남는 것이 아니라 살아남는 자가 강한 것이다'라는 말이 잘 어울리는 노포 식당을 소개합니다.

일본 드라마 섭외 1순위 노포 백반집

Shimofusaya Shokudo since 1932

1923년 지은 시모후사야의 건물에서 1932년부터 영업한 이 백반집은 옛 모습을 그대로 간직하고 있어 일본 영화나 드라마에 자주 등장합니다. 반찬을 담고 할머니께 밥 양을 이야기하면 따끈한 쌀밥을 내옵니다. 수수한 반찬이 시골 할머니 댁에서 식사하는 듯한 푸근한 느낌을 줍니다. 할머니 손맛에 잊고 지내던 한 끼 식사의 행복이 떠오릅니다.

TIP

100엔을 추가하면 미소시루를 톤지루로 변경할 수 있습니다.

INFO

주소 1-12 Yokoami, Sumida-ku, Tokyo **영업시간** 09:30~18:00 **휴무일** 일요일 **가격** 반찬 1종 200엔~, 밥·미소시루 세트 200엔

4대째 이어지는 생선의 힘

Uoriki since 1905

우오리키의 간판 메뉴는 고등어 된장조림입니다. 입구 메뉴표에서 'さばみそ煮(사바 미소니)'를 찾아 몸통과 꼬리 중 선택한 뒤 자리에 앉으면 됩니다. 장시간 푹 조린 고등어 조림은 뼈까지 먹을 수 있을 정도로 부드럽습니다. 달짝지근한 우오리키의 고등어조림은 중독성 강한 밥도둑 메뉴입니다.

TIP

메뉴표의 숫자와 오늘의 숫자가 일치하면 서비스 반찬을 받을 수 있습니다.

INFO

주소 40-4 Kamiyamacho, Shibuya-ku, Tokyo **영업시간** 런치 11:00~14:10, 디너 17:30~19:20 **휴무일** 일요일, 공휴일 **가격** 고등어 된장조림(꼬리) 1,400엔

기무라 타쿠야도 반한
100년 노포 동네 식당

Asahiya since 1919

아사히야는 식욕을 자극하는 진한 츠유 향으로 손님을 맞아줍니다. 우동과 소바 맛집으로 유명하지만 깊은 감칠맛이 나는 카레라이스, 카레동을 찾는 사람도 많습니다. 소박하면서 정감 가는 카레는 일본을 대표하는 연예인 기무라 타쿠야의 입맛을 사로잡은 메뉴로도 유명합니다.

TIP

모든 메뉴는 단품 또는 소바나 우동 세트로 주문할 수 있습니다.

INFO

주소 3-25-4 Nishihara, Shibuya-ku, Tokyo **영업시간** 11:00~20:00 **휴무일** 토요일 **가격** 카레라이스 800엔, 미니 소바 350엔

20

특별한 장소에서
맛보는 음식

rebon Kaisaiyu

같은 음식이라도 장소에 따라 맛이 달라지는 걸 경험해본 적 있을 겁니다. 마치 한강에서 끓여 먹는 라면, 산에서 먹는 김밥이 더 맛있는 것처럼요. 도쿄에도 음식 맛을 더욱 특별하게 만들어줄 식당과 카페가 있습니다. 미각을 넘어 시각과 청각으로도 즐기는 음식점을 소개합니다.

rebon Kaisaiyu

100년 된 목욕탕이 카페로 변한다면?

카이사이유는 1928년에 건축된 목욕탕입니다. 2016년 폐점한 후 레노베이션을 거쳐 2020년 지금의 카페로 재탄생했습니다. 다시 태어났다는 의미로 카이사이유 앞에 리본(reborn)에서 따온 레본(rebon)이라는 명칭이 붙게 되었습니다. 신발을 벗고 입장하는데, 문에 적힌 '남녀'라는 글자에 실제 목욕탕에 온 기분이 듭니다. 목욕탕을 연상시키는 타일과 옛 건물의 흔적을 고스란히 살린 공간이 돋보입니다. 마치 목욕을 마친 듯 개운한 기분으로 커피 한잔과 달콤한 아이스크림의 페어링 세트를 즐겨보세요.

목욕탕에 퍼지는
은은한 커피 향

INFO **주소** 2-6-10 Shitaya, Taito-ku, Tokyo **영업시간** 10:00~18:00 **휴무일** 부정기 **가격** 커피&아이스크림 마리아주 플레이트 980엔

TIP 지금은 사무실로 쓰는 옛 목욕탕을 둘러볼 수 있습니다.

Maguro Oroshi no fisheries terrace

바다 위에서 먹는 해산물덮밥

부둣가에 자리 잡은 피셔리 테라스에서는 시원한 바닷바람을 느끼며 카이센동(해산물덮밥)을 맛볼 수 있습니다. 해산물 도매 회사의 직영점인 이곳은 감수성을 자극하는 분위기뿐만 아니라 신선한 해산물을 즐길 수 있는 것으로 유명합니다. 도쿄만을 바라보며 여유롭게 먹는 식사와 하이볼은 도쿄 여행의 한 페이지를 아름답게 장식할 것입니다.

핑크빛 풍경과
함께하는
맛있는 덮밥
한 그릇

INFO **주소** 3-13 Toyomicho, Chuo-ku, Tokyo **영업시간** 유동적 **휴무일** 부정기 **가격** 테라스동 1,600엔

TIP 일몰 30분 전에 붉게 물든 레인보 브리지를 감상할 수 있어요.

Curry Station Niagara

로망 열차에서 즐기는 한 끼 식사

기차에 대한 진심을 담은 공간, 나이아가라는 철도 마니아의 로망으로 가득합니다. 옛 철도의 식당칸을 모티브로 한 가게 안에 들어서기 위해 줄을 서면 제복 차림의 역장이 입장권을 나눠줍니다. 가게 안은 박물관에 있을 법한, 실제로 쓰였던 철도 노선, 모자, 안내판으로 가득합니다. 어느덧 음식이 완성되면 승무원의 안내 방송이 흘러나옵니다. “카츠 카레! 출발합니다!” 기차에 실린 음식이 기적 소리와 함께 테이블로 다가옵니다. 실내에 흐르는 기차 소리를 들으며 식사하다 보면 이대로 나이아가라호를 타고 어디론가 떠나는 상상의 나래를 펼치게 됩니다.

칙칙폭폭!
카레 열차가
도착했습니다.

INFO **주소** 1-21-2 Yutenji, Meguro-ku, Tokyo **영업시간** 11:00~17:00 **휴무일** 월요일(공휴일인 경우 화요일) **가격** 카츠 카레 1,200엔

TIP 가게에 전시된 모자를 쓰고 기념사진을 찍을 수 있어요.

21

점심 한정,
이 음식을 이 가격에?!

Matsuzakagyu Yoshida

일식 중에서도 고급 요리로 대변되는 스시, 야키니쿠, 스키야키를 점심 한정으로 저렴하게 즐길 수 있는 식당을 소개합니다. 질 좋은 재료, 깔끔한 분위기는 물론, 편리한 위치로 여행 동선을 짜기에도 좋은 곳들입니다.

Sumibi Yakiniku Takumi

1만 원의 행복

타쿠미에서는 점심 5세트 한정으로 하라미(안창살) 메뉴를 무려 1,000엔이라는 파격적인 가격으로 제공하고, 오마카세 3종과 5종 세트를 2,000엔 안팎으로 먹을 수 있습니다. 은은한 숯불 야키니쿠를 저렴한 가격에 경험해보고 싶은 사람들에게 추천합니다.

TIP 저녁에는 엄선한 이시가키규(이시가키산 소고기) 부위를 코스로 즐길 수 있습니다.

INFO

주소 2-16-9 Azabujuban, Minato-ku, Tokyo **영업시간** 런치 11:30~15:00, 디너 17:00~23:00 **휴무일** 부정기 **가격** 하라미 야키니쿠 세트 1,000엔, 오마카세 3종 야키니쿠 세트 1,980엔(런치 한정 메뉴)

Ikina Sushi Dokoro Abe Aoyama

육각형 점심 맛집

점심에 저렴한 가격으로 스시를 즐기고 싶다면 이키나 스시 도코로 아베를 추천합니다. 깔끔하고 운치 있는 분위기에서 1,000엔부터 2,000엔대까지 가격 대비 퀄리티 높은 판 초밥을 맛볼 수 있습니다. 예약제로 운영하는 오마카세 코스 메뉴도 있습니다.

TIP 재료 소진으로 조기 마감할 수 있습니다. 구글맵을 통해 예약하세요.

INFO

주소 B1F 5-46-7 Jingumae, Shibuya-ku, Tokyo **영업시간** 런치 11:30~14:00, 디너 17:30~03:00 **휴무일** 무휴 **가격** 오모리 런치 1,800엔(런치 한정 메뉴)

Matsuzakagyu Yoshida

가성비 톱티어 스키야키

맛있고 저렴한 스키야키를 맛보고 싶다면 마츠자카규 요시다를 방문해보길 바랍니다. 1,600엔에 제공하는 평일 수량 한정 스키야키를 먹기 위해 오픈 30분 전부터 줄이 길게 늘어서기로 유명한 곳입니다. 자리에 따라 스카이뷰를 감상할 수 있으며 푸짐한 구성과 만족도 높은 서비스를 즐길 수 있습니다.

TIP 예약제가 아니라 오픈런이 답입니다. 가성비 런치 메뉴는 평일에만 제공됩니다.

INFO

주소 53F Tokyo Opera City 3-20-2 Nishishinjuku, Shinjuku-ku, Tokyo **영업시간** 런치 11:30~14:00, 디너 17:30~21:00 **휴무일** 무휴 **가격** 스키야키 정식 1,600엔(평일 런치 한정 메뉴)

22

일본 드라마에 나온 식당은 맛있을까?

Shake Kojima

음식을 좋아하는 분들에게 바이블과 같은 일드가 있습니다. 바로 〈고독한 미식가〉, 〈와카코와 술〉, 〈오늘 밤은 코노지에서〉입니다. 드라마를 보다 보면 주인공들과 같은 공간에서 음식을 맛보고 싶어지곤 합니다. 화면 너머 상상으로만 즐겼던 그 맛. 오늘은 여러분이 드라마 속 주인공이 되길 바라며 여러 에피소드에 나온 맛집 중 꼭 방문해야 할 곳을 소개합니다.

Shake Kojima

푸슈~ 와카코와 퇴근 후 한잔하고 싶은 집

TIP

정식 메뉴가 많아 밥 먹으러 방문하기에도 좋습니다. 전화 예약 후 방문하길 추천합니다.

〈와카코와 술〉에 등장한 샤케 코지마는 맛있는 연어 요리와 함께 술을 곁들일 수 있는 가게입니다. "연어가 이렇게나 맛있을 수 있구나!"라고 감탄사를 연발하며 행복에 젖을 수 있습니다. 도쿄에서도 손꼽히는 지역에 위치하는데, 레트로한 분위기가 드라마 세트장을 그대로 옮겨 온 듯한 인상을 주고 귀여운 컵은 절로 웃음을 자아냅니다.

INFO

주소 1-3-15 Izumi, Suginami-ku, Tokyo **영업시간** 17:00~23:00 **휴무일** 월·화요일 **가격** 상 연어구이 1,580엔, 연어구이+연어알덮밥 정식 2,550엔

와카코와 술

MAASAN

배가… 고프다… 고로 상의 추천 맛집

마상은 〈고독한 미식가〉 시즌 5에 나온 징기스칸 전문점입니다. 드라마에서 고로 상이 사정없이 양갈비를 뜯는 장면을 인상 깊게 본 사람이 많을 거라 생각합니다. 실내는 징기스칸 화로의 열기와 신선한 양고기에 집중하는 손님들의 열기가 한데 어우러져 후끈한 분위기를 느낄 수 있습니다. 씹을수록 은은하게 퍼지는 양고기의 맛이 독보적입니다.

TIP

현금 결제만 가능합니다. 예약은 전화 또는 온라인(jingisubar-maasan.jimdofree.com)으로 가능합니다.

INFO

주소 2-24-20 Sakuragaoka, Setagaya-ku, Tokyo **영업시간** 17:00~22:00 (런치 11:30~14:00 ※주말만 제공) **휴무일** 수요일 **가격** 양갈비 1g 11엔

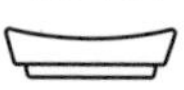

Yakitori Takechan

오늘 밤은 타케짱에서

타케짱은 드라마 〈오늘 밤은 코노지에서〉에 나온 야키토리 전문점입니다. 자욱한 연기, 맛있게 익어가는 야키토리 냄새가 식욕을 자극합니다. 나무 소재 좌석에 앉아 야키토리 코스와 함께 술잔을 기울이다 보면 마치 드라마의 세계에 들어온 듯한 느낌을 받을 때가 있습니다. 오픈과 동시에 손님으로 가득 차기 때문에 이른 시간에 방문하는 것을 추천합니다.

TIP

예약 불가능하며, 가게 입장 시 전원이 모여야 자리를 안내받을 수 있습니다. 1인 1코스 주문 필수입니다.

INFO

주소 4-8-13 Ginza, Chuo-ku, Tokyo **영업시간** 17:00~21:00 **휴무일** 일·월요일, 공휴일 **가격** 야키토리 8종 코스 4,000엔, 레몬 사와 600엔

23

먹거리 시장, 다양한 음식을 만날 수 있는 거리

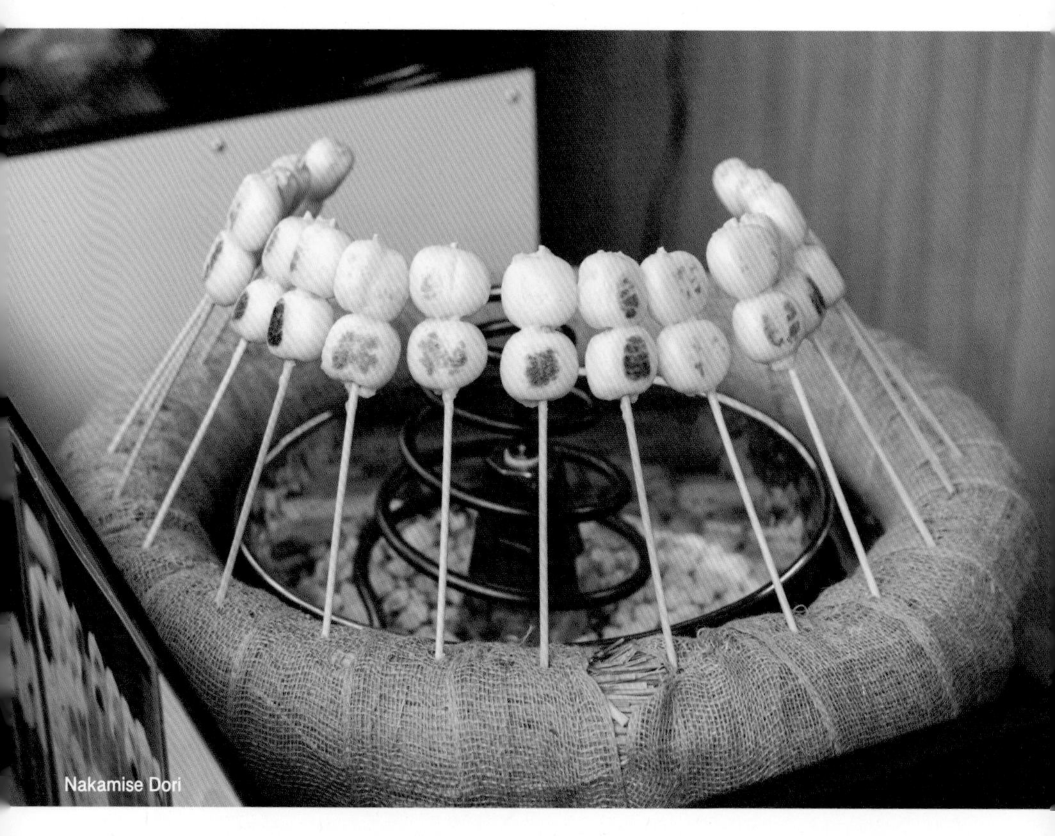

Nakamise Dori

먹거리를 즐기며 걷는다는 뜻의 타베아루키(食べ歩き). 도쿄에는 시장, 상점가, 그리고 관광지 등 타베아루키에 특화된 거리가 있습니다. 음식의 천국 도쿄에서 타베아루키 여행을 즐겨보세요. 맛있는 냄새에 이끌려 걷다 보면 어느새 나도 모르게 양손 가득 음식을 쥐고 있을지 몰라요.

'도쿄의 주방'
에서 맛보는 길
거리 대표 음식

Tsukiji Outer Market

생선, 청과물, 고기와 건어물, 각종 향신료와 내로라하는 맛집, 조리 도구까지. 도쿄의 주방이라고 불리는 츠키지 시장에서는 일본의 식문화를 한자리에서 만나볼 수 있습니다. 약 460개의 점포가 모인 시장은 일본의 맛을 느끼고 싶어 하는 관광객으로 항상 북적거립니다. 간단히 생선 가게에서 회에 맥주를 곁들인 후, 옆 숯불구이집에서 갖은 구이의 맛을 음미합니다. 요깃거리로 적당히 배를 채운 다음 츠키지를 대표하는 소 내장덮밥 또는 스시집에서 식사를 마칩니다. 디저트로 달콤한 달걀말이를 먹으면 완벽한 마무리가 됩니다. 아! 선물로 사 갈 건어물도 놓칠 수 없겠죠? 츠키지에 가기 전 소화제는 필수일지도.

TIP

이른 아침인 6시에 오픈하거나 심야까지 영업하는 가게도 있어요. 관광객 추천 방문 시간은 오전 9시부터 오후 2시까지입니다.

INFO

장소 츠키지 장외 시장 **전철** 츠키지시조

도쿄에서
제일 긴 상점가

Togoshi Ginza

세련된 설계가 돋보이는 토코시긴자역 개찰구를 나오면 1.3km의 토고시긴자 상점가가 시작됩니다. 모두가 아는 지역명인 긴자에서 유래한 이름으로 1923년, 관동대지진의 피해로 생긴 긴자의 부서진 벽돌들을 토고시에서 상점가의 배수로 시설에 사용하면서 토고시+긴자가 탄생했습니다. 토고시긴자가 생긴 이후 일본의 지역 상점가들은 긴자처럼 부흥하라는 의미로 상점가 이름 뒤에 긴자를 붙이게 되었습니다. 토고시긴자는 약 400개의 점포가 모여 있는 도쿄의 최장거리 상점가입니다. 현지인들이 평소 즐겨 먹는 음식이 궁금하다면? 일본의 로컬 상점가를 거닐고 싶다면? 토고시긴자로 향해보시길 추천합니다.

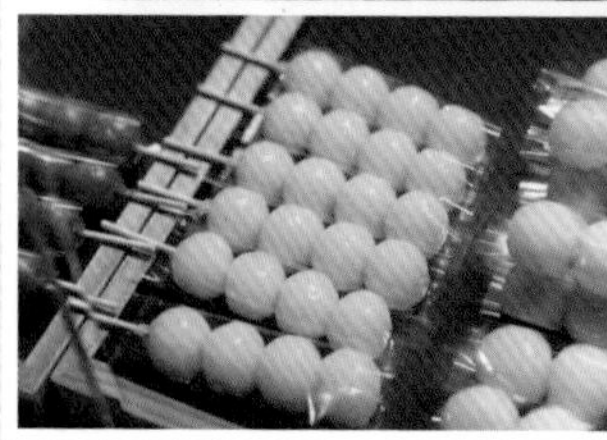

TIP

관광객 추천 방문 시간은 오전 11시에서 오후 7시까지입니다.

INFO

장소 토고시긴자 상점가 **전철** 토고시, 토고시긴자

달콤한 집 옆에
또 달콤한 집

Nakamise Dori

센소지는 아사쿠사를 대표하는 관광지입니다. 센소지 입구인 카미나리몬의 전등을 지나면 나카미세도리가 시작됩니다. 나카미세도리는 약 250m 거리의 짧은 상점가지만 거리 대비 수많은 관광객이 찾는 상점가이기도 합니다. 나카미세도리에서는 과거부터 현재까지의 일본 디저트를 다양하게 맛볼 수 있습니다. 콩고물을 가득 묻힌 키비당고, 가게에서 갓 구워낸 센베이, 이치고다이후쿠(딸기떡), 맛챠 아이스크림과 탕후루까지. 도쿄를 대표하는 관광지에서 맛보는 달달구리를 놓치지 마세요!

TIP

관광객 추천 방문 시간은 오전 10시에서 오후 5시까지입니다.

INFO

장소 나카미세도리 **전철** 아사쿠사

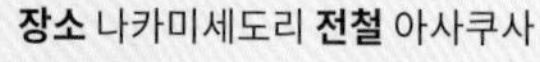

레트로 감성
가득한 상점가에서
추억 만들기

Yanaka-Ginza

야나카긴자는 닛포리역과 센다기역을 잇는 상점가입니다. 상점가 입구의 계단은 포토 스폿으로 유명합니다. 일몰 시간이 다가오면 지는 해에 붉게 물든 상점가의 모습을 찍기 위해 많은 사람이 모여듭니다. 오래된 건물과 행인에 섞여 상점가를 거닐다 보면 일본 애니메이션 속 한 장면에 서 있는 듯한 감성을 느낄 수 있습니다. 야나카긴자는 한때 고양이 거리로 불릴 정도로 많은 고양이와 만날 수 있었습니다. 그 때문에 상점가 곳곳에서 고양이 거리임을 어필하는 가게들을 찾아볼 수 있습니다. 고양이 꼬리 빵이나 기와에 모형 고양이를 올린 선술집도 있습니다. 그 외에도 줄을 서서 먹을 정도로 맛있는 타코야키, 야키토리집에서 파는 닭 다리, 튀김꼬치 등도 꼭 먹어봐야 할 음식입니다.

TIP

관광객 추천 방문 시간은 오전 11시에서 오후 6시까지입니다.

INFO

장소 야나카긴자 상점가 **전철** 닛포리, 센다기

24

바쁜 여행객을 위한 역내 식당

오늘도 정신없이 돌아가는 도쿄의 전철역. 일분일초가 아까운 직장인들은 서로를 의식할 새도 없이 목적지를 향해 발걸음을 옮깁니다. '밥 먹을 시간도 아껴야 해! 근데… 배는 고픈데 어쩌지?' 그럴 때는 빠르고 간단하게 한 끼 해결할 수 있는 역내 식당을 찾아가세요. 도쿄 직장인들의 애환이 담긴 역내 식당, 바쁘게 살아가는 현지인들 사이에서 한 끼 식사를 즐겨볼까요!

Shin-tagoto

아키하바라의 명물 역내 식당

아키하바라에는 화·목·토·일요일이면 특정 메뉴를 먹기 위해 마니아층이 몰려드는 명물 역내 식당 신타고토가 있습니다. 아키하바라 마니아들이 배불리 먹는 메뉴는 바로 스테이크 카레! 평소 1,100엔짜리 메뉴가 840엔의 서비스 메뉴로 바뀌면서 불티나게 팔려나갑니다. 일본식 카레에 후추를 듬뿍 뿌린 스테이크는 크게 한입 먹으면 없던 체력도 끌어올려 주는 마법의 메뉴죠. 이걸 먹어야 비로소 아키하바라를 탐방할 준비가 끝난 듯한 기분이 듭니다.

INFO

장소 JR 아키하바라역 6번 플랫폼 **영업시간** 06:30~23:00 **휴무일** 무휴 **가격** 스테이크 카레 1,100엔 / 840엔(할인가)

TIP

서비스 메뉴는 조기 품절될 수 있어요.

신주쿠역 한복판 10분 컷 소바집

신주쿠역 안에는 따뜻한 소바를 초스피드로 제공하는 체인점이 있습니다. 발권기에서 산 티켓을 점내 직원에게 전달한 후 "손님, 음식 나왔습니다!"라는 말을 듣기까지 1분도 채 걸리지 않습니다. 빠르고, 싸고, 든든한 역내 소바의 매력을 100% 발휘합니다. 촉박한 시간을 쪼개가며 여행하는 사람들에게 이보다 더 좋은 선택지는 없을 겁니다. 메뉴는 클래식한 소바를 기본으로 여러 세트 메뉴와 튀김 토핑을 갖추었습니다.

INFO

장소 JR 신주쿠역 16번 입구 **영업시간** 06:30~23:00 **휴무일** 무휴 **가격** 카케 소바 미니 고기밥 세트 790엔, 카키아게(튀김) 150엔

TIP

사진 속 메뉴는 카케 소바 미니 고기밥 세트에 카키아게를 추가한 것입니다.

뭐지 이거? 이상해… 묘하단 말이지

토키와켄에는 시나가와동이라는 시그너처 돈부리가 있습니다. 시나가와동은 채소 튀김을 소바 츠유에 담근 뒤 흰밥에 올리는 매우 심플한 음식입니다. 맛이 어떠냐고요? 한입 먹자마자 입술이 오므라들 정도로 짜고 튀김은 츠유가 스며들어 부침개 같습니다. 요리라기보다 불량 식품 같은 맛인데, 거기서 묘한 매력을 느끼는 사람도 있습니다. 호불호가 심하게 나뉘는 만큼 맛 평가 또한 극단적으로 갈리는 음식입니다.

INFO

장소 JR 시나가와역 1·2번 플랫폼 **영업시간** 월~토요일 06:00~23:30, 일요일·공휴일 06:00~23:00 **휴무일** 무휴 **가격** 시나가와동 520엔, 키츠네 소바 480엔

TIP

소바나 카레도 있습니다.

25

도쿄로 떠나는
아시아 미식 여행

CHOPSTICKS

“응? 도쿄 가이드북에 왜 아시아 요리를 소개하는 코너가 있지?”라고 의아해하는 사람도 있을 겁니다. 미식의 도시 도쿄는 일식뿐 아니라 다양한 아시아 요리가 발달된 곳입니다. 대중적으로도 아시아 음식을 많이 즐기며 현지보다 더 맛있다는 호평을 받는 집도 수두룩합니다. 맛있는 음식을 사랑하는 호기심 왕성한 사람들을 위해 준비했습니다. 도쿄로 떠나는 아시아 요리 여행으로 여러분을 안내합니다.

Ryunoko

하오츠! 중독성 강한 마파두부

류노코는 하라주쿠에 있는 중식당입니다. 직장인의 성지이기도 한 이곳은 평일 점심시간이 되면 대기 줄이 길게 늘어서는 맛집입니다. 점심 메뉴인 마파두부 세트와 반반지(중국식 닭 가슴살 요리) 세트가 유명한데, 그중에서도 마파두부는 긴 기다림을 감내하고 먹을 만한 가치가 있습니다. 밥도 리필 가능해 쇼핑을 시작하기 전, 든든히 배를 채우기에 좋습니다.

INFO **주소** B1F 1-8-5 Jingumae, Shibuya-ku, Tokyo **영업시간** 런치 11:30~15:00, 디너 17:30~21:30 **휴무일** 일요일 **가격** 마파두부 런치 세트 1,450엔, 반반지 런치 세트 1,500엔

TIP 밥 리필 무료입니다.

Malatan

메이웨이! 핫한 마라의 매력

마라탄은 일본에 거주 중인 중국인들 사이에서 인정받는 훠궈 맛집입니다. 이곳의 훠궈는 일본의 유명 연예인들이 주기적으로 먹어야 할 음식으로 꼽는 명물 메뉴입니다. 온몸이 후끈 달아오르는 매운 맛은 강한 중독성이 매력적이며, 닭고기로 맛을 낸 뽀얀 국물은 진한 감칠맛과 향기가 일품입니다. 채소와 육류, 해산물에서 우러난 육수가 깊은 맛을 더합니다.

INFO **주소** 1-3-22 Okubo, Shinjuku-ku, Tokyo **영업시간** 17:30~24:00, 일요일·공휴일 17:30~23:00 **휴무일** 무휴 **가격** 예산 1인 3,500엔(2인부터 주문 가능)

TIP 현금 결제만 가능합니다. 마라탄 세트는 육류와 해산물 중에서 선택할 수 있습니다. 추가 요금에 따라 맵기 조절이 가능합니다.

CHOPSTICKS

응온 람! 베트남 사람들도 찾는 맛집

코엔지의 낡은 빌딩 안에는 다이이치 시장이란 곳이 있습니다. 시장 안쪽에 위치한 찹스틱스는 도쿄의 베트남 요리점을 대표하는 소문난 맛집입니다. 대표 메뉴인 오리지널 생쌀국수는 도쿄에 사는 베트남 사람들이 일부러 찾을 정도로 정평이 나 있습니다. 점심에는 저렴한 가격으로 푸짐하게 세트 메뉴를 즐길 수 있어 항상 많은 사람들로 붐빕니다.

INFO **주소** 3-22-8 Koenjikita, Suginami-ku, Tokyo **영업시간** 평일 런치 11:30~14:30, 디너 17:00~23:00 / 주말, 공휴일 11:30~23:00 **휴무일** 무휴 **가격** 런치 세트(메인 1+사이드 1+음료 1) 980엔~

TIP 세트 가격은 메인 메뉴에 따라 변동됩니다.

Handsome Shokudo

아러이! 여기가 도쿄야, 태국이야?

니시오기쿠보의 허름한 로컬 거리에는 태국 요리점 핸섬 쇼쿠도가 있습니다. 날씨가 좋을 때는 거리를 마주한 테이블에 앉아 음식을 즐길 수 있습니다. 도쿄임에도 마치 태국의 어느 거리에 앉아 있는 듯한 착각을 불러일으킵니다. 태국 본토의 맛을 일본인 입맛에 맞춘 절묘한 균형 감각이 돋보이는 메뉴를 갖추었습니다. 덕분에 태국 음식 초보자부터 애호가까지 누구나 만족스러운 식사를 즐길 수 있습니다.

INFO **주소** 3-11-5 Nishiogiminami, Suginami-ku, Tokyo **영업시간** 유동적 **휴무일** 월요일 **가격** 스프링롤 1개 418엔, 팟타이 1,045엔, 타이 사와 825엔

TIP 현금 결제만 가능합니다.

26

세월이 지나도 변함없는 달콤함

디저트의 천국 일본에서 오랜 세월 사랑받아온 전통 과자. 도쿄의 수많은 전통 과자 맛집 중 꼭 들러야 할 노포 맛집을 소개합니다. 대대로 이어온 레시피에 따라 장인이 손수 만든 과자는 달콤한 맛에 세월의 맛이 더해져 큰 감동을 느낄 수 있습니다.

Mizuho

콩찹쌀떡 단일 메뉴로
40년간 사랑받은 맛집

미즈호는 도쿄 3대 마메다이후쿠(콩찹쌀떡) 맛집으로 손꼽힙니다. 큰 복을 의미하는 '다이후쿠'라는 이름처럼 커다란 사이즈에 쫄깃하고 부드러운 떡, 아낌없이 넣은 달콤한 팥앙금과 짭짤한 콩이 최고의 단짠 조합을 이룹니다.

TIP

빠르게 매진되니 이른 시간 방문할 것을 추천합니다.

INFO

주소 6-8-7 Jingumae, Shibuya-ku, Tokyo **영업시간** 09:00~12:00(매진 시 조기 종료) **휴무일** 일·월요일 **가격** 마메다이후쿠 270엔

Matsuzaki Senbei

세상에서 가장 아름다운 전병

1804년에 창업한 이래 8대째 운영 중인 마츠자키 센베이는 긴자에서 오래도록 사랑받고 있는 전병 과자점입니다. 간판 메뉴인 샤미도는 달걀을 듬뿍 넣어 바삭하게 구운 전병에 장인이 한 장 한 장 설탕물로 그려 넣은 아름다운 그림이 매력적입니다.

TIP

계절을 담은 풍경, 캐릭터 컬래버레이션 등 한정 그림이 그려진 샤미도가 인기입니다.

INFO

주소 4-13-8 Ginza, Chuo-ku, Tokyo **영업시간** 10:00~19:00 **휴무일** 무휴 **가격** 샤미도 160엔~

Bunsendo Hompo

행운을 부르는 모나카

1948년에 창업한 분센도 혼포는 앞뒤로 잘 구운깍지 속에 밤과 팥, 두 종류의 앙금이 부드럽게 꽉 차 있는 모나카가 맛있기로 유명합니다. 건강과 부를 상징하는 동전 모양이라 선물로도 인기 있습니다.

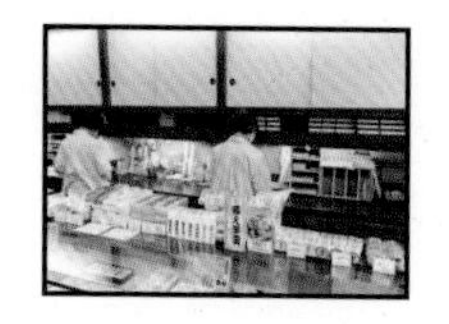

TIP

화·목·금요일에만 판매하는 마메다이후쿠도 별미입니다.

INFO

주소 3-6-14 Shinbashi, Minato-ku, Tokyo **영업시간** 평일 08:30~18:30, 토요일 09:00~16:00 **휴무일** 일요일, 공휴일 **가격** 분센모나카 밤앙금 170엔

Furuya Koganean

도쿄에서 가장 향긋한 당고를 맛보고 싶다면?

1936년에 창업한 코가네안의 간판 메뉴는 쿠로고마 당고(검은깨 경단)입니다. 수북이 쌓인 고소한 검은깻가루 속 쫄깃한 식감의 당고가 일품입니다. 쿠로고마 당고 가루로 만들 수 있는 간단한 레시피 북도 놓치지 마세요.

TIP

당고는 구매 당일 먹어야 합니다.

INFO

주소 3-2-4 Hatagaya, Shibuya-ku, Tokyo **영업시간** 09:00~18:00 **휴무일** 무휴 **가격** 쿠로고마 당고 1팩 5개 1,296엔

KIKYOYA ORII

19대 전통의
다이후쿠 맛집

1607년에 창업한 다이후쿠 전문점, 키쿄야 오리이가 도쿄에 처음 가게를 열었습니다. 아침에 만든 쫀득한 떡으로 과일을 부드럽게 감싼 다이후쿠는 베어 물었을 때 흘러나오는 과즙과 떡의 밸런스가 굉장히 뛰어나 많은 손님에게 사랑받고 있습니다.

TIP

제철 과일 및 영업시간은 인스타그램(@kikyoya_orii_mochi)에서 확인하세요.

INFO

주소 1-4-11 Komazawa, Setagaya-ku, Tokyo **영업시간** 10:30~18:30(매진 시 조기 종료) **휴무일** 화요일, 부정기 **가격** 계절 과일 다이후쿠 400엔~

Sennari Monaka Honpo

하루 2,000장 굽는
도라야키 명물 가게

1937년 오츠카에 문을 연 센나리 모나카는 갓 구운 도라야키가 인기 있는 집입니다. 폭신한 식감에 단짠의 조화가 훌륭해서 앙금 없이 빵만 판매할 정도로 맛있습니다. 4종류의 팥앙금을 넣은 클래식한 도라야키와 버터를 넣은 앙버터 도라야키가 특히 유명합니다.

TIP

가게 앞 좌석에서 과자를 즐길 수 있어요.

INFO

주소 3-54-4 Minamiotsuka, Toshima-ku, Tokyo **영업시간** 10:00~18:00 **휴무일** 무휴 **가격** 도라야키 210엔

27

줄 서서라도 꼭 먹어야 하는 빵집

오직 빵을 즐기기 위해 찾는 사람이 있을 정도로 도쿄에는 정말 맛있는 빵집이 많습니다. 일본 전국의 빵순이, 빵돌이가 모이는 빵의 천국 도쿄에서 일본의 빵러버들은 어떤 빵집을 많이 찾을까요? 또 도쿄의 빵은 어떤 점이 매력적일까요? 줄을 서서라도 꼭 먹어야 할 빵집, 기다림이 아깝지 않은 도쿄의 빵집을 지금 확인해 보세요!

Katane Bakery

블루보틀이 원 픽한 빵집

주택가에 위치한 작은 빵집 카타네 베이커리는 규모는 작지만 내실 있는 곳입니다. 아침 일찍부터 고소한 빵 냄새가 거리를 가득 채웁니다. 80종의 빵을 선보이며 지하 카페에서는 조식 세트를 맛볼 수 있습니다. 빵을 좋아하는 사람이라면 반드시 손꼽는 집이기도 하며, 유행을 타지 않는 꾸준함, 변치 않은 맛을 자랑합니다.

TIP 영업일은 인스타그램(@katanebakery)을 통해 확인하세요.

INFO **주소** 1-7-5 Nishihara, Shibuya-ku, Tokyo **영업시간** 화~토요일 07:00~15:00, 일요일 07:00~14:00 **휴무일** 월요일, 부정기

Shiomi Pain

장작 가마로 굽는
도심 속 빵집

시오미에서는 화덕에 빵을 굽습니다. 가게 주변을 가득 메운 장작은 맛있는 빵에 대한 고민과 고집을 보여줍니다. 빵은 캄파뉴와 식빵, 두 가지만 판매합니다. 가게에는 그날의 빵에 대한 설명을 적어 미세한 온도 차이, 발효 시간에 따른 맛의 차이를 알기 쉽도록 전달합니다. 시오미의 열정적인 빵을 맛보기 위해 오늘도 가게 앞은 많은 사람들로 붐빕니다.

TIP 빵은 홀, 하프, 쿼터 등 세 가지 사이즈로 판매합니다.

INFO **주소** 3-9-5 Yoyogi, Shibuya-ku, Tokyo **영업시간** 12:00~18:00 **휴무일** 수·목요일

Le Ressort

빵지순례 리스트에서
빠지지 않는 곳

동네 빵집 르 르소르는 주변의 한적한 분위기와는 반대로 항상 사람들로 가득합니다. 이곳에서는 고소한 빵 냄새에 둘러싸여 어떤 빵을 고르지 행복한 고민을 하게 됩니다. 언제나 그렇듯 인기 있는 크림 바게트 샌드를 가장 먼저 선택한 후 천천히 다른 빵들을 살펴봅니다. 어떤 빵을 골라도 맛있으니 주저 없이 고르길 바랍니다.

TIP 크림 바게트 샌드 중 피스타치오와 밀크가 가장 유명해요.

INFO **주소** 3-11-6 Komaba, Meguro-ku, Tokyo **영업시간** 09:00~17:00 **휴무일** 월요일(공휴일인 경우 화요일)

Pain des Philosophes

도쿄의 프랑스 마을에서 인기 1위 빵집

만들고 싶은 빵을 맛있는 재료로 맛있게 만드는 것. 팡 데 필로소피는 최상의 빵 맛을 위해서라면 어떤 것도 타협하지 않는 철학을 지니고 있습니다. 팡 데 필로소피가 위치한 카구라자카에는 프랑스 국제학교가 있습니다. 그 때문에 일본의 작은 파리라고 불릴 정도로 프렌치 레스토랑, 빵집이 많습니다. 그런 카구라자카에서도 팡 데 필로소피는 반드시 방문해야 할 빵집이자 도쿄 전체에서도 꼭 가야 할 빵집으로 손꼽힙니다.

TIP 인스타그램(@pain_des_philosophes) 스토리를 통해 영업일을 확인하세요.

INFO **주소** 1-8 Higashigokencho, Shinjuku-ku, Tokyo **영업시간** 10:00~19:00(매진 시 조기 종료) **휴무일** 월요일

Truffle BAKERY

원조 트러플 소금빵 맛집은 여기

트러플 베이커리의 대표 메뉴는 트러플 소금빵입니다. 트러플 버터, 트러플 오일, 트러플 소금 등 세 가지 재료를 각 공정에 적절히 사용해 최고의 트러플 향과 맛을 느낄 수 있습니다. 파삭한 겉면 아래 폭신한 속살이 기다리고 있는데, 씹을수록 트러플 향이 가득 차오르는 소금빵은 겉바속촉의 정석을 보여줍니다.

TIP 산겐자야 외 다른 지점도 있습니다. 'Truffle Bakery'로 검색하세요.

INFO **주소** 2-24-5 Taishido, Setagaya-ku, Tokyo **영업시간** 09:00~19:00 **휴무일** 무휴

Katane Bakery

28

팥라다이스,
도쿄에 오신 걸 환영합니다

TORAYA AN STAND Kita-Aoyama

한때는 '단팥'이라는 단어가 주는 어감이 올드하다고 생각한 적이 있어요. 왠지 할머니들이 즐겨 먹을 것 같은 이미지 때문이었죠. 하지만 도쿄에서 접한 단팥의 자유로운 모습은 제 생각이 오히려 올드한 것임을 깨닫게 해주었습니다. 얼마나 곱게 갈았는지, 어떤 재료와 만났는지, 어디서 먹는지에 따라 단팥 맛이 천차만별인 점이 너무 재밌었어요. 지금은 도쿄 어딜 가든 단팥으로 만든 음식이 있는지 찾곤 합니다.

TORAYA AN STAND Kita-Aoyama

앙 깨물고 싶은 앙 번

토라야 앙 스탠드의 단팥은 크림처럼 부드러운 것이 특징입니다. 흑당과 메이플 시럽을 사용해 깊은 단맛을 느낄 수 있습니다. 곱게 으깨 팥 특유의 퍽퍽한 식감을 싫어하는 사람도 먹기 좋습니다. 대표 메뉴는 앙 번으로, 쫄깃한 식감의 번과 풍부한 단맛을 자랑하는 단팥의 조합이 초콜릿 가득한 초코 크림빵을 떠올리게 합니다. 두껍게 구운 식빵에 단팥과 버터를 올려 먹는 앙 토스트도 추천 메뉴입니다.

INFO **주소** 3-12-16 Kita-Aoyama, Minato-ku, Tokyo **영업시간** 11:00~19:00 **휴무일** 화·수요일 **가격** 앙 번 481엔, 앙 토스트 551엔

TIP 앙 번은 키타아오야마 지점에서만 먹을 수 있어요.

TORAYA Akasaka

일본 단팥의 정점

유구한 역사를 자랑하는 토라야는 일본의 단팥을 이야기할 때 빼놓을 수 없는 곳입니다. 깔끔하면서 과하지 않은 단맛이 고급 단팥의 정점을 보여줍니다. 토라야의 여러 음식 중에서도 단팥 본연의 맛을 느끼고 싶다면 사진 속 디저트 안미츠를 추천합니다. 토라야 매장 중 아카사카 본점은 건축물을 좋아하는 사람이라면 한 번쯤은 꼭 방문하는 명소이기도 합니다. 건축계의 거장 나이토 히로시가 디자인한 건물로, 따뜻한 목조와 반대되는 차가운 철골, 내벽이 어우러져 어느 곳을 바라보든 아름다움에 매료됩니다.

INFO **주소** 4-9-22 Akasaka, Minato-ku, Tokyo **영업시간** 평일 09:00~18:00, 주말·공휴일 09:30~18:00 **휴무일** 매달 6일(12월 제외) **가격** 안미츠 1,760엔

TIP 3층 티 룸은 오전 11시 오픈, 오후 5시 라스트 오더입니다.

Bistro ROJIURA

단짠의 정석

비스트로 로지우라의 앙 버터는 아침과 점심시간에만 판매하는 한정 메뉴입니다. 따뜻한 빵에 조금 녹아내린 고소한 버터 향이 식욕을 자극합니다. 버터의 짠맛이 팥앙금에 조금 스며들었을 때 크게 베어 무는 것이 포인트입니다. 단짠의 조합도 흥미롭지만 이 조합이 물리지 않도록 해주는 리코타 치즈의 산미는 가히 신의 한 수입니다. 한입씩 먹을 때마다 행복 지수가 올라가는 경험을 할 수 있습니다. 마지막 한입이 이토록 아쉬운 앙 버터는 쉽게 만날 수 없을 겁니다.

INFO **주소** 11-2 Udagawacho, Shibuya-ku, Tokyo **영업시간** 모닝&런치 08:00~14:00 **휴무일** 월·일요일 **가격** 앙 버터 리코타 치즈 샌드위치 660엔, 커피 580엔

TIP 1인 1음료 주문 필수입니다.

Coffee Chopin

클래식 앙 버터의 진수

커피 쇼팽은 1933년 창업한 노포 킷사텐(차와 커피, 간단한 식사를 제공하는 일본의 휴게 음식점)입니다. 입구에 들어서면 차분한 클래식 선율로 가득한 공간을 마주할 수 있습니다. 이곳의 대표 메뉴는 단팥을 가득 품은 앙 프레스입니다. 핫 샌드 메이커로 구워낸 빵은 겉면이 노릇하고 폭신한 식빵 안쪽에 버터를 머금은 팥앙금이 들어 있어 촉촉합니다. 점심시간 전에 품절될 정도로 인기 메뉴인 앙 프레스를 먹기 위해서는 아침 일찍 움직여야 합니다.

INFO **주소** 1-19-9 Kanda Sudacho, Chiyoda-ku, Tokyo **영업시간** 평일 08:00~20:00, 토요일 11:00~20:00 **휴무일** 일요일, 공휴일 **가격** 앙 프레스 700엔, 블렌드 커피 600엔

TIP 앙 프레스는 테이블당 1개만 주문 가능합니다.

tecona bagel works

도쿄 1티어 베이글과 앙 버터의 만남

약 50종의 베이글을 판매하는 베이글 전문점. 무엇을 먹든 맛있기로 유명하지만 항상 몇 종류의 베이글과 함께 습관처럼 앙 버터 소금 샌드를 놓치지 않고 담습니다. 쫀득한 베이글, 그 사이에 대담하게 자리한 버터와 단팥의 묵직한 존재감이 돋보입니다. 두툼한 앙 버터 베이글은 촉촉함을 더해주는 우유와 찰떡궁합입니다. 날씨가 좋다면 테이크아웃한 베이글을 들고 요요기 공원으로 향해보세요. 벤치에 앉아 여유를 즐기며 먹는 베이글은 무엇과도 바꿀 수 없는 추억으로 남을 것입니다.

INFO **주소** B1F 1-51-12 Tomigaya, Shibuya-ku, Tokyo **영업시간** 11:00~18:30 **휴무일** 부정기 **가격** 앙 버터 시오 샌드 480엔

TIP 영업일은 인스타그램(@tecona_bagel_works)에서 확인하세요.

29

폭신폭신 핫케이크 한 조각과 여유로운 휴식

GINZA WEST Aoyama Garden

킷사텐에 앉아 커피와 핫케이크를 주문합니다. 킷사텐의 핫케이크는 만드는 데 꽤 오랜 시간이 걸립니다. 하지만 그 기다림이 왠지 기분 좋습니다. 커피 향과 함께 여유롭게 시간을 보내다 보면 어느새 핫케이크가 나옵니다. 모락모락 올라오는 따뜻한 김, 조금씩 녹으면서 코끝을 간지럽히는 버터 향을 맡다가 마지막에 달콤한 시럽을 듬뿍 뿌려 기다림에 마침표를 찍어보세요.

GINZA WEST Aoyama Garden

테라스에서 즐기는 핫케이크

긴자 웨스트 아오야마 가든은 오랜 역사를 지닌 양과자점 긴자 웨스트의 자매점입니다. 아름답게 느껴질 정도로 얼룩 없이 깨끗하게 구운 팬케이크의 갈색 단면이 눈길을 끕니다. 정확한 온도를 유지하며 저온에서 천천히 굽는 것이 아름다움과 맛의 비결입니다. 적당히 부풀어 오른 팬케이크는 촉촉하면서 폭신한 식감을 자랑합니다. 약간의 꿀을 넣은 반죽에서는 은은한 단맛이 감돕니다.

TIP 예약은 불가능하며 당일 매장을 방문한 후 번호표를 뽑고 기다리세요.

INFO **주소** 1-22-10 Minamiaoyama, Minato-ku, Tokyo **영업시간** 11:00~20:00 **휴무일** 무휴 **가격** 팬케이크 1장+음료 세트 1,760엔

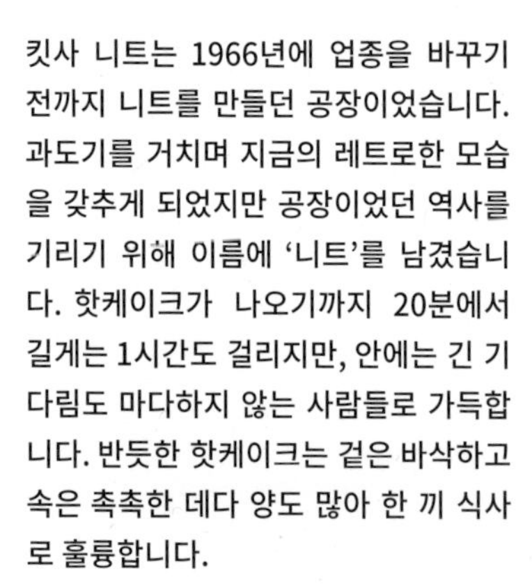

Kissa Knit

도쿄 핫케이크 필수 코스

킷사 니트는 1966년에 업종을 바꾸기 전까지 니트를 만들던 공장이었습니다. 과도기를 거치며 지금의 레트로한 모습을 갖추게 되었지만 공장이었던 역사를 기리기 위해 이름에 '니트'를 남겼습니다. 핫케이크가 나오기까지 20분에서 길게는 1시간도 걸리지만, 안에는 긴 기다림도 마다하지 않는 사람들로 가득합니다. 반듯한 핫케이크는 겉은 바삭하고 속은 촉촉한 데다 양도 많아 한 끼 식사로 훌륭합니다.

TIP 디저트와 식사류 메뉴도 충실한 가게입니다.

INFO **주소** 4-26-12 Kotobashi, Sumida-ku, Tokyo **영업시간** 09:00~20:00 **휴무일** 일요일 **가격** 핫케이크+음료 1잔 세트 900엔

Pinocchio

노부부의 상냥함을 담은 핫케이크

피노키오는 상냥한 노부부가 운영하는 킷사텐입니다. 핫케이크를 주문하면 "시간이 꽤 걸릴 텐데 괜찮아요?"라고 묻습니다. 할아버지가 핫케이크를 굽는 모습을 보면 숙련된 장인의 손길이 느껴집니다. 동판에서 천천히 뒤집어가며 구운 핫케이크를 마지막에 세로로 굴려서 굽고 메이플 시럽을 듬뿍 뿌리면 완성! 피노키오의 핫케이크는 귀엽고 아담한 사이즈이고, 식감은 부드럽기보다는 속이 꽉 찬 단단함이 느껴집니다.

TIP 주말에는 줄이 긴 만큼 평일에 가는 걸 추천해요.

INFO **주소** 16-8 Oyamakanaicho, Itabashi-ku, Tokyo **영업시간** 09:00~18:00 **휴무일** 수·목요일, 부정기 **가격** 핫케이크 550엔

Tombolo

옛 주택의 따뜻함을 품은 버터 향 핫케이크

카구라자카의 옛 주택을 개조해 문을 연 킷사텐 톤보로. 맑은 날 창문으로 들어오는 햇빛이 목재로 꾸민 가게와 만나 감성적인 분위기를 자아냅니다. 핫케이크는 구워낸 후 버터를 따로 올리지 않고 표면에 꼼꼼히 발라주는데 테이블에 핫케이크가 놓이는 순간, 은은한 버터 향기에 기분이 좋아집니다. 메이플 시럽이 아닌 케이크용 시럽을 쓰는 것도 이곳의 특징입니다. '핫케이크'라는 이름이 이토록 잘 어울리는 가게는 또 없을 겁니다.

TIP 생크림과 프루츠 칵테일을 얹으면 더욱 맛있게 즐길 수 있습니다.

INFO **주소** 6-16 Kagurazaka, Shinjuku-ku, Tokyo **영업시간** 11:00~18:00 **휴무일** 수·목요일 **가격** 핫케이크 750엔

30

도쿄의 필수 디저트,
푸딩

Kissa Satella

친숙한 음식은 보는 것만으로도 맛이 떠오르곤 합니다. 일본에서는 푸딩이 그렇습니다. 스푼을 타고 전해지는 탱글함, 입안에 넣었을 때 느껴지는 부드러움과 달콤함. 도쿄 어딜 가든 푸딩과 마주칠 정도로 푸딩은 현지인들에게 친숙한 음식입니다. 하지만 그만큼 인정받기 어려운 음식이기도 합니다. 푸딩에 까다로운 도쿄 사람들이 꼽은 인기 푸딩 맛집은 어디일까요?

Butter "Mass"ter Living room

귀여움이 가득한 카페의 시그너처 푸딩

최고의 버터 마스터를 만날 수 있는 공간. 귀여운 캐릭터로 가득 찬 버터 마스터 리빙 룸에서 가장 유명한 디저트는 푸딩입니다. 여느 푸딩보다 단단하고 사이즈가 큰 편으로 달걀의 풍미가 강한 편이고 바닐라 향기 또한 짙습니다. 단단한 푸딩은 젤리 같은 식감이었다가 점차 푸딩의 본래 모습처럼 부드럽게 녹아 없어집니다. 버터 마스터 리빙 룸의 독자적인 캐릭터와 세계관도 재밌는 포인트입니다.

INFO **주소** 1-23-17 Izumi, Suginami-ku, Tokyo **영업시간** 평일 12:00~17:30, 주말 12:00~18:00 **휴무일** 무휴 **가격** 크림 캐러멜 푸딩 638엔, 피낭시에 296엔

TIP 버터 향 가득한 피낭시에도 놓치지 마세요!

Kissa Satella

킷사텐에서 즐기는 사각형 비터 스위트 푸딩

킷사 사테라는 48년간 운영한 아오야마의 노포 킷사텐 '아오야마 차칸'을 리뉴얼해 2020년 새롭게 오픈한 곳입니다. 사각형 푸딩, 커피와 우유로 만든 오 레 글라세가 대표 메뉴입니다. 크림치즈와 연유를 섞어 만드는 푸딩은 전체적으로 달콤하지만 약간 쓴맛이 도는 절제된 맛을 느낄 수 있습니다. 오 레 글라세는 섞지 않고 그대로 마시는데, 입술을 타고 커피의 쓴맛이 넘어온 뒤 시간차를 두고 우유의 고소함과 달콤함이 입안을 가득 채웁니다.

INFO **주소** 1-7-5 Shibuya, Shibuya-ku, Tokyo **영업시간** 10:00~21:30 **휴무일** 무휴 **가격** 푸딩 700엔, 오 레 글라세 700엔

TIP 시즌 한정 푸딩 메뉴도 있어요.

Feb's coffee & scone

전통 거리에서 맛보는 클래식한 푸딩

2월의 따뜻함이 전해지는 카페, 페브스 커피&스콘에서는 레트로한 캐러멜 푸딩을 맛볼 수 있습니다. 달걀의 강한 풍미가 특징인 푸딩은 부드러운 크림, 단맛이 감도는 캐러멜과 만나면서 호불호 없는 균형 잡힌 만족감을 줍니다. 플레인 스콘도 인기 메뉴인데, 겉은 비스킷처럼 거칠고 바삭한 반면, 속은 촉촉한 것이 인상적입니다. 버터와 우유의 고소함을 듬뿍 머금고 있는 스콘과 쌉쌀하고 향긋한 커피에 달콤한 푸딩으로 마무리해 오후의 여유를 느껴보는 건 어떨까요?

INFO **주소** 3-1-1 Asakusa, Taito-ku, Tokyo **영업시간** 평일 08:00~16:30, 주말 08:00~16:00 **휴무일** 무휴 **가격** 커스터드 푸딩 680엔, 스콘 300엔

TIP 1인 1음료 필수입니다.

31

사계절 내내
사랑받는 빙수 맛집

Parlor Vinefru Ginza

일본의 카키고리(빙수)는 여름을 대표하는 음식이자 사계절 내내 즐기는 디저트이기도 합니다. 간 얼음에 시럽을 뿌린 심플한 빙수부터 프렌치 레스토랑의 디저트를 떠올리게 하는 고급 빙수까지. 빙수가 이처럼 다양한 얼굴을 지니게 된 데는 어떤 스토리가 숨어 있을까요? 얼음이 녹기 전에 꼭 들어봐야 할 빙수 맛집 이야기, 지금 시작합니다.

Parlor Vinefru Ginza

맛이 궁금한 상상력 넘치는 빙수

파를로 비네프루 긴자는 도쿄에서 손꼽히는 빙수 맛집입니다. 카르보나라 빙수 같은 실험적인 메뉴에 의문이 들기도 하지만, 오너의 요리 감각이 더해지면서 창의적이고 신선한 메뉴를 맛볼 수 있어 유명합니다. 인기 메뉴는 딸기&피스타치오 에스푸마입니다. 비니거를 더한 딸기소스, 빌베리 콘피추, 로스트 아몬드와 홍차소스, 피스타치오 에스푸마를 조합해 겹겹이 쌓인 맛의 레이어가 따로 또는 하나로 뭉쳐지면서 빈틈없는 하모니를 연출합니다.

TIP 1인 1메뉴 주문 필수. 현금 결제만 가능합니다. 팬케이크도 맛있어요.

INFO **주소** 3F 1-20-10 Ginza, Chuo-ku, Tokyo **영업시간** 11:00~18:00 **휴무일** 무휴 **가격** 딸기&피스타치오 에스푸마 빙수 1,980엔

Azuki to Kouri

Azuki to Kouri

미슐랭 프렌치 레스토랑의 파티시에가 만든 차가운 디저트

이곳의 대표 메뉴는 프렌치 레스토랑에서 6년간 활약한 파티시에가 자신만의 경험과 창의성을 살려 만든 빙수로, 다른 곳에서는 볼 수 없었던 새로운 빙수입니다. 솜사탕 같은 보드라운 식감을 자랑하며 제철 과일과 허브 등 계절을 가장 잘 느낄 수 있는 재료로 만듭니다.

TIP 1인 1메뉴 주문 필수. 신용카드, 간편 결제만 가능합니다.

INFO **주소** 1-46-2 Yoyogi, Shibuya-ku, Tokyo **영업시간** 11:00~19:00 **휴무일** 수요일, 부정기 **가격** 약 2,500~3,000엔

TIP 1인 1메뉴 주문 필수입니다.

INFO **주소** Nozaki Bldg, 7 Arakicho, Shinjuku-ku, Tokyo **영업시간** 12:00~17:00 **휴무일** 부정기 **가격** 딸기 빙수 R 사이즈 1,000엔, 연유 무제한 토핑 100엔

Kakigori Ryan

밤에는 스낵바로 변신하는 숨은 빙수 맛집

카키고리 라이언은 요츠야의 회원제 스낵바 라이언의 공간을 낮 동안 빌려 운영합니다. 이곳의 빙수는 과하지 않은 달콤함이 장점인데 과일을 듬뿍 넣어 만든 수제 시럽이 폭신폭신한 얼음의 식감과 절묘하게 어우러집니다. 또 사이즈에 비해 저렴한 가격으로도 유명합니다. 그중 인기인 딸기빙수는 화려한 빙수 사이에서 가장 클래식한 메뉴로 추가 요금을 내면 연유를 듬뿍 뿌릴 수 있습니다.

Kakigori Ryan

TIP 1인 1메뉴 주문 필수. 현금 결제만 가능합니다.

INFO **주소** 9-11 Nihonbashiyokoyamacho, Chuo-ku, Tokyo **영업시간** 13:00~20:00 **휴무일** 부정기 **가격** 약 2,500~3,000엔

DEMEKIN

1년 내내 먹고 싶은 빙수 가게

견고하게 쌓아 올린 성과 같은 데메킨의 빙수에서는 빈틈없이 꽉 채운 풍부함을 느낄 수 있습니다. 시즌에 따라 바뀌는 빙수는 한 가지 과일을 베이스로 하고 여러 종류의 견과류나 과육, 쿠키, 캐러멜소스 등 디저트에서 착안한 재료를 올립니다. 적절한 단맛과 기분 좋은 풍미는 마지막 한입까지 철저하게 계산된 즐거움을 줍니다. 빙수는 사이즈가 제법 크기 때문에 저스트 사이즈로 주문하길 권합니다. 반드시 예약 후 방문해야 하며, 2인까지만 동시 입장 가능합니다. 예약은 구글맵을 통해서 할 수 있습니다.

32

샌드위치,
너의 속을 보여줘

SANDWICH CLUB

든든한 식사, 디저트, 술안주…. 샌드위치의 얼굴은 무궁무진합니다. 겉을 감싼 빵과 속을 채운 재료의 조합에 따라 수만 가지가 존재합니다. 재료는 따로 또 같이 입안에서 저마다의 개성을 뽐내기도 하고, 한데 어우러져 조화로움을 선사하기도 합니다. 단순함과 복잡함을 모두 갖춘 샌드위치의 세계. 도쿄에서 즐길 수 있는 맛있는 샌드위치는 어떤 것들이 있을까요?

JULES VERNE COFFEE

인생 후르츠 산도

코엔지의 아파트 단지 1층에 위치한 후르츠 산도 맛집, 쥘 베른 커피는 주말이면 오픈 전부터 웨이팅하는 사람이 있을 정도로 도쿄의 후르츠 산도를 대표하는 가게입니다. 은은하게 퍼지는 휘핑크림의 단맛은 신선한 계절 과일의 단맛과 산미를 살려줍니다. 과일 본연의 맛을 한껏 느낄 수 있는 후르츠 산도와 잘 어울리는 음료는 쓴맛이 감도는 커피입니다.

TIP

후르츠 산도는 포장 판매하지 않습니다.

INFO

주소 4-2-24 Koenjikita, Suginami-ku, Tokyo **영업시간** 12:00~17:00
휴무일 월·화요일 **가격** 후르츠 산도 850엔~

Choshiya

원조 고로케 산도

초시야는 100년 가까이 영업해 온 가게입니다. 지금은 쉽게 접할 수 있는 고로케 산도를 처음 만든 곳으로 유명합니다. 베이스가 되는 빵은 식빵이나 핫도그 빵 중 선택할 수 있습니다. 빵에 튀겨낸 재료를 끼워 넣은 소박한 형태지만, 직장인들은 간편하면서도 든든하게 먹을 수 있는 샌드위치를 사기 위해 오늘도 초시야로 발걸음을 옮깁니다.

TIP 테이크아웃만 가능합니다.

INFO **주소** 3-11-6 Ginza, Chuo-ku, Tokyo **영업시간** 11:00~14:00, 16:00~18:00 **휴무일** 월요일·주말, 공휴일 **가격** 햄카츠 빵 390엔, 더블 고로케 630엔

SANDWICH CLUB

굿모닝 산도

신선한 재료로 시간을 들여 정성스럽게 만드는 샌드위치 클럽의 하루는 이른 아침부터 시작됩니다. 오믈렛&햄 샌드위치는 이곳을 대표하는 메뉴입니다. 잘 익힌 오믈렛에서는 가게처럼 따뜻한 분위기가 느껴집니다. 계절 메뉴로 빵 사이에 듬뿍 넣은 파와 버섯, 마멀레이드가 조화를 이루는 독창적인 샌드위치도 맛볼 수 있습니다.

TIP 가게가 아담해 매장 이용은 2인까지 가능합니다.

INFO **주소** 2-12-2 Kitazawa, Setagaya-ku, Tokyo **영업시간** 평일 07:00~15:00, 주말 07:00~17:00 **휴무일** 부정기 **가격** 오믈렛&햄 샌드위치 1,000엔

GINZA1954

긴자 바의 역대급 카츠 산도

긴자 1954는 어른들을 위한 바입니다. 가게에는 술과 함께 즐길 수 있는 메뉴가 풍성합니다. 그중 카츠 산도는 긴자 1954를 대표하는 간판 메뉴입니다. 저온으로 천천히 조리한 카츠는 풍성한 육즙과 함께 입안에서 아이스크림처럼 녹아 없어집니다. 진득한 여운을 남기는 카츠 산도는 와인, 하이볼, 맥주 등 어떤 술과 함께 먹어도 안주 역할을 톡톡히 해냅니다.

TIP 1인 1음료 주문 필수입니다.

INFO **주소** B1F 8-5-15 Ginza, Chuo-ku, Tokyo **영업시간** 월~금요일 18:00~03:00, 토요일 18:00~24:00 **휴무일** 일요일, 공휴일 **가격** 돈카츠 산도 2,200엔, 커버 차지 1인 1,500엔, 서비스 차지 10%

Café Les Gourmandises

식사부터 디저트까지, 샌드위치 풀코스

카페 레 구르망디스는 프랑스와 일본에서 거주한 오너가 오픈한 가게입니다. 두 나라의 특징을 적절히 배합한 요리를 선보이는데, 딱딱한 바게트 빵에 치즈크림과 상큼한 양파, 큼지막한 청어 소테를 넣은 샌드위치는 한입 베어 물자마자 은은한 미소가 번지게 합니다. 달콤한 꿀, 머랭, 견과류를 넣은 누가를 촉촉한 쿠키로 감싼 누가 샌드는 또 하나의 대표 메뉴입니다.

INFO

주소 2-33-14 Nishihara, Shibuya-ku, Tokyo **영업시간** 11:00~18:30 **휴무일** 월·화요일 **가격** 샌드위치 세트 1,570엔(샌드위치+수프+샐러드), 누가 샌드 550엔

TIP

1인 1음료 주문 필수입니다.

33

자꾸 생각나는 크레이프 맛집

반죽을 얇고 둥글게 펴서 만드는 크레이프와 갈레트는 같은 듯 다른 개성을 지니고 있습니다. 크레이프는 밀가루 반죽으로 만들고, 갈레트는 메밀가루로 만들죠. 시작점부터 다른 두 음식은 크레이프가 달콤한 디저트로, 갈레트가 식사용으로 자리하게 됩니다. 둘 모두 프랑스 음식이지만 일본 현지화를 거치며 본고장 못지않은 인기를 구가하고 있습니다. 도쿄의 크레이프, 갈레트 맛집을 통해 인기 비결을 파헤쳐봅니다.

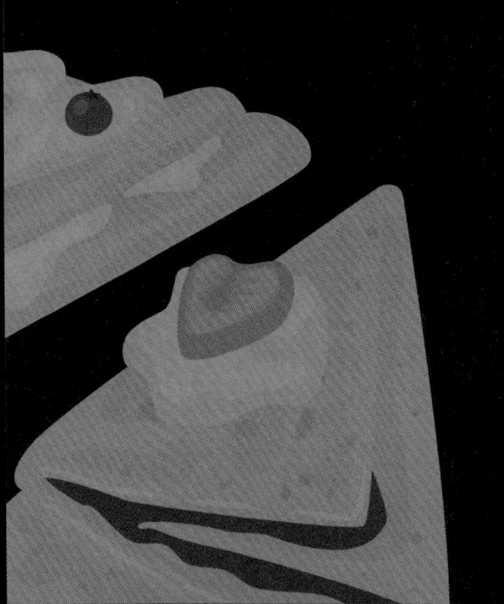

Horn

입에 넣는 순간 팡파르가 울리는 맛

호른의 크레이프는 주말마다 인산인해를 이룰 만큼 인기 높습니다. 칼피스 버터, 설탕과 생레몬즙을 뿌려 완성하는 시트론 크레이프가 대표 메뉴이며 계절 한정 메뉴도 선보입니다. 반죽의 고소함에 과하지 않은 달콤함과 레몬의 신선한 산미, 버터의 진한 풍미가 합쳐져 첫맛부터 강한 중독에 빠지게 만드는 크레이프입니다.

TIP 크레이프는 12시부터 오후 6시까지만 주문 가능합니다.

INFO **주소** 1-2-1 Uehara, Shibuya-ku, Tokyo **영업시간** 10:00~19:00 **휴무일** 무휴 **가격** 시트론 크레이프 550엔

Crêpe House Circus

행렬이 끊이지 않는 크레이프 성지

서커스는 여느 귀여운 크레이프 집과 달리 작고 허름한 가게, 손글씨로만 적혀 있는 메뉴판이 오히려 궁금증을 불러일으키는 곳입니다. 항상 줄이 길게 늘어서며 조기 마감을 하는 경우도 많습니다. 크림 계열의 크레이프가 유명한데 달지 않아 끝까지 먹어도 물리지 않습니다. 맛과 양 대비 가격도 저렴해 팬이 많은 크레이프 맛집으로 손꼽힙니다.

TIP 재료 소진 시 영업을 조기 종료합니다.

INFO **주소** 1-12-13 Kichijoji Honcho, Musashino-shi, Tokyo **영업시간** 13:00~18:45(재료 소진 시 조기 종료) **휴무일** 화요일 **가격** 크림 라즈베리 크레이프 600엔

Le Bretagne Kagurazaka

도쿄에서 즐기는 본토의 맛

갈레트의 본고장 브르타뉴 출신 오너가 운영하는 이곳은 갈레트를 일본에 널리 전파한 곳으로 유명합니다. 바삭한 메밀 반죽에 촉촉한 달걀, 생햄, 토마토, 그리고 치즈를 넣은 클래식한 갈레트가 인기 메뉴입니다. 또 달콤한 아이스크림과 캐러멜소스를 곁들인 크레이프도 디저트로 안성맞춤입니다.

TIP 방문 시간에 따라 메뉴가 바뀌니 참고하세요.

INFO **주소** 4-2 Kagurazaka, Shinjuku-ku, Tokyo **영업시간** 평일 11:30~22:00, 주말·공휴일 11:00~22:00 **휴무일** 무휴 **가격** 갈레트+크레이프 세트 약 3,000엔~(평일 런치 한정 메뉴)

AU TEMPS JADIS

40년 전통의 시부야 크레이프 맛집

유럽 분위기가 느껴지는 건물 지하에 자리한 오 탕 자디스. 통유리창으로 들어오는 햇살이 가게 내부를 따뜻하게 비춥니다. 온화한 감성을 느끼며 먹는 맛있는 음식에 행복감이 점점 커집니다. 신선한 재료로 가득 채운 고소한 갈레트, 달콤하면서 촉촉한 식감이 장점인 크레이프는 각각 음료와 함께 세트 메뉴로도 주문 가능합니다.

TIP 세트 가격은 메인 메뉴에 따라 변동됩니다.

INFO **주소** B1F 1-5-4 Jinnan, Shibuya-ku, Tokyo **영업시간** 11:30~19:00 **휴무일** 화요일 **가격** B세트(갈레트+드링크) 1,800엔~, C세트(크레이프+드링크) 1,500엔~

34

마음을 녹여줄 달콤한 젤라토

젤라토에는 '행복'이라는 신비한 힘이 깃든 것 같아요. 즐거운 일이 있을 때는 더욱 즐겁게 해주고, 안 좋은 일은 눈 녹듯 사라지게 하니 말이죠. 한입 한입 행복을 음미하다 보면 이 세상에 이렇게 사랑스러운 음식이 또 있을까 하는 생각이 들기도 합니다. 행복을 한 스쿱 더하고 싶은 당신을 위해 도쿄 젤라토 맛집을 준비했습니다.

Gelateria Acquolina

전국 젤라토 랭킹 1위 맛집

젤라테리아 아쿠올리나의 젤라토는 달콤하면서 녹진한 맛이 일품입니다. 조용한 분위기에서 즐기는 젤라토는 입안에 넣는 순간 부드럽게 녹아내리며 피로를 잊게 합니다. 과육이 느껴지는 셔벗부터 진득한 텍스처가 돋보이는 젤라토는 물론 일본 식재료를 사용한 젤라토도 눈에 띕니다. 어느 것을 선택하든 만족스러운 맛을 기대할 수 있습니다.

INFO **주소** 1-11-10 Gohongi, Meguro-ku, Tokyo **영업시간** 평일 13:00~22:00, 주말·공휴일 13:00~20:00 **휴무일** 월·화요일, 부정기 **가격** 기본 세 가지 맛 820엔(기본 두 가지 맛+프리미엄 한 가지 맛 910엔)

TIP 동계 휴무가 있습니다. 자세한 사항은 인스타그램(@acquolina_tokyo)을 통해 확인하세요.

Gelateria SINCERITA

세계 대회 3등 한 젤라토 맛은?

젤라테리아 신체리타의 오너는 밀라노에서 인테리어 디자인을 공부하다 젤라토의 매력에 빠져 도쿄로 돌아와 젤라토 가게를 오픈했습니다. 이탈리아의 국제 젤라토 대회에서 3위를 수상한 밀크 젤라토 '메르노와'는 꼭 먹어야 할 맛입니다. 진한 우유 맛과 꿀의 달콤한 풍미, 피칸의 고소함을 담아낸 젤라토는 섬세한 맛이 돋보입니다.

TIP 계절 재료의 맛을 살린 젤라토를 추천합니다.

INFO **주소** 1-43-7 Asagayakita, Suginami-ku, Tokyo **영업시간** 11:00~20:00 **휴무일** 무휴 **가격** 세 가지 맛 670엔

Premarché Gelateria & Alternative Junk

비건이 사랑하는 젤라토

프레마르셰 젤라테리아&얼터너티브 정크는 교토에 있는 젤라토 전문점의 도쿄 지점입니다. 약 40종의 젤라토와 셔벗을 판매하며 부드러운 맛으로 높은 평가를 받고 있습니다. 우유나 크림을 사용하는 밀크 베이스의 젤라토 외에도 논밀크 젤라토, 퓨어 비건 젤라토를 선보여 다양한 고객층으로부터 높은 지지를 얻고 있습니다.

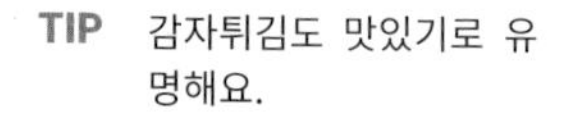

TIP 감자튀김도 맛있기로 유명해요.

INFO **주소** 2-9-36 Kamimeguro, Meguro-ku, Tokyo **영업시간** 12:00~20:00 **휴무일** 목요일 **가격** 두 가지 맛 900엔

FLOTO

**인기 파르페 맛집
사장님이 만든
젤라토 가게**

플로토의 젤라토는 재료 본연의 풍미와 개성을 가장 직접적으로 느낄 수 있는 젤라토입니다. 엄선한 유기농 재료를 가장 맛있을 때 모두 소진해 안심하고 먹을 수 있는 젤라토 만드는 것을 지향합니다. 그 때문에 다음에는 어떤 맛을 선보일지 기대하게 됩니다.

INFO **주소** 4-12-6 Yoyogi, Shibuya-ku, Tokyo **영업시간** 11:00~18:00 **휴무일** 수·목요일 **가격** 세 가지 맛 700엔

TIP 1년에 약 200종류 이상의 신상 플레이버를 즐길 수 있습니다.

35

퍼펙트! 완벽한
디저트 파르페

Gelateria SINCERITA

'완전', '완벽'이란 뜻의 파르페는 단순한 디저트를 넘어 시각적인 아름다움과 풍부한 맛으로 눈과 입을 사로잡습니다. 도쿄에는 계절마다 새로운 맛을 선보이는 파르페가 있습니다. 자유로움 속에서 만나는 완벽함을 담아 세상에 하나뿐인 파르페를 맛볼 수 있는 맛집을 소개합니다.

BIEN-ÊTRE MAISON

독창성이 빚어낸 아름다움

비앙 에트르 메종은 매월 새로운 파르페를 선보이는 가게입니다. 제철 과일을 중심으로 과일 맛을 더욱 높일 두 가지 재료를 함께 구성합니다. 특히 과일의 특성을 잘 살린 조리법과 재료가 눈에 띕니다. 상상하지 못한 재료의 조합이 감탄을 자아내며, 어떻게 맛 궁합을 이루어내는지 탐구하는 재미가 있습니다. 예술 작품으로 느껴질 정도로 아름다운 담음새도 이곳만의 매력입니다.

INFO **주소** 3F 1-17-11 Uehara, Shibuya-ku, Tokyo **영업시간** 11:00~19:30 **휴무일** 목요일 **가격** 계절 파르페 약 3,000엔

TIP 이달의 파르페는 인스타그램(@bienetre.maison)을 통해 확인하세요. 구글맵을 통해 예약 후 방문을 추천합니다.

Typica

와인과 가장 잘 어울리는 파르페

티피카의 파르페는 일반적으로 상상하는 달콤한 파르페와 전혀 다른 맛을 선사합니다. 대담한 재료의 조합은 독특하지만 결코 과하지 않은 절묘한 맛의 균형을 이루어 한입 먹고 나면 진한 여운이 오래도록 남습니다. 과일과 흰 살 생선, 미트파이, 파테 같은 재료를 담아 와인과 함께 먹어도 좋습니다. 어디서도 맛보지 못한 개성 강한 파르페를 만끽하고 싶다면 꼭 가봐야 할 가게입니다.

INFO **주소** 3-18-10 Nishiogiminami, Suginami-ku, Tokyo **영업시간** 평일 13:00~20:00, 주말·공휴일 12:00~19:00 **휴무일** 수요일, 부정기 **가격** 파르페+드링크 세트 약 3,000엔

TIP 이달의 파르페는 인스타그램(@typica_coffee_wine)을 통해 확인하세요. 예약은 받지 않고 현금 결제만 가능합니다.

Parfait Bar Agari

달콤함으로 가득 채운 10층 탑

파르페 바 아가리에서는 10개 이상의 층으로 구성된 파르페를 맛볼 수 있습니다. 각 층마다 섬세한 맛이 느껴지는데, 부드럽게 스며드는 은은한 단맛에 기분이 좋아집니다. '몸과 마음의 치유'를 주제로 한 파르페는 비건 쿠키나 무당 생크림을 사용해 건강한 단맛을 추구합니다. 식후에 제공하는 차에서는 따뜻하게 마무리하기 위해 세심하게 준비한 배려를 느낄 수 있습니다.

INFO **주소** 3-1-25 Jingumae, Shibuya-ku, Tokyo **영업시간** 평일 13:00~20:00, 주말·공휴일 11:00~18:00 **휴무일** 수·목요일 **가격** 2,250엔~(시즌 메뉴, 사이즈에 따라 변동)

TIP 예약 필수입니다. 예약 방법 및 이달의 파르페는 인스타그램(@parfaitbar_agari)을 통해 확인하세요.

36

세상에서 제일
스윗한 동그라미

Doughnut Mori

꾸준히 사랑받는 인기 디저트 도넛. 무수한 도넛 가게 중 어디를 선택할까 고민에 빠진 당신에게 꼭 가봐야 할, 도넛에 진심인 맛집을 소개합니다.

Haritts

'도쿄 도넛 맛집'을 검색하면 무조건 나오는 집

도쿄의 도넛 러버들 사이에서 입소문 난 하리츠는 빵처럼 발효 생지로 만들어 폭신하고 쫄깃한 식감이 매력적인 도넛을 판매합니다. 도넛 특유의 기름진 맛과 달콤함을 덜어내 여러 개를 먹어도 질리지 않고, 단것을 선호하지 않는 사람들 입맛에도 잘 맞는 소박한 맛입니다.

INFO **주소** 1-34-2 Uehara, Shibuya-ku, Tokyo **영업시간** 평일 10:00~16:00, 토요일·공휴일 11:30~16:00 **휴무일** 일요일, 부정기 **가격** 플레인 250엔, 시나몬 건포도 280엔

TIP 음료와 함께 매장 이용도 가능합니다.

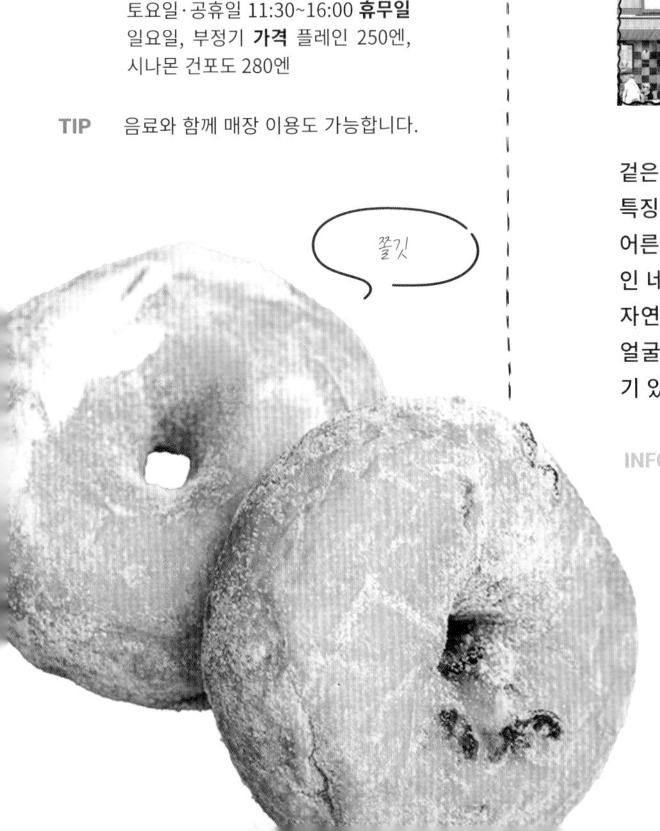

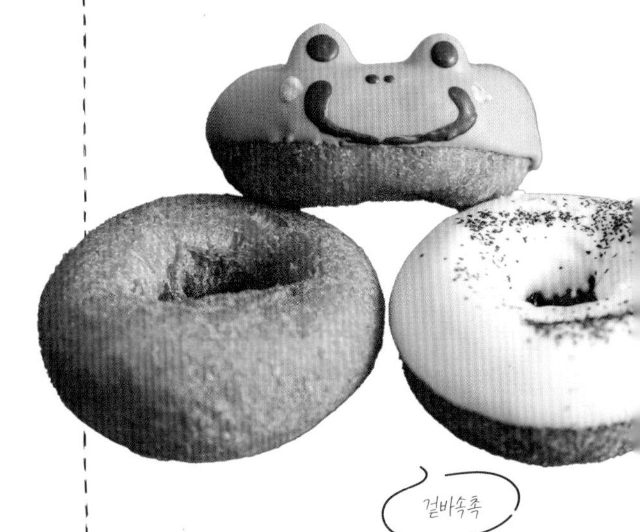

floresta

동물 도넛이 한가득

플로레스타는 유기농 재료로 누구나 안심하고 먹을 수 있는 도넛을 만듭니다. 겉은 바삭하고 안은 부드러운 식감이 특징이며, 자연스러운 단맛이 감돌아 어른들에게 특히 인기 좋습니다. 기본인 네이처 도넛에 녹차, 호박, 딸기 등 자연에서 얻을 수 있는 색으로 동물 얼굴을 그린 동물 시리즈가 가장 인기 있습니다.

INFO **주소** 3-34-1 Koenjikita, Suginami-ku, Tokyo **영업시간** 10:00~20:00 **휴무일** 부정기 **가격** 네이처 160엔, 동물 시리즈 290엔

TIP 산리오 등 캐릭터와 협업해 만든 기간 한정 도넛도 있으니 놓치지 마세요.

HOCUS POCUS

사실 나 말이야… 도넛의 충격 고백!

높은 빌딩과 사무실이 즐비한 거리에 위치한, 조금은 특별한 도넛 가게 호커스 포커스의 도넛은 여느 도넛처럼 튀기지 않고 재료에 따라 굽거나 찌는 방식으로 만듭니다. 사실 동그란 모양을 하고 있지만 케이크라고 부르는 게 더 어울릴지도 모릅니다. 제일 인기 있는 도넛은 향긋한 피스타치오를 듬뿍 넣어 쪄낸 폭신한 빵에 화이트 초콜릿을 올린 피스타치오 도넛입니다.

INFO **주소** 2-5-3 Hirakawacho, Chiyoda-ku, Tokyo **영업시간** 평일 11:00~18:00, 주말·공휴일 12:00~18:00 **휴무일** 무휴 **가격** 피스타치오 620엔, 오렌지 550엔

TIP 요요기 공원의 리틀 냅 커피 스탠드(Little Nap COFFEE STAND)의 커피를 마실 수 있어요.

폭신

FarmMart & Friends

간단한 식사로 먹기 좋은 비건 도넛

달콤한 디저트라는 도넛에 대한 편견을 바꾼, 주먹밥처럼 간편하게 한 손에 들고 즐길 수 있는 식사 대용 도넛을 판매합니다. 몸에 좋은 열 가지 이상의 잡곡으로 만든 잡곡 비건 도넛은 짭짤한 맛과 풍부한 고소함이 조화를 이루며 건강한 맛을 자랑합니다. 팜마트&프렌즈에서는 이러한 건강 도넛 외에도 유기농 채소, 수제 잼, 주류 등 다양한 상품을 함께 만나볼 수 있습니다.

INFO **주소** 3-9-5 Yoyogi, Shibuya-ku, Tokyo **영업시간** 11:00~18:30 **휴무일** 수·목요일, 부정기 **가격** 잡곡 비건 407엔, 콩고물 319엔

TIP 매장 이용 시 1인 1음료 주문 필수입니다.

산뜻

PARK SIDE DONUTS

자꾸 먹어도 질리지 않는 크림 도넛의 비밀은?

세타가야 공원 옆에 자리한 파크 스토어는 가게 앞에 주차되어 있는 푸드 카에서 튀긴 도넛을 판매합니다. 그중 크림 도넛이 인기 1위인데 크림치즈, 생크림, 사워크림을 넣어 달지 않고 산뜻한 맛이 나며, 설탕을 듬뿍 묻힌 바삭바삭한 빵과의 밸런스가 좋습니다. 그다음으로 사랑받는 초코크림 도넛은 코코아 파우더를 듬뿍 묻힌 도넛 빵 안에 달콤한 초콜릿 크림이 꽉 차 있어 우유와 잘 어울립니다.

INFO **주소** 1-7-2 Ikejiri, Setagaya-ku, Tokyo **영업시간** 12:00~18:00 **휴무일** 무휴 **가격** 크림 550엔, 초코크림 550엔

TIP 파크 스토어의 자매점 카페 더 선 리브스 히어(cafe The SUN LIVES HERE)의 치즈 케이크도 맛있어요.

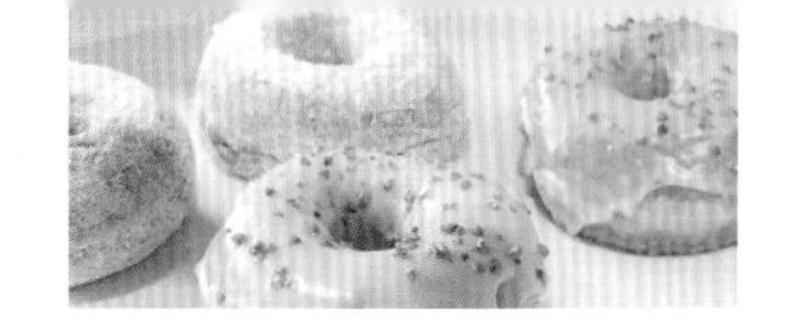

Doughnut Mori

평일 400개, 주말 600개 도넛 튀기는 집

프랑스 과자점에서 일했던 오너가 오랜 연구를 거듭해 만든 도넛 모리는 커다랗고 귀여운 모양과 달콤한 맛의 도넛으로 현지인들의 마음을 사로잡고 있습니다. 폭신폭신한 도넛을 만들기 위해 생지는 3일에 걸쳐 만들고, 엄선한 재료만 고집하는 등 진심을 담아 만든 도넛을 한입 베어 물면 많은 이들에게 사랑받는 이유를 단박에 알 수 있습니다.

INFO **주소** 3-9 Akagishitamachi, Shinjuku-ku, Tokyo **영업시간** 11:30~18:00(재료 소진 시 조기 종료) **휴무일** 무휴 **가격** 오리지널 글레이즈 421엔

TIP 테이크아웃만 가능합니다.

37

귀여워서 먹기 힘든 캐릭터 디저트

귀여운 캐릭터들이 디저트가 되어 나타났습니다! 이토록 아기자기, 알록달록한 음식이 또 있을까요? 눈 앞에 있는 디저트를 보면 '도대체 어디서부터 손을 대야 하지?'라는 생각이 앞섭니다. SNS에 올릴 사진을 찍으며 맛을 상상하지만 역시 첫입을 먹는 건 쉽지 않은 일입니다. 먹기 힘든 걸 넘어 소장하고 싶은 캐릭터 디저트, 지금 만나보세요!

Sanrio Cafe

내 '최애' 산리오 캐릭터는 무슨 맛일까?

TIP

예약은 불가능하며 당일 매장을 방문한 후 번호표를 뽑고 기다리세요.

소다 위에서 휴식을 취하는 시나모롤, 흑임자를 뒤집어쓴 쿠로미 롤케이크. 이케부쿠로의 산리오 카페에서는 캐릭터의 특징을 살린 음식과 음료를 즐길 수 있습니다. 웨이팅하는 동안 굿즈를 구경하거나 캐릭터와 함께 인증숏을 남겨보세요.

INFO **주소** B1F Sunshine City 1-28-1 Higashiikebukuro, Toshima-ku, Tokyo **영업시간** 10:00~21:00 **휴무일** 무휴 **가격** 롤케이크 650엔, 크림소다 800엔

Shirohige's Cream Puff Factory

지브리를 사랑한다면 꼭 가야 할 숲속 빵집

TIP

2층 카페는 별도로 운영합니다.

세계에서 유일하게 지브리가 공인한 시로히게 슈크림 공방에서는 지브리의 캐릭터를 모티브로 한 디저트를 만날 수 있습니다. 토토로 쿠키, 계절 한정 포뇨 푸딩, 그리고 가게를 대표하는 토토로 슈크림이 여러분을 기다리고 있습니다.

INFO **주소** 5-3-1 Daita, Setagaya-ku, Tokyo **영업시간** 10:30~18:00 **휴무일** 화요일(공휴일인 경우 수요일) **가격** 커스터드 크림 맛 640엔

Pokémon Cafe

포켓몬과 달콤한 추억 만들기

TIP

예약 필수입니다. 예약 및 예약 방법은 reserve.pokemon-cafe.jp를 통해 확인하세요.

"피카츄 라이츄~♬" 포켓몬 마스터가 되기 위해 반드시 거쳐야 할 곳을 소개합니다. 포켓몬 카페는 캐릭터의 특성에 맞춘 접시와 색감, 퀄리티 높은 음식은 물론, 식사 중에는 랜덤으로 포켓몬 캐릭터가 깜짝 등장해 재밌는 퍼포먼스를 선보입니다.

INFO **주소** 5F Takashimaya S.C. 2-11-2 Nihonbashi, Chuo-ku, Tokyo **영업시간** 10:30~21:30 **휴무일** 무휴 **가격** 피카츄와 이상해씨의 카레플레이트 2,420엔, 이브이 로열 밀크티 1,375엔

PEANUTS Cafe SUNNY SIDE kitchen

스누피가 반갑게 맞아주는 피너츠 카페

TIP

메시지를 담은 팬케이크를 예약 주문할 수 있어요.

용기와 희망의 대명사 피너츠가 하라주쿠에 나타났습니다. 이곳의 시그너처 메뉴는 스누피와 찰리 브라운의 팬케이크. 테라스에는 편히 누워 있는 스누피도 있습니다. 캐릭터로 채운 밝은 분위기의 카페에서 잠시 쉬어 가는 것도 좋은 선택이 될 것입니다.

INFO **주소** B2F WITH HARAJUKU 1-14-30 Jingumae, Shibuya-ku, Tokyo **영업시간** 09:00~21:30 **휴무일** 무휴 **가격** 스누피 팬케이크 1,705엔

38

이런 야키 빵은
처음 볼걸?

Fujiya Iidabashi-Kagurazaka

특정 모양으로 구워낸 빵은 우리에게도 익숙한 음식입니다. 붕어빵, 호두과자는 이 분야의 선두 주자입니다. 최근에는 십원빵이 큰 인기를 얻기도 했죠. 도쿄에는 어떤 재밌는 구운(야키) 빵이 있을까요? 이번에는 보는 것만으로도 웃음이 절로 나오는 야키 빵을 준비했습니다.

OYOGE

붕어가 없는 붕어빵집

롯폰기의 오요게는 붕어는 없지만 정어리, 전갱이, 바지락 친구들이 있습니다. 수산물 시장에서 볼 수 있는 가장 평범한 세 마리로 평범하지 않은 맛을 냅니다. 피낭시에, 마들렌에서 힌트를 얻어 만든 반죽이 특징입니다. 식어도 맛있는 반죽에 럼, 칼루아 시럽을 얹은 여름 한정 메뉴로 아이스크림과도 잘 어울립니다. 크림치즈를 섞은 팥은 부드러우면서 은은한 산미가 식욕을 돋워줍니다.

INFO **주소** 7-13-10 Roppongi, Minato-ku, Tokyo **영업시간** 10:30~23:00 **휴무일** 무휴 **가격** 모든 야키 1개 367엔, 선데 아이스크림+정어리 꼬리 680엔(여름 한정 메뉴)

TIP 벌꿀 레몬, 바나나 콩고물 같은 독특한 메뉴를 선보이기도 합니다.

Fujiya Iidabashi-Kagurazaka

빵으로 돌아온 국민 캐릭터

혀를 내민 귀여운 표정으로 유명한 후지야의 페코짱. 카구라자카에는 일본 전국에서 오직 이곳에서만 먹을 수 있는 특별한 페코짱야키가 있습니다. 야키 빵은 후지야를 대표하는 밀키 캔디 맛, 일본의 국민 과자인 컨트리맘, 클래식한 팥과 계절 한정 맛 등 약 8종류를 맛볼 수 있습니다. 시간을 들여 만든 야키 빵은 각각의 맛에 따라 페코짱의 트레이드마크인 리본을 꽂아 완성합니다.

INFO **주소** 1-1-2 Kagurazaka, Shinjuku-ku, Tokyo **영업시간** 10:00~20:00 **휴무일** 무휴 **가격** 밀키 캔디 맛 270엔

TIP 입구에서 반겨주는 페코짱과 인증숏 찍는 것도 잊지 마세요.

HELLO KITTY no Kongariyaki

자꾸 손이 가는 헬로키티 빵

오다이바의 헬로키티 매장 한편에는 작은 야키 빵 가게가 있습니다. 여기서는 헬로키티, 구데타마의 모양을 한 야키 빵이 여러분을 기다립니다. 부드럽고 달콤한 빵은 플레인, 초코, 두 가지 중 고를 수 있으며 캐릭터들은 따로 또 같이 구매할 수 있습니다. 귀여워서 입에 넣기 망설여지지만 막상 한입 베어 물고 나면 단숨에 한 봉지를 비워냅니다.

INFO **주소** 2F DiverCity Tokyo Plaza 1-1-10 Aomi, Koto-ku, Tokyo **영업시간** 평일 11:00~20:00, 주말 10:00~21:00 **휴무일** 무휴 **가격** 콘가리야키 10개 600엔~

TIP 소프트크림과 빵을 같이 먹을 수 있는 메뉴도 있어요.

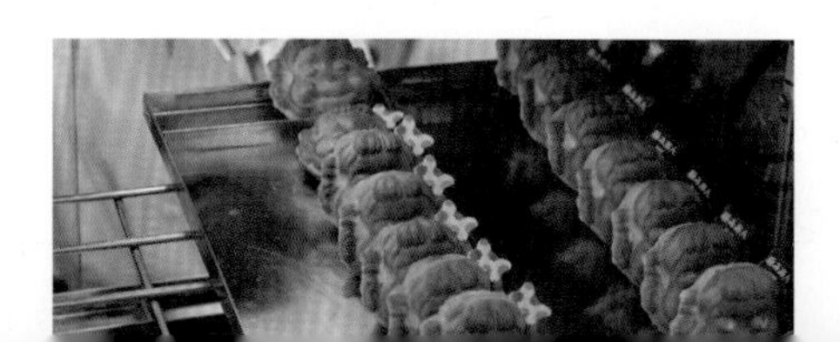

Takumino Yakigashi CONGALI Bunmeido

오후 3시의 간식은 분메이도에서

나가사키 카스텔라로 유명한 분메이도 신주쿠 이세탄점에서는 분메이도의 캐릭터, 코구마야키를 즐길 수 있습니다. 동그란 눈, 쫑긋 선 귀, 코 주위의 미세한 입체감 등 디테일을 살리기 위한 노력이 엿보입니다. 카스텔라 반죽을 사용해 부드럽고 촉촉한 식감을 맛볼 수 있으며, 팥앙금이 가득 차 있는 야키 빵은 달지 않아 아이부터 어른까지 모두가 즐기기에 좋습니다. 이세탄점에서는 코구마야키는 물론 노릇노릇하게 구운 다른 빵들도 만날 수 있습니다.

INFO **주소** B1F Isetan Shinjuku 3-14-1 Shinjuku, Shinjuku-ku, Tokyo **영업시간** 10:00~20:00 **휴무일** 무휴 **가격** 코구마야키 216엔

TIP 빵은 구매 당일 먹어야 합니다.

39

벚꽃과 즐기는 커피 한잔의 여유

Starbucks Coffee - Atago Green Hills

차가운 겨울을 지나 따뜻한 봄이 시작되면 도쿄에는 벚꽃이 기지개를 켜고 수줍게 얼굴을 내미는 시기가 찾아옵니다. 흩날리는 벚꽃과 따뜻한 커피로 도쿄의 아름다운 봄날을 기억해보는 건 어떨까요?

Starbucks Coffee - Atago Green Hills

도쿄 벚꽃 뷰 1위 스타벅스

'도심 빌딩 속 비밀의 장소'. 아타고에 위치한 스타벅스를 한마디로 정의하면 이 문구가 가장 잘 어울릴 거예요. 창밖으로 벚꽃을 바라보며 커피를 마실 수 있는 이곳은 관광객에게 잘 알려지지 않은 곳 중 하나입니다. 도쿄 타워와 벚꽃을 한눈에 담을 수 있는 매장 입구도 사진 스폿 중 하나예요.

INFO **주소** 2F 2-5-1 Atago, Minato-ku, Tokyo **영업시간** 월~금요일 07:00~21:00, 토요일 08:00~19:00, 일요일·공휴일 09:00~19:00 **휴무일** 무휴

TIP 매장 밖에서 도쿄 타워와 벚꽃을 함께 감상할 수 있어요.

nadoya no kaTte

일본 가정집 정원에서 즐기는 커피와 벚꽃놀이

나도야 카페에서는 도심 속을 벗어난 주택가의 한적함을 느낄 수 있습니다. 커피는 진보초의 '글리치 커피 & 로스터스'라는 유명 커피숍이 감수한 원두를 사용하며, 선호하는 커피의 맛이나 향기를 바리스타에게 전달하면 7종류의 원두 중 기호에 맞는 커피를 추천받을 수 있습니다.

INFO **주소** 3-19-3 Nishihara, Shibuya-ku, Tokyo **영업시간** 금~일요일, 공휴일 09:00~18:00 **휴무일** 월~목요일 **가격** 드립 커피 1,000엔~

TIP 원두는 정기적으로 바뀝니다.

PADDLERS COFFEE

벚꽃나무 아래에서 느끼는
봄바람과 커피 향기

패들러스 커피 입구에는 50년이 넘은 커다란 벚꽃나무가 자리하고 있습니다. 매장 한편에 마련된 갤러리에서 아티스트의 전시나 팝업을 구경하는 재미도 있습니다. 벚꽃이 지기 시작할 무렵, 테라스에서 마시는 커피 한 모금과 함께 도쿄의 따뜻한 감성을 느껴보세요.

INFO **주소** 2-26-5 Nishihara, Shibuya-ku, Tokyo **영업시간** 07:30~16:00 **휴무일** 수요일 **가격** 카페라테 650엔

TIP 포틀랜드의 원두를 사용한 라테가 유명합니다.

40

기다림이
아깝지 않은 커피

OGAWA COFFEE LABORATORY

때로는 먼 거리도, 커피를 내리는 데 걸리는 시간도 감내할 만큼 맛있는 커피를 판매하는 곳이 있습니다. 기다림 뒤에 찾아오는 커피의 풍부한 향과 맛은 지나간 시간에 대한 가치 있는 보상일 것입니다. 맛있는 커피로 잊지 못할 경험을 선사하는 카페를 만나보세요.

OGAWA COFFEE LABORATORY

70년간 이어온 커피 향기

맛있는 커피를 마실 수 있을까요? Yes! 멀어도 가볼 만한 특별한 곳인가요? Yes! 오가와 커피 래버토리는 두 질문에 만족할 만한 답을 얻을 수 있는 곳입니다. 1952년, 교토에서 문을 연 이곳은 일본의 커피 애호가들에게 꾸준히 사랑받아온 커피 전문점입니다. 2020년, 도쿄에도 첫 점포를 오픈했으며 도심에서 떨어져 있음에도 항상 많은 사람들로 붐비는 곳이기도 합니다. 가게 안쪽에는 약 21종의 커피콩이 진열되어 있으며 커피 향미표를 통해 취향에 맞는 커피를 선정할 수 있습니다.

INFO

주소 3-23-8 Shinmachi, Setagaya-ku, Tokyo **영업시간** 07:00~22:00 **휴무일** 무휴 **가격** 에스프레소 460엔~(카페라테로 변경 시 220엔 추가)

TIP

기호에 따라 다양한 로스팅 레벨과 추출 방식으로 주문 가능합니다.

GLITCH COFFEE & ROASTERS

커피 애호가들의 필수 코스

글리치 커피는 많은 이들이 도쿄 최고의 카페를 꼽을 때 반드시 거론하는 곳입니다. 스페셜티 커피를 취급하는 이곳은 원두에 대한 자세한 설명과 함께 고객에게 맞춘 커피를 제안하는 곳으로도 유명합니다. 생산자에 대한 존경심을 담는 의미로 싱글 오리진만 고집하며 오너가 만족할 수 있는 원두를 손님에게 제공하는 것을 원칙으로 삼습니다. 이런 원칙은 글리치 커피를 방문하는 손님들에게도 고스란히 전달됩니다. 다른 곳과 비교하면 가격이 높은 편이지만 그 가격을 지불할 만한 가치를 느낄 수 있습니다.

INFO

주소 3-16 Kanda Nishikicho, Chiyoda-ku, Tokyo **영업시간** 평일 08:00~19:00, 주말 09:00~19:00 **휴무일** 무휴 **가격** 드립 커피 1,000엔~

TIP

당일 영수증을 제시하면 리필 시 할인받을 수 있습니다.

BONGEN COFFEE

오래도록 사랑받을 커피를 목표로

긴자에 위치한 본겐 커피는 작은 커피 스탠드입니다. 주말에는 항상 대기 줄이 늘어서며 손님의 발길이 끊이지 않죠. 본겐 커피의 대표 메뉴 말차 라테 에스프레소는 말차의 쓴맛과 우유의 고소함, 그리고 커피의 풍미가 적절하게 어우러진 메뉴입니다. 본겐(盆源) 커피의 분(盆)은 분재에서 유래합니다. 세월이 지나도 오랫동안 사랑받는 분재 같은 커피 스탠드가 되고 싶다는 염원을 담고 있습니다.

INFO

주소 2-16-3 Ginza, Chuo-ku, Tokyo **영업시간** 10:00~17:00 **휴무일** 무휴 **가격** 말차 라테+에스프레소 890엔

TIP

매장이 협소하니 테이크아웃하세요.

HEART'S LIGHT COFFEE

시부야 뒷골목에 숨은 커피 명소

하츠 라이트 커피는 시부야에 자리한 로스터리 카페입니다. 일본에서는 유일한 로스터기를 갖추었으며 자체적으로 고안한 드리퍼도 눈에 띕니다. 모터를 사용해 빙글빙글 돌아가는 드리퍼는 원심력을 이용해 커피 맛을 향상시킵니다. 이곳의 대표 커피 메뉴는 얼음을 쓰지 않는 아이스라테입니다. 커피의 풍성한 향이 코끝을 자극하며 입안 가득 여운이 남는 맛을 즐길 수 있습니다. 레코드로 플레이하는 BGM도 놓칠 수 없는 요소입니다.

INFO

주소 13-13 Shinsencho, Shibuya-ku, Tokyo **영업시간** 08:00~17:00 **휴무일** 일요일, 공휴일 **가격** 블랙 550엔, 라테 600엔

TIP

신용카드, 간편 결제만 가능합니다(현금 결제 불가).

41

커피 향 가득한 로컬 쉼터

CHILL OUT COFFEE &...RECORDS

도쿄는 지역마다 특색 있는 카페가 자리합니다. 로컬 카페는 도심의 화려함과 거리를 두어 조용하고 편안한 분위기를 만끽할 수 있습니다. 도쿄의 로컬 카페들은 어떤 매력을 지니고 있을까요? 아직 관광객에게 덜 알려진 낯선 동네의 숨은 카페 명소를 소개합니다. 현지인 감성을 흠뻑 느낄 수 있는 로컬 쉼터로 잠시 여행을 떠나보면 어떨까요?

Autumn

여유가 흐르는 커피 공간

레트로한 맨션 1층에 위치한 카페 오텀에서는 밝은 분위기와 함께 천천히 흐르는 여유를 느낄 수 있습니다. 커다란 창문으로 들어오는 햇살은 따뜻한 느낌의 나무 소재와 섞여 멋진 공간을 연출합니다. 오너는 처음 온 손님에게도 가볍게 말을 건네며 편안하게 커피를 즐길 수 있도록 해줍니다. 단출한 메뉴로 오너 혼자 운영하지만 어느 것 하나 소홀함이 느껴지지 않으며 커피 한 잔 한 잔마다 진심을 담아내는 모습을 보여줍니다.

INFO

주소 5-6-16 Tsurumaki, Setagaya-ku, Tokyo
영업시간 08:00~17:00 **휴무일** 화·수요일 **가격** 드립 커피 600엔

TIP

오텀의 아름다운 인테리어도 감상 포인트입니다.

Happy End Beans Coffee Stand

행복을 드립니다

산겐자야의 상점가를 벗어나 거리가 고요해질 즈음, 귀여움 가득한 해피엔드 빈즈 커피 스탠드가 등장합니다. 음악을 사랑하는 오너의 취향이 가득 담겨 있는 가게에는 동네 주민, 커피를 좋아하는 사람들이 한데 어우러져 독특한 분위기를 형성합니다. 도로에 마련된 의자에 앉아 커피를 마실 수 있어 로컬 분위기를 물씬 풍깁니다. 밤에는 서서 술을 마시는 타치노미, '행복 스탠드'로 변신하는 재밌는 가게입니다.

INFO

주소 5-17-17 Taishido, Setagaya-ku, Tokyo **영업시간** 화·목·금요일 09:00~17:00, 수·토·일요일 12:00~17:00 **휴무일** 월요일 **가격** 스파이스 라테 600엔

TIP

시즌별 한정 메뉴도 놓치지 마세요.

Sniite

센스 만점 로컬 카페

한적한 주택가에 위치한 스니트에서는 자기 주장이 강하지 않은 산미가 적절한 커피를 마실 수 있습니다. 디자인 팀 유스케 세키 스튜디오의 손길이 닿은 공간으로 '미완성의 완성'이라는 모순된 설계가 눈길을 끕니다. 가게에는 항상 음악이 흐르고 조용히 시간을 보내는 손님들로 가득합니다. 여행에서 영감을 얻은 원두 패키지 디자인 등 작은 것에도 세심하게 신경 쓴 감각적인 요소를 발견할 수 있습니다.

INFO

주소 1-56-13 Shimouma, Setagaya-ku, Tokyo **영업시간** 08:00~17:00 **휴무일** 부정기 **가격** 드립 커피 650엔~

TIP

영업일은 인스타그램(@sniite_)으로 확인하세요.

CHILL OUT COFFEE &... RECORDS

잠시 멈춰 귀를 기울이면

료고쿠의 칠 아웃 커피&레코즈는 음악과 커피 향으로 가득 찬 작은 공간입니다. 천천히 커피를 마시며 자신만의 시간에 빠지기 좋습니다. 소파에 앉아 커피를 마시다 보면 마치 내 집 거실에 있는 듯한 아늑함을 느끼곤 합니다. 이곳에서는 산미와 쓴맛이 적절히 균형을 이룬 커피를 마실 수 있습니다. 1990년대 블랙 뮤직을 중심으로 휴식에 도움을 주는 음악을 들을 수 있는 것도 이곳의 특징입니다.

INFO

주소 2-17-8 Midori, Sumida-ku, Tokyo **영업시간** 10:00~18:00 **휴무일** 월요일 **가격** 아메리카노 500엔~

TIP

직접 제작한 믹스 테이프도 판매합니다.

42

고민가를 개조해 꾸민 카페

Shi-no-Cafe

고민가는 오래된 일본 전통 가옥을 뜻합니다. 도쿄에는 고민가를 부수고 새로 짓기보다 가치를 재조명하고 변신을 꾀한 곳이 많습니다. 수많은 고민가를 개조한 공간 중 옛것의 따뜻함을 느끼며 조용히 커피를 즐길 수 있는 카페를 소개합니다. 마치 오래전에 와본 듯 마음이 편해지는 공간에서 잠시 휴식을 취해보는 건 어떨까요?

Shi-no-Cafe

고양이 가족이 사는 고민가 카페

시노카페는 할머니 집을 개조해 카페로 꾸민 곳입니다. 다정하게 손님을 맞이하는 중년 부부, 무심하게 눈을 마주치는 고양이가 마치 오랜 지인의 집에 온 듯 따뜻한 기분을 느끼게 합니다. 시노스케, 아메, 유키, 3마리 고양이는 집을 나갔다 들어오기도 하고 옆에 다가와 아양을 떨기도 합니다. 아름답게 가꾼 정원을 감상하다 보면 조용히 다가와 엉덩이를 쭈뼛 내밀고 있는 고양이를 마주할지도 모릅니다. 겨울에는 코타츠 안에 들어가 커피를 마실 수 있는 점도 시노카페의 매력입니다.

INFO

주소 1-8-9 Nogata, Nakano-ku, Tokyo **영업시간** 목·금요일 12:00~18:00, 토요일 12:00~유동적 **휴무일** 일~수요일, 부정기 **가격** 커피 500엔, 오늘의 케이크 550엔

TIP

영업일은 페이스북(shinocafe)을 통해 확인하세요.

Soyoya Edobata

카페로 변신한 70년 된 빈집

지속 가능성에 초점을 맞춘 카페. 70년 된 고민가를 레노베이션해 문을 연 소요야 에도바타는 가구, 식기 전부 리사이클 물건을 사용합니다. 상점가 골목 안쪽에 숨어 있는 가게는 바쁜 거리와 대비되어 현실에서 한 발자국 물러난 독특한 분위기를 자아냅니다. 메뉴는 다과를 중심으로 오차즈케, 팥죽 같은 식사 메뉴나 주류를 즐길 수 있습니다. 부정기적으로 개최되는 다도 교실과 각종 이벤트도 주목할 만합니다.

INFO

주소 1-5-6 Sekiguchi, Bunkyo-ku, Tokyo **영업시간** 수·목·일요일 11:30~19:00, 금·토요일 11:30~21:00 **휴무일** 월·화요일 **가격** 오시루코 800엔, 연어 오차즈케 1,000엔

TIP

이벤트 정보는 인스타그램(@soyoya_kissa)을 통해 확인하세요.

Urara

도심 한복판에서 떠나는 시간 여행

우라라는 1948년에 지은 고민가를 개조해 만든 카페 겸 우동 가게입니다. 크게 다다미 방, 정원, 테이블석 3개를 갖춘 공간으로 구성되었으며 공간마다 분위기가 다른 점이 흥미롭습니다. 도심 한복판에 있음에도 잠시나마 일본의 시골에 온 듯한 착각을 불러일으킵니다. 여름에는 우거진 나무 그늘에 숨어 시럽을 듬뿍 올린 빙수를 먹다 보면 조용히 지저귀는 새소리가 귀를 간지럽히곤 합니다.

INFO

주소 20-10 Sarugakucho, Shibuya-ku, Tokyo **영업시간** 12:00~18:00 **휴무일** 화요일(공휴일인 경우 수요일) **가격** 딸기빙수 1,780엔, 블루베리 소다 600엔

TIP

여름엔 빙수, 겨울엔 팥죽을 추천합니다.

Ballade

60년 경력 킷사 마스터의 집으로 초대합니다

킷사 발라드는 가정집을 개조해 꾸민 숨겨진 킷사텐입니다. 신발을 가지런히 벗어 정리한 후 거실로 들어가면 조용한 실내를 가득 채운 커피 향, 창문으로 들어오는 따스한 햇살이 편안하고 아늑한 느낌을 줍니다. 커피는 60년 경력의 킷사 마스터가 시간을 들여 천천히 내려줍니다. 커피를 기다리며 바라보는 안뜰이 운치 있습니다. 발라드에서는 커피와 함께 타마고 산도를 함께 먹습니다. 바삭한 토스트에 폭신하고 짭짤한 달걀이 한 끼 식사로 손색없는 메뉴입니다.

INFO

주소 1-44-1 Nogata, Nakano-ku, Tokyo **영업시간** 09:00~17:00 **휴무일** 일요일 **가격** 아이스커피 500엔, 타마고산도 600엔

TIP

구글맵 안내가 정확하지 않으니 큰길에서 가게 입간판을 확인하세요.

Urasando Garden

고민가의 디저트 푸드 코트

오모테산도 주택가 뒤쪽에는 우라산도 가든이라는 복합 시설이 있습니다. 이곳은 1947년에 건축된 고민가를 레노베이션한 2층 건물입니다. 1층은 5개 점포가 들어선 푸드 코드 형태로 운영하며 2층은 전시 공간으로 사용됩니다. 1층에는 우지 말차가 포함된 디저트와 녹차를 마실 수 있는 우지엔, 미타라시 당고와 '천사의 눈물'이라는 디저트로 유명한 미캉 클럽 등 SNS를 중심으로 인기를 얻고 있는 가게가 모여 있습니다.

INFO

주소 4-15-2 Jingumae, Shibuya-ku, Tokyo **영업시간** 12:00~18:00 **휴무일** 무휴 **가격** 당고+음료 세트 1,400엔, 천사의 눈물+음료 세트 1,400엔

TIP

입구에서 미리 먹고 싶은 메뉴를 말하고 안내받으세요.

Kayaba Coffee

1916년 모습 그대로

카야바는 많은 이들에게 사랑받는 고민가 카페입니다. 100년 이상 된 건물에서 86년이라는 긴 시간 동안 묵묵히 제자리를 지켜온 유서 깊은 곳입니다. 오픈했을 당시의 모습을 고스란히 간직한 곳도 있고 세월의 흐름에 맞추어 새롭게 개조한 곳도 있습니다. 현재의 시간에 자연스럽게 녹아든 모습이 인상적입니다. 높은 인기만큼 방문하기 쉽지 않은 것으로 유명한데, 기다림에 익숙하거나 여유롭게 근처를 여행할 사람들에게 추천합니다.

INFO

주소 6-1-29 Yanaka, Taito-ku, Tokyo
영업시간 08:00~18:00 **휴무일** 월요일(공휴일인 경우 화요일) **가격** 안미츠 850엔

TIP

90분 카페 이용 시간 제한이 있습니다.

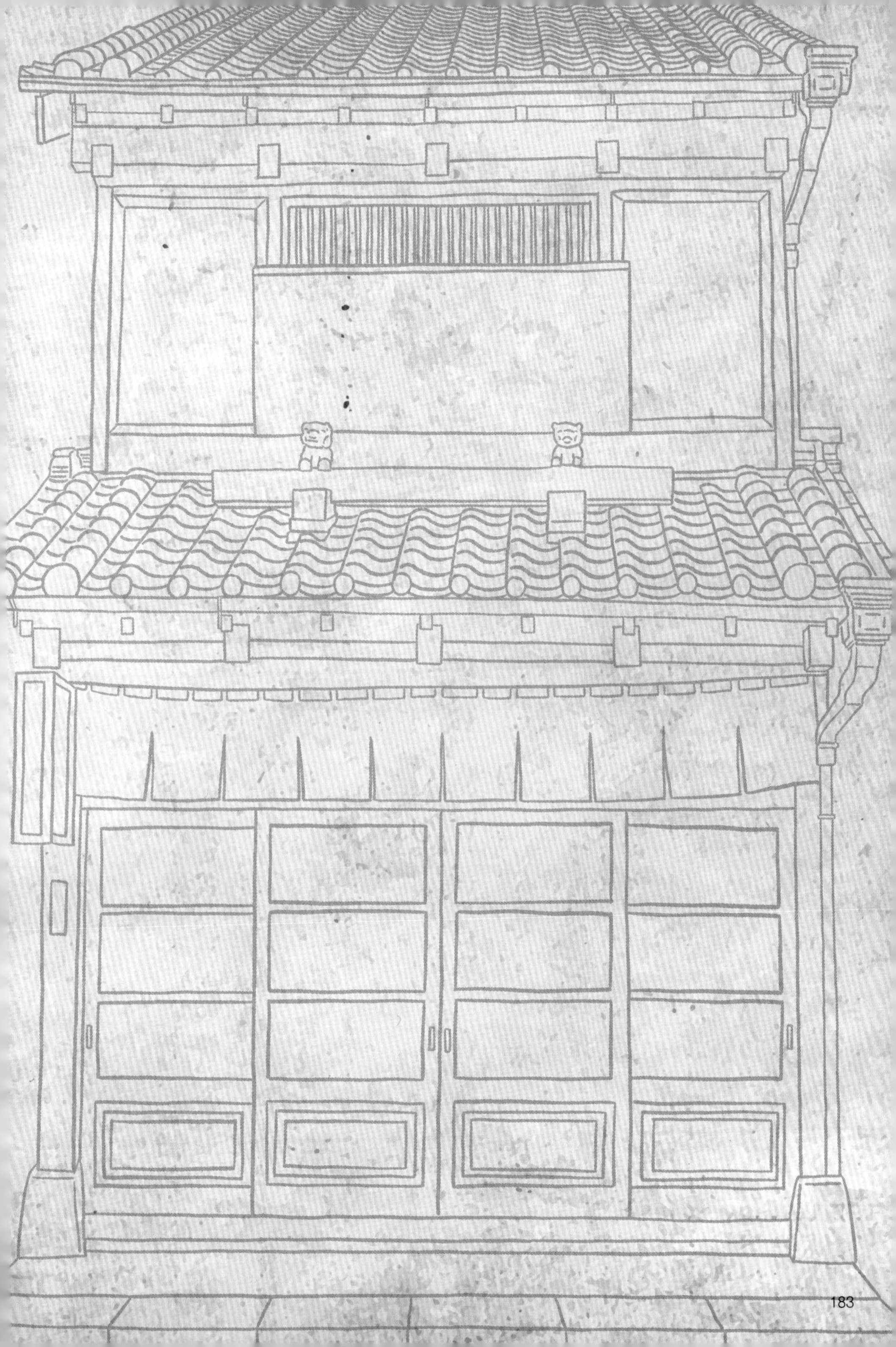

43

쌉쌀 달콤한 휴식,
차와 화과자

Sakurai Japanese Tea Experience

도쿄에서는 다양한 장소에서 차와 화과자를 즐길 수 있습니다. 지금의 도쿄 차 문화는 어떤 모습을 하고 있을까요? 전통을 고수하는 곳부터 시대의 흐름에 맞춰 변화한 곳까지. 차와 화과자를 맛보며 잠깐의 평온을 느낄 수 있는 다채로운 장소가 기다리고 있습니다.

kantannayume

언덕 위 핑크색 찻집

칸탄나유메는 녹차와 화과자를 맛볼 수 있는 언덕 위 숨은 카페입니다. 전통과 현대가 적절하게 조화를 이루는 색다른 분위기가 특징으로, 녹차와 화과자를 좋아하지 않는 사람도 편안하게 방문할 수 있습니다. 화과자는 약 10종류 중 3종류를 선택할 수 있으며, 레몬이나 치즈 같은 재료를 사용해 디저트처럼 가볍게 즐길 수 있습니다.

INFO **주소** 41-3 Kamiyamacho, Shibuya-ku, Tokyo **영업시간** 12:00~18:30 **휴무일** 월요일(공휴일인 경우 화요일) **가격** 화과자 3종 세트 1,300엔, 말차 770엔

TIP

화과자를 직접 만들 수 있는 워크숍에 참가해보세요. 워크숍 일정 및 신청 방법은 인스타그램(@kantan.na.yume)을 통해 확인하세요.

Nakajima no Ochaya

연못가에서 즐기는 차 한잔의 여유

연못에서 차를 즐기는 모습을 상상해본 적 있나요? 나카지마노 오차야는 일본 정원으로 둘러싸인 연못 위에서 말차를 마실 수 있는 곳입니다. 고요한 연못을 바라보며 마시는 말차와 촉촉한 화과자는 마음을 편안하게 해주고 사색에 잠기도록 합니다. 정원에서 천천히 산책을 즐길 수 있으며 300년 된 소나무 등 볼거리도 풍성합니다.

INFO **주소** 1-1 Hamarikyuteien, Chuo-ku, Tokyo **영업시간** 09:00~16:30 **휴무일** 무휴 **가격** 말차+화과자 세트 1,000엔

TIP

찻집은 하마리큐 은사 정원 안에 위치하며, 공원 입장료는 300엔입니다.

Muan Tea House

따뜻한 차 한잔에 오가는 정

무안은 핫포엔이라는 일본 정원 안에 위치한 다실입니다. 1800년대에 지은 오래된 건물에는 차분한 분위기가 가득합니다. 무안은 핫포엔을 방문한 손님들이 차를 마시며 잠시 쉬어 갈 수 있는 '테이차'를 지향하는 공간입니다. 사계절의 아름다움을 감상하며 천천히 차를 마실 수 있는 아늑한 공간은 무안을 꼭 방문해야 할 이유입니다.

INFO **주소** 1-1-76 Shirokanedai, Minato-ku, Tokyo **영업시간** 11:00~15:00
휴무일 화·수·목요일 **가격** 말차+화과자 세트 1,815엔

TIP

영업시간이 짧으니
주의하세요.

Sakurai Japanese Tea Experience

풍미 가득한 찻잎과 향긋한 휴식

사쿠라이 호지차 연구소는 차에 대한 완벽한 경험을 제공하는 곳입니다. 고요하면서 깔끔하게 정돈된 공간은 세상과 단절된 듯한 느낌을 주어 오직 차에만 집중할 수 있도록 돕습니다. 차를 한 모금 마시면 은은한 차향과 함께 온화한 기분이 몸을 감싸는 신비로운 체험을 선사합니다. 눈앞에서 정중하게 차를 설명하고 내리는 모습에서 차에 대한 진중한 면모를 느낄 수 있습니다.

INFO **주소** 5F Spiral 5-6-23 Minamiaoyama, Minato-ku, Tokyo **영업시간** 평일 11:00~23:00, 주말·공휴일 11:00~20:00 **휴무일** 무휴 **가격** 차+화과자 세트 1,950엔~

TIP

예약 후 방문을 추천합니다.

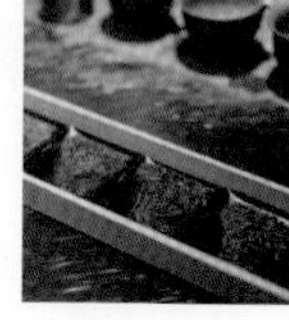

Satén japanese tea

녹차의 매력은 어디까지?

사텐은 일상에서 접하기 쉬운 일본 차 스탠드를 지향합니다. 개방감 느껴지는 카페는 일본 고민가에 앉아 마시는 차 한잔을 연상케 합니다. 이곳의 대표 메뉴는 말차를 중심으로 한 라테와 디저트입니다. 말차의 달콤 쌉싸름한 맛이 우유의 고소함과 섞이며 기분 좋은 여운을 남기는 한정 판매 말차 푸딩도 놓쳐서는 안 될 메뉴입니다.

INFO **주소** 3-25-9 Shoan, Suginami-ku, Tokyo **영업시간** 10:00~19:00
휴무일 화요일 **가격** 아이스 말차 라테 680엔, 말차 푸딩 530엔

TIP

녹차 관련 굿즈도 다양합니다.

44

푸르름이 가득한
힐링 카페

Little Darling Coffee Roasters

바쁜 도시인에게는 숨 돌릴 틈이 필요합니다. 대도시를 감싼 빌딩, 쉬지 않고 어디론가 향하는 사람들. 도심에서 잠시 마음의 여유를 가질 수 있는 카페를 소개합니다. 싱그러운 초록으로 둘러싸인 카페는 숨 가쁘게 달려온 당신의 호흡을 편안하게 가다듬도록 해줄 겁니다.

Little Darling Coffee Roasters

도심 속 오아시스 카페

리틀 달링 커피 로스터스는 아오야마에서 조금 떨어진 곳에 있는 셰어 그린 미나미 아오야마 초입에 위치합니다. 부지 입구는 카페보다 수목원이 더 잘 어울릴 정도로 식물이 무성하며 카페 앞 광장은 탁 트인 개방감을 제공합니다. 이곳에서는 탁자에 커피를 두고 벤치에 누워 있거나 그네를 타며 커피를 마시는 등 저마다의 방식으로 여유롭게 시간을 보냅니다.

INFO **주소** 1-12-32 Minamiaoyama, Minato-ku, Tokyo **영업시간** 10:00~19:00 **휴무일** 무휴 **가격** 아이스크림 550엔, 아이스커피 500엔, 프라이드 포테이토 480엔

TIP 카페 옆 그린 마켓, 솔소 팜(실내 정원)도 이곳을 방문할 이유입니다.

Cafe FELICE

자연에 둘러싸인 힐링 카페

녹음으로 가득한 가든 스퀘어는 이탈리아 시골에 있을 법한 장소를 콘셉트로 구성한 공간입니다. 조용한 주택가에 위치해 경쾌하게 지저귀는 새소리를 벗 삼아 사색을 즐길 수 있습니다. 조경 회사 정원을 레노베이션해 재탄생시킨 건물에는 레스토랑, 꽃집, 카페 펠리체가 있습니다. 카페 중앙의 큰 창으로는 계절에 따라 변화하는 자연을 감상할 수 있습니다.

INFO **주소** 1-27-20 Nakamuraminami, Nerima-ku, Tokyo **영업시간** 09:00~18:30 **휴무일** 목요일 **가격** 사과 타르트 770엔, 블렌드 커피 550엔

TIP 초봄, 늦가을에는 작은 숲이 우거진 테라스에 앉아 커피를 마실 수 있습니다.

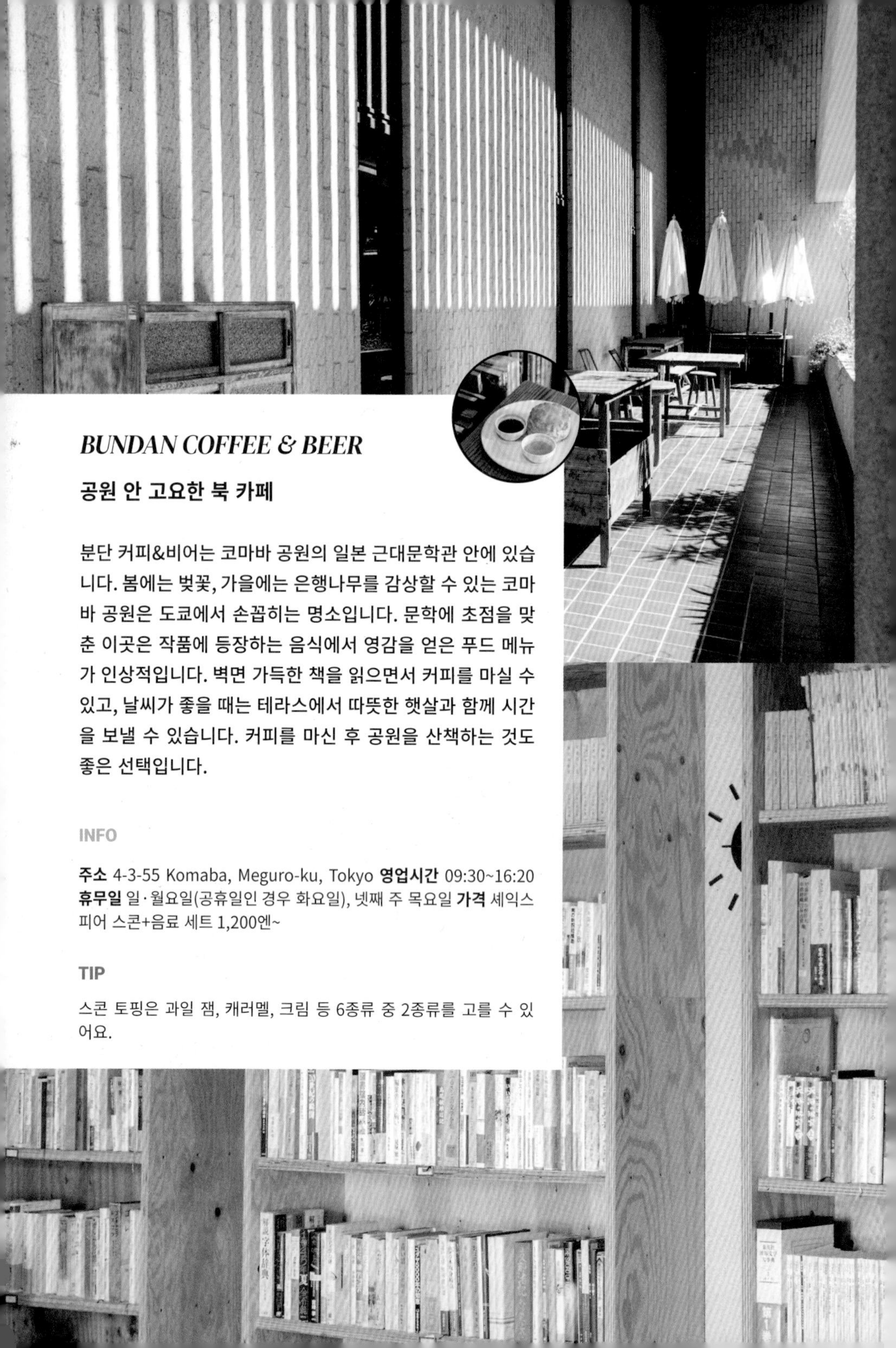

BUNDAN COFFEE & BEER

공원 안 고요한 북 카페

분단 커피&비어는 코마바 공원의 일본 근대문학관 안에 있습니다. 봄에는 벚꽃, 가을에는 은행나무를 감상할 수 있는 코마바 공원은 도쿄에서 손꼽히는 명소입니다. 문학에 초점을 맞춘 이곳은 작품에 등장하는 음식에서 영감을 얻은 푸드 메뉴가 인상적입니다. 벽면 가득한 책을 읽으면서 커피를 마실 수 있고, 날씨가 좋을 때는 테라스에서 따뜻한 햇살과 함께 시간을 보낼 수 있습니다. 커피를 마신 후 공원을 산책하는 것도 좋은 선택입니다.

INFO

주소 4-3-55 Komaba, Meguro-ku, Tokyo **영업시간** 09:30~16:20 **휴무일** 일·월요일(공휴일인 경우 화요일), 넷째 주 목요일 **가격** 셰익스피어 스콘+음료 세트 1,200엔~

TIP

스콘 토핑은 과일 잼, 캐러멜, 크림 등 6종류 중 2종류를 고를 수 있어요.

Cafe Dining Safu

사계절을 담다

사후는 정원을 바라보며 차 한잔의 여유를 즐길 수 있는 도심 속 숨은 공간입니다. 목조로 꾸민 인테리어는 차분한 분위기를 자아내며 커다란 창은 유유히 흐르는 일본 정원의 사계절을 담아냅니다. 창 너머로 전해오는 햇살의 감촉과 함께, 여름에는 짙은 푸른색의 아름다움을, 가을에는 붉게 물든 단풍나무의 우아함을 즐기기 위해 많은 이들이 방문합니다.

INFO

주소 4-1-35 Toranomon, Minato-ku, Tokyo **영업시간** 11:00~18:00 **휴무일** 월요일 **가격** 푸딩 드링크 세트 1,400엔

TIP

사전 예약으로 런치 코스를 즐길 수 있습니다. 코스는 평일과 주말의 가격이 다르니 주의하세요.

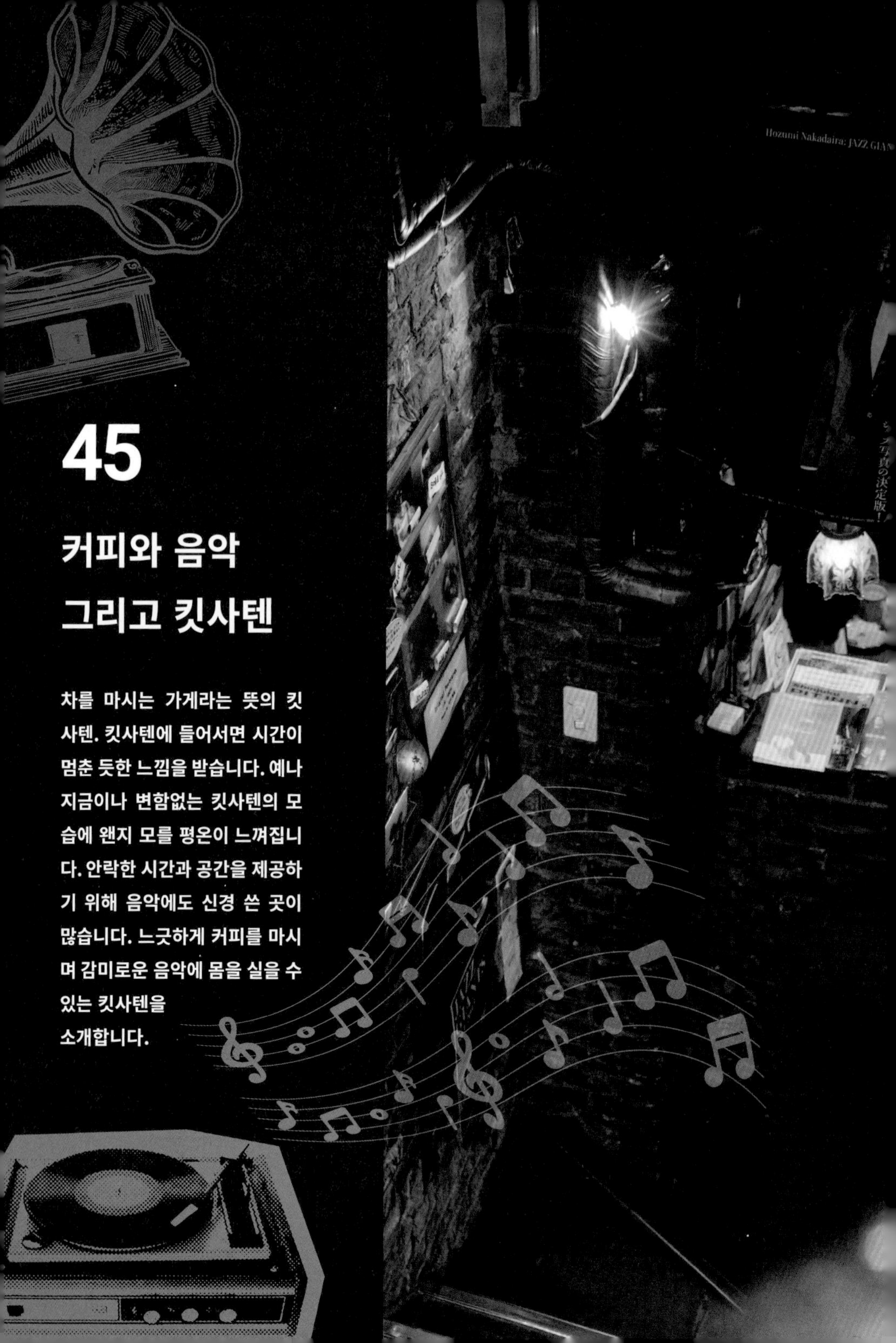

45

커피와 음악 그리고 킷사텐

차를 마시는 가게라는 뜻의 킷사텐. 킷사텐에 들어서면 시간이 멈춘 듯한 느낌을 받습니다. 예나 지금이나 변함없는 킷사텐의 모습에 왠지 모를 평온이 느껴집니다. 안락한 시간과 공간을 제공하기 위해 음악에도 신경 쓴 곳이 많습니다. 느긋하게 커피를 마시며 감미로운 음악에 몸을 실을 수 있는 킷사텐을 소개합니다.

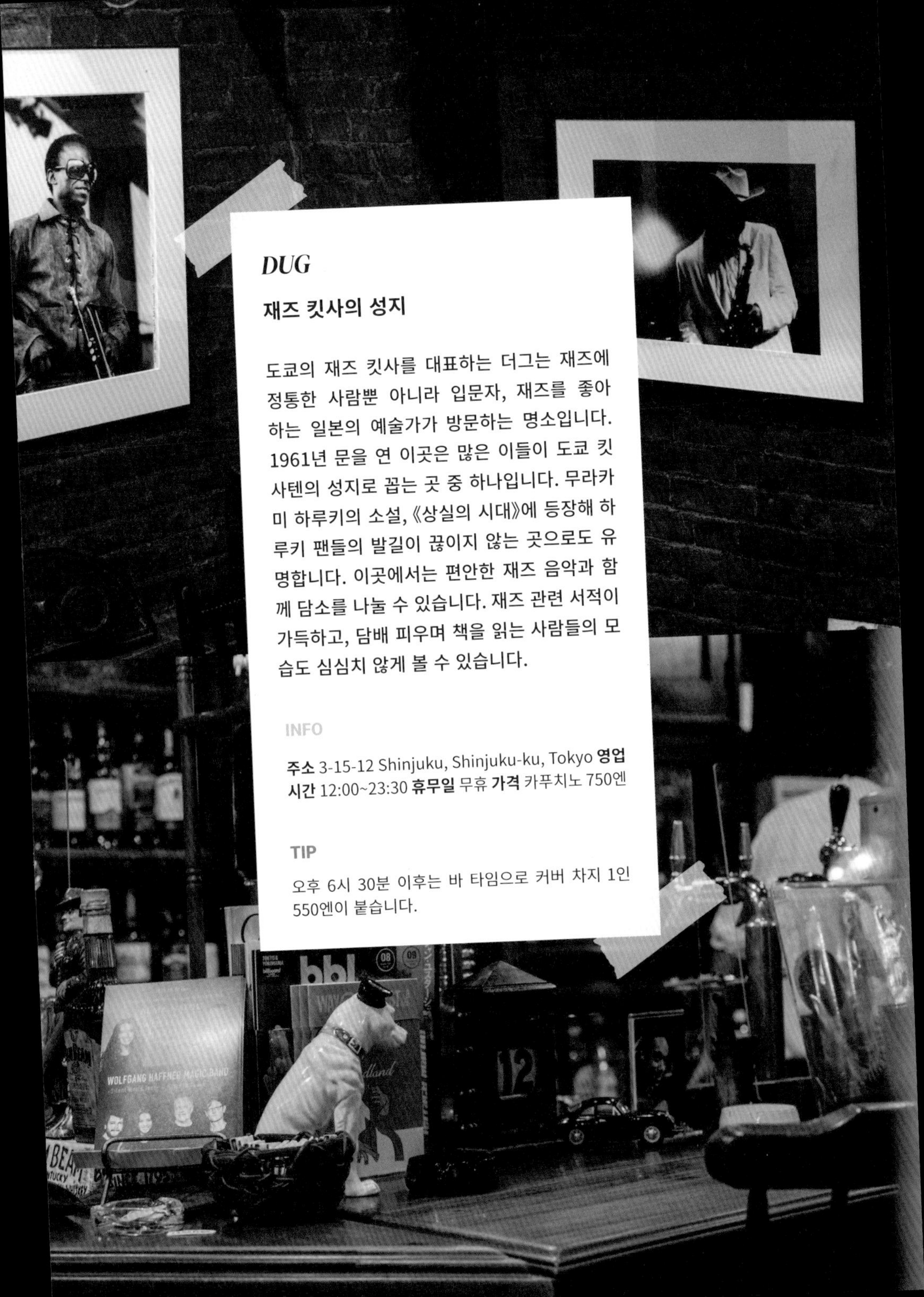

DUG

재즈 킷사의 성지

도쿄의 재즈 킷사를 대표하는 더그는 재즈에 정통한 사람뿐 아니라 입문자, 재즈를 좋아하는 일본의 예술가가 방문하는 명소입니다. 1961년 문을 연 이곳은 많은 이들이 도쿄 킷사텐의 성지로 꼽는 곳 중 하나입니다. 무라카미 하루키의 소설, 《상실의 시대》에 등장해 하루키 팬들의 발길이 끊이지 않는 곳으로도 유명합니다. 이곳에서는 편안한 재즈 음악과 함께 담소를 나눌 수 있습니다. 재즈 관련 서적이 가득하고, 담배 피우며 책을 읽는 사람들의 모습도 심심치 않게 볼 수 있습니다.

INFO

주소 3-15-12 Shinjuku, Shinjuku-ku, Tokyo **영업시간** 12:00~23:30 **휴무일** 무휴 **가격** 카푸치노 750엔

TIP

오후 6시 30분 이후는 바 타임으로 커버 차지 1인 550엔이 붙습니다.

Jazz Kissa Masako

온몸에 전율이 느껴지는 재즈 킷사

재즈 킷사 마사코는 1953년에 개업한 역사 깊은 킷사텐입니다. 시모키타자와 골목에 있는 건물 2층에 자리한 이곳은 가게에서 새어 나오는 재즈 소리가 거리 구석구석을 메울 정도로 양질의 음향을 자랑합니다. 벽면은 레코드로 가득하며 가게 분위기에 맞춰 신중히 음악을 선곡합니다. 누구나 편히 음악을 즐기기 위해 조용한 소리로 대화 나누는 것을 규칙으로 삼습니다.

INFO

주소 2F 2-31-2 Kitazawa, Setagaya-ku, Tokyo **영업시간** 12:00~22:00 **휴무일** 목요일 **가격** 커피 플로트 850엔, 블렌드 커피 650엔

TIP

현금 결제만 가능합니다. 가게의 규칙을 반드시 지켜주세요.

Lawn

조용한 선율에 마음을 기대다

카페 론은 1954년에 개업한 노포 킷사텐입니다. 모던하게 꾸민 이곳에서는 비틀스의 초기 노래와 클래식이 흘러나옵니다. 실내로 들어서면 조명 빛에 반사된 카운터, 핑크색 공중전화를 마주하게 됩니다. 빛바랜 목조 벽은 마치 과거로 시간 여행을 떠난 것 같은 기분을 느끼게 합니다. 가게는 1, 2층으로 나누어져 있으며 가운데 통로를 두고 두 구역이 분리된 독특한 구조를 띱니다. 가게 안은 흡연하며 커피를 마시는 사람들이 주를 이룹니다.

INFO

주소 1-2 Yotsuya, Shinjuku-ku, Tokyo **영업시간** 11:00~18:00 **휴무일** 토·일요일, 공휴일 **가격** 블렌드 커피 750엔, 잼 토스트 400엔

TIP

카페 이용 시간 제한(90분)이 있습니다.

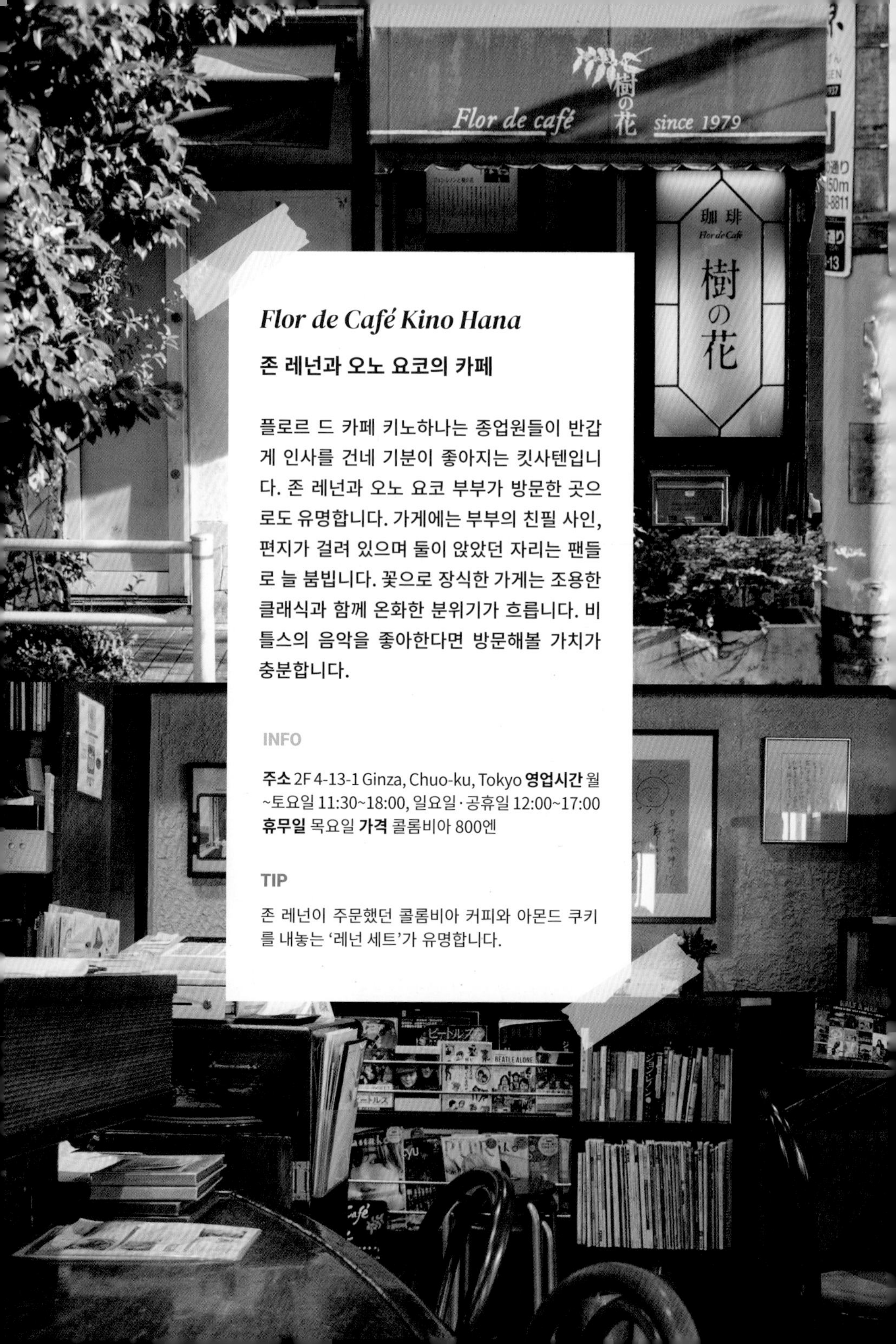

Flor de Café Kino Hana

존 레넌과 오노 요코의 카페

플로르 드 카페 키노하나는 종업원들이 반갑게 인사를 건네 기분이 좋아지는 킷사텐입니다. 존 레넌과 오노 요코 부부가 방문한 곳으로도 유명합니다. 가게에는 부부의 친필 사인, 편지가 걸려 있으며 둘이 앉았던 자리는 팬들로 늘 붐빕니다. 꽃으로 장식한 가게는 조용한 클래식과 함께 온화한 분위기가 흐릅니다. 비틀스의 음악을 좋아한다면 방문해볼 가치가 충분합니다.

INFO

주소 2F 4-13-1 Ginza, Chuo-ku, Tokyo **영업시간** 월~토요일 11:30~18:00, 일요일·공휴일 12:00~17:00 **휴무일** 목요일 **가격** 콜롬비아 800엔

TIP

존 레넌이 주문했던 콜롬비아 커피와 아몬드 쿠키를 내놓는 '레넌 세트'가 유명합니다.

Flor de Cafe Kino Hana

46

최고의 술안주
꼬치구이

Miyazaki Shoten Hanare

기다란 꼬치에 가지런히 꿰어놓은 고기를 불 위에서 뒤집기를 반복합니다. 타닥타닥 구워지는 소리와 함께 뽀얗게 피어오르는 연기, 기름이 떨어질 때마다 피고 지는 불꽃. 꼬치구이는 시원한 생맥주의 영원한 친구이자 도쿄 여행의 필수 메뉴입니다. 일본 꼬치구이 메뉴의 양대 산맥인 야키토리와 모츠야키 맛집 네 곳을 준비했습니다. ※ 모츠야키 : 돼지, 소, 닭의 부속 고기를 구운 것

Kushiyaki Teppei

50년 야키토리 장인의 오마카세

야키토리 장인의 오마카세를 먹고 싶다면 쿠시야키 텟페이를 방문해보시길 바랍니다. 카구라자카의 오랜 정취가 담긴 가게는 도쿄의 동네 맛집에서만 느낄 수 있는 아늑한 분위기를 자랑합니다. 오마카세는 약 10종의 음식으로 진행됩니다. 숯불 향 가득 입힌 야키토리는 무엇을 먹든 진실의 미간과 콧노래가 절로 나오는 풍부한 맛이 일품입니다.

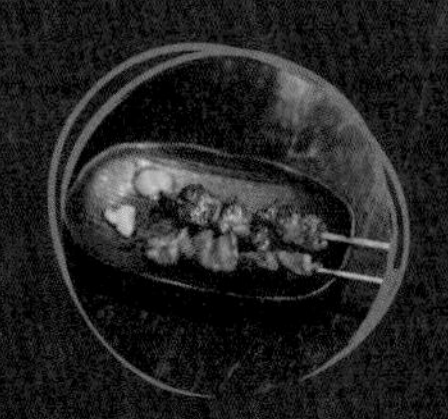

INFO **주소** 3-5 Tsukudocho, Shinjuku-ku, Tokyo **영업시간** 18:00~22:00 **휴무일** 일요일, 공휴일 **가격** 오마카세 풀코스 1인 5,500엔

TIP

전화 혹은 구글맵을 통해 예약한 후 방문하세요.

Miyazaki Shoten Hanare

소문난 로컬 야키토리 맛집

미야자키 쇼텐은 방문객들이 어깨와 등을 맞대고 앉아야 할 정도로 항상 붐빕니다. 저렴한 가격으로 배불리 먹을 수 있는 야키토리, 맛있는 안주, 활력 넘치는 종업원들로 입소문을 타면서 동네 주민뿐 아니라 타 지역 사람들도 방문하는 명소로 자리매김했습니다. 인기 높은 곳인 만큼 재료가 금세 떨어지기도 하니 예약 후 방문하세요. 야키토리와 돼지고기 말이, 치킨라이스를 추천합니다.

TIP

현금 결제만 가능합니다. 전화 예약 후 방문을 추천합니다.

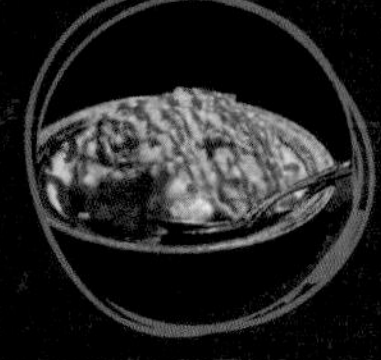

INFO **주소** 1-2-7 Hatagaya, Shibuya-ku, Tokyo **영업시간** 17:00~02:00 **휴무일** 부정기 **가격** 야키토리 143엔~, 치킨라이스 539엔

Nakagaki

깔끔한 모츠야키를 원한다면 바로 여기!

나카가키는 돼지고기와 소고기 꼬치구이를 맛볼 수 있는 가게입니다. 정돈된 가게와 차분하고 진지한 접객 태도에서 깔끔함을 추구하는 가게의 성격이 고스란히 느껴집니다. 신선한 재료로 정직하게 구워낸 꼬치구이는 재료 본연의 맛과 식감이 일품이며 각 부위의 특성에 맞춘 굽기 정도, 소스 사용에 감탄사가 절로 흘러나옵니다. 흐트러짐 없는 올곧은 맛을 추구한다면 꼭 들러보길 권합니다.

TIP

야키모노 5종 모둠을 먼저 시킨 후, 다른 부위를 추가 주문하는 것을 추천합니다.

INFO **주소** 2F 2-14-3 Kamiosaki, Shinagawa-ku, Tokyo **영업시간** 평일 17:00~24:00, 주말·공휴일 16:00~24:00 **휴무일** 무휴 **가격** 커버차지 1인 300엔, 야키모노 5종 모둠 1,380엔

Akimotoya

모든 것의 시작, 전설의 모츠야키

도쿄의 모츠야키를 논할 때 아키모토야는 반드시 거론해야 할 가게입니다. 아키모토야 계열이라는 말이 생길 정도로 도쿄 모츠야키 맛집의 원조 격이기 때문입니다. 세월의 흔적이 가득한 가게는 드라마나 광고 촬영지로도 사용되곤 합니다. 숯불에 천천히 구운 꼬치구이에 생맥주를 한 모금 더하면, 모든 근심 걱정이 거품 녹듯 사라지는 마법 같은 순간을 경험할 수 있습니다.

INFO **주소** 5-28-3 Nogata, Nakano-ku, Tokyo **영업시간** 평일 17:00~22:00, 주말 16:00~22:00 **휴무일** 월요일 **가격** 커버 차지 1인 110엔, 모츠야키 176엔~, 피망 츠쿠네 330엔

TIP
현금 결제만 가능합니다.

47

만족 100%
로바타야키

Kanagari

로바타야키는 손님 앞에 놓인 화로에서 생선이나 채소, 육류를 점원이 직접 구워 상에 전달하는 요리를 말합니다. 은은한 화롯불에 구운 요리는 신선한 재료 본연의 맛을 살린 것이 특징이며 다른 이자카야에서는 느낄 수 없는 독특한 분위기를 자아냅니다. 도쿄에서 특별한 추억을 만들고 싶다면 오감으로 즐기는 로바타야키의 세계를 꼭 경험해보세요.

신주쿠의 인기 로바타야키집

신주쿠에 위치한 칸아가리는 접근성이 좋아 많은 여행객들이 방문하는 로바타야키입니다. 혼자나 둘이 방문할 경우 점원을 둘러싼 카운터에 앉아 재료를 굽는 과정이나 긴 주걱으로 음식을 서빙하는 모습을 볼 수 있습니다. 코스 요리나 단품 메뉴 중 선택할 수 있으며, 특히 생선구이 중 눈볼대 소금구이는 이곳의 대표 메뉴로 꼽힙니다.

INFO

주소 3F 7-16-12 Nishishinjuku, Shinjuku-ku, Tokyo **영업시간** 평일 17:00~23:00, 주말·공휴일 16:00~23:00 **휴무일** 무휴 **가격** 안주 9종+음료 무제한 코스 5,500엔~, 커버 차지 1인 660엔(코스 주문 시 제외), 서비스 차지 1인 800엔

TIP

코스는 2인부터 예약 주문 필수이며, 방문 당일 선택할 수 없습니다. 예약은 전화 또는 구글맵을 통해 가능합니다.

Nakame no Teppen Honten

INFO

주소 3-9-5 Kamimeguro, Meguro-ku, Tokyo **영업시간** 18:00~05:00 **휴무일** 무휴 **가격** 커버 차지 1인 600엔, 짚불구이 1,430엔, 고등어구이 1,460엔, 생선회 7종 모둠 1,400엔~

TIP

예약 필수입니다. 예약은 전화 또는 구글맵을 통해 가능합니다.

흥과 맛, 두 마리 토끼를 다 잡은 집

난쟁이가 드나들 만한 낮고 좁은 입구를 지나면 나카메노 텟펜의 공간이 펼쳐집니다. 이곳에서는 하루 한 번, 주로 오후 7시에서 8시 사이에 짚불구이 쇼를 진행합니다. 강한 불길과 활기찬 북소리는 바라만 봐도 절로 흥이 오르는 경험을 선사합니다. 텟펜의 추천 메뉴는 기름이 잔뜩 오른 고등어구이입니다. 숯불로 천천히 구워 부드러운 살이 일품인 고등어는 술안주로도 최고의 메뉴입니다.

Oreno Sumi

구워 먹는 재미가 있다, 오마카세 화로구이

오레노 스미는 숯불 화로구이 전문점으로 오마카세 메뉴를 갖추어 편하게 음식을 즐길 수 있습니다. 코스의 시작과 함께 각 테이블 앞에 뭉근한 열기를 품은 숯불이 준비됩니다. 제철 채소를 시작으로 생선과 닭고기를 순차적으로 숯불 화로 위에 올립니다. 모든 음식은 직원이 손수 구워주며 서빙과 함께 먹는 방법까지 친절히 알려줍니다. 코스 마지막에는 흰쌀밥 또는 계절 솥밥 중 하나를 선택해 배부르게 식사를 마칠 수 있습니다.

INFO

주소 3-2-21 Motoazabu, Minato-ku, Tokyo **영업시간** 18:00~23:00 **휴무일** 일요일 **가격** 8종 오마카세 코스 5,750엔

TIP

코스 내용은 제철 재료로 변경됩니다. 예약은 구글맵을 통해 가능합니다.

48

로컬 향기 진하게 나는 이자카야

Shinagawatei

무심코 들어간 이자카야는 현지인으로 가득한 데다 영어 메뉴가 없는 곳도 있고, 말이 잘 통하지 않는 곳도 있습니다. 유명 맛집에 비하면 불편한 것투성이지만 점원이 건네는 온화한 미소, 지역 주민들의 따뜻한 인사에 편안함이 느껴집니다. 도쿄 여행의 백미를 느끼고 싶다면 꼭 가야 할 로컬 이자카야를 소개합니다. 진짜 도쿄의 이야기를 담고 있는 곳으로 지금 당장 떠나보세요.

긴자 직장인의
성지술례

Sanshuya

긴자 직장인들의 피로 해소제 산슈야를 소개합니다. 해산물 요리를 전문으로 하는 이곳에서는 식사와 술, 두 가지 모두를 즐길 수 있습니다. 신선한 활어 모둠 회, 생선구이와 조림이 술안주로 유명하며 다양한 정식 메뉴도 갖추어 낮에는 식사를 위해 방문하기에 좋습니다. 이자카야의 복작복작한 분위기를 좋아한다면 여행 목록에 꼭 넣어보세요.

TIP 정식 메뉴는 주말, 저녁에 가격이 변동됩니다.

INFO **주소** 2-3-4 Ginza, Chuo-ku, Tokyo **영업시간** 평일 10:30~22:30, 토요일·공휴일 10:30~22:00 **휴무일** 일요일 **가격** 커버 차지 1인 400엔, 사시미 모둠 1,350엔, 카키후라이(굴 튀김) 1,500엔(겨울 한정 메뉴)

신주쿠에서 떠나는
시간 여행

Shinagawatei

신주쿠의 시나가와테는 공간의 힘이 느껴지는 가게입니다. 손님들이 선물한 칠복신 가면으로 가득한, 세상 어느 곳에서도 느낄 수 없는 독특한 풍경으로 가게에 들어서는 순간 세상과 단절된 듯한 기분에 빠집니다. 손님들의 대화 소리가 음악을 대신하며 좁은 가게는 단골손님과도 금세 친해질 수 있는 분위기가 정겹습니다.

INFO **주소** 4-13-13 Nishishinjuku, Shinjuku-ku, Tokyo **영업시간** 17:30~유동적 **휴무일** 주말·공휴일 **가격** 카쿠니 1,200엔, 쿠시아게 1인분 1,200엔

TIP 현금 결제만 가능합니다. 실내가 협소해 전화 예약 혹은 오픈런을 추천합니다.

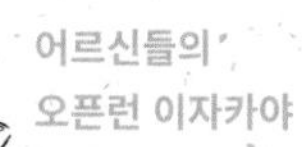

어르신들의
오픈런 이자카야

Hyoroku

효로쿠는 도쿄 이자카야 애호가들의 오픈런 가게입니다. 구석구석에서 세월의 흔적을 느낄 수 있는 이곳은 1948년 오픈한 이래 꾸준히 한자리를 지켜온 도쿄 이자카야 문화의 산증인과도 같은 가게입니다. 디귿 자 형태의 카운터와 적은 수의 테이블로 구성되어 있으며, 3대 점주 시바야마 씨가 카운터 안쪽에 앉아 손님과 주방을 연결하는 독특한 구조를 띱니다.

INFO **주소** 1-3-2 Kanda Jinbocho, Chiyoda-ku, Tokyo **영업시간** 17:00~22:30 **휴무일** 주말·공휴일 **가격** 효로쿠아게 520엔, 교자 690엔, 사츠마무소(고구마 소주) 800엔

TIP 예약은 불가능합니다. 고구마 소주는 주전자에 담긴 뜨거운 물을 먼저 잔에 붓고 소주를 타는 오유와리로 마십니다.

60년 역사와 낭만을 품은
시부야 노포

Sangyodo

1967년에 창업한 산교도는 시부야 재개발이 진행되면서 새로운 터전으로 자리를 옮겼습니다. 예전의 허름하고 손때 묻은 모습은 없어졌지만 많은 이들을 발걸음 하게 했던 맛있는 음식, 인자한 여주인은 그 모습 그대로입니다. 산교도는 손님들이 향수를 느낄 수 있도록 전 가게에서 쓰던 것들을 그대로 사용합니다. 시대의 흐름에 따라 유서 깊은 가게가 사라지거나 변화하는 요즘, 산교도의 새로운 행보에 귀추가 주목됩니다.

TIP 가게 이름과 같은 산교도라는 사케를 마셔보세요.

INFO **주소** 25-18 Sakuragaokacho, Shibuya-ku, Tokyo **영업시간** 16:00~23:30 **휴무일** 일요일, 공휴일 **가격** 커버 차지 1인 770엔, 바지락 술찜 880엔, 방어 무조림 1,320엔

49

오뎅과 함께 깊어가는 밤

Odenya Den

한국에서는 으깬 생선 살을 굳혀 만든 음식을 오뎅이라고 하지만 일본에서 오뎅은 국물 요리 중 하나를 지칭합니다. 오뎅은 서민적인 음식이면서도 만드는 방법에 따라 고급 음식으로 변모하기도 합니다. 오뎅에는 술과 이야기가 따릅니다. 오뎅의 맛이 깊어질수록 사람들의 이야기도 깊어가죠. 어쩌면 오뎅이 맛있는 이유는 함께하는 사람들의 이야기를 가득 머금고 있기 때문은 아닐까요?

Maruken Suisan

주당들의 성지에서 0순위로 들러야 할 오뎅집

마루켄 스이산은 1인당 술은 1잔, 20분 제한, 서서 먹어야 하는 불편함이 있음에도 오뎅을 맛보기 위한 사람들로 긴 줄이 늘어섭니다. 이곳에서는 오뎅과 함께 사케를 마시는데, 사케는 4분의 1이 남은 시점에서 국물을 타서 마시는 '다시와리'라는 추가 메뉴를 주문합니다. 지금은 다른 가게에서도 이 메뉴를 흉내 낼 정도로 오뎅과 사케의 새로운 조합을 정립했습니다.

TIP 현금 결제만 가능합니다. 주말에는 오픈 30분 전에 가는 걸 추천해요.

INFO **주소** 1-22-8 Akabane, Kita-ku, Tokyo **영업시간** 10:30~20:30 **휴무일** 월·수요일 **가격** 오뎅 세트(오마카세 오뎅 4종+음료) 1,000엔

Akiya

시장 속 오뎅 이자카야

아키야는 코엔지의 시장 골목에 위치한 오뎅집입니다. 사람 한 명이 겨우 지나갈 수 있을 만큼 좁은 골목에서 먹는 오뎅은 도쿄 로컬에서 느낄 수 있는 최고의 운치입니다. 아키야의 오뎅은 검은색을 띠는 것이 특징인데, 보기와 달리 짜지 않으면서 달콤한 맛이 은은하게 퍼지는 것이 매력입니다. 구운 가지부터 소 힘줄, 반숙란 등 개성 강한 오뎅 메뉴 또한 인상적입니다.

Oden Kappo Hide

전통 가옥에서 즐기는 고급 오뎅

히데는 일식 전문 요리점입니다. 오뎅을 중심으로 다양한 안주를 코스로 즐길 수 있는 것이 장점입니다. 일본의 옛 정취를 느낄 수 있는 가게 분위기도 오뎅의 맛을 더욱 끌어올려줍니다. 오뎅은 숙련된 기술과 섬세함을 담아 하나씩 정성 들여 만듭니다. 은은한 향과 자극적이지 않은 맛이 돋보이며 다시마와 가츠오부시, 소금과 간장만으로 간해 절제된 깔끔한 맛이 느껴집니다.

INFO **주소** 3-22-17 Koenjikita, Suginami-ku, Tokyo **영업시간** 평일 18:00~24:00, 토·일요일 17:00~24:00 **휴무일** 월요일 **가격** 커버 차지 1인 100엔, 오뎅 165~330엔

TIP 오뎅은 추운 계절에만 판매하며 현금 결제만 가능합니다.

INFO **주소** 15-5 Maruyamacho, Shibuya-ku, Tokyo **영업시간** 평일 17:00~21:30, 토요일 17:00~20:30 **휴무일** 일요일, 공휴일 **가격** 서비스 차지 10% 오뎅 300엔~

TIP 예약 후 방문을 추천하며 예약 및 메뉴는 en.oden-hide.com으로 확인하세요.

Odenya Den

도쿄 미식가들의 원 픽 오뎅집

번화가 지하에 자리한 오뎅야 덴은 도쿄 미식가들 사이에서 소문난 맛집입니다. 카운터석에 삼삼오오 앉아 오뎅을 즐기는 모습에 마치 포장마차에 들어온 기분이 듭니다. 깔끔한 맛과 깊은 감칠맛이 특징이며, 클래식한 재료는 물론, 카망베르 치즈처럼 오뎅에서는 흔히 볼 수 없는 재료도 적절히 섞여 있습니다.

INFO **주소** B1F 1-8 Yotsuya, Shinjuku-ku, Tokyo **영업시간** 평일 18:00~24:00 **휴무일** 주말, 공휴일, 8월 1~31일 **가격** 오뎅 110~990엔

TIP 1인 1음료 필수입니다. 라멘이나 오차즈케로 마무리하는 것도 잊지 마세요.

Kinsei

로컬 아저씨들의 성지

킨세이는 사람 냄새가 진하게 나는 오뎅집입니다. 좁고 허름한 가게, 마음씨 좋은 마스터, 지나가다 들른 동네 어르신이 한데 어우러져 강한 로컬 분위기를 뿜어냅니다. 담배 연기에 실내가 자욱해지기도 하고, 똑같은 말을 반복하는 어르신이 말을 걸어올 수도 있습니다. 누군가에게는 이 모든 것이 불편하게 다가올 수도 있지만 로컬만의 독특한 분위기를 좋아하는 사람에게는 최고의 추억을 선사할 겁니다.

INFO **주소** 2-26-5 Ohara, Setagaya-ku, Tokyo **영업시간** 16:00~22:00 **휴무일** 일요일 **가격** 오뎅 200엔, 주류 500엔~

TIP 현금으로만 결제해야 하고 실내 흡연 가능합니다.

50

타치노미, 치고 빠지러 왔습니다

일본에는 서서 마신다는 뜻의 타치노미 이자카야가 많습니다. 퇴근 후 잠시 들러 목을 축이거나 1차, 혹은 막차에 들러 부족한 취기를 보태기에 더할 나위 없이 좋습니다. 캐주얼하게 방문해 간단한 안주를 벗 삼아 혼술을 즐기기에도 이만한 장소가 없을 겁니다. 도쿄의 밤을 대표하는 신주쿠, 시부야, 긴자의 타치노미에는 어떤 재밌는 가게가 있을까요?

Tachinomi Fujiya Honten

시부야 전설의 선술집

시부야의 후지야는 도쿄 타치노미 문화를 대표하는 상징적인 가게입니다. 1971년에 문을 연 가게는 시부야 재개발로 폐업한 뒤 지금의 자리로 새롭게 오픈했습니다. 가게는 입구 쪽 야외와 주방이 보이는 카운터, 많은 인원을 수용할 수 있는 실내로 이루어져 있습니다. 다른 타치노미와 비교해 음식 가격대는 높은 편이지만 수준급 음식을 맛볼 수 있는 것으로 유명합니다.

TIP 하이볼은 메뉴에 없지만 위스키와 탄산수를 시켜 직접 만들어 마실 수 있습니다.

INFO

주소 16-10 Sakuragaokacho, Shibuya-ku, Tokyo **영업시간** 평일 17:00~21:30, 토요일 16:00~21:00, 일요일·공휴일 16:00~20:00 **휴무일** 무휴 **가격** 모둠회 1인분 750엔

Ginza Shimada

나만 알고 싶은 긴자 맛집

긴자에는 수준 높은 일식 요리를 합리적인 가격으로 즐길 수 있는 시마다가 있습니다. 미쉐린 3 스타 요리점에서 경력을 쌓은 점주는 고급 일식집의 퀄리티를 어느 정도 유지하면서 가격을 낮추기 위해 고심한 끝에 좁고 회전율이 빠른 타치노미 형식에 주목했습니다. 음식은 계절에 맞추어 끊임없이 바뀝니다. 맛 또한 훌륭해서 도쿄 미식가들 사이에서 명소로 꼽힙니다.

TIP 어란 소바는 시마다의 대표 메뉴입니다.

INFO

주소 8-2-8 Ginza, Chuo-ku, Tokyo **영업시간** 16:00~22:30 **휴무일** 일요일 **가격** 달걀밥 500엔, 어란 소바 1,800엔

Onoya

신주쿠 직장인의 퇴근길 옹달샘

일본에서는 1,000엔 이하로 술과 안주를 즐길 수 있는 가성비 좋은 집을 '센베로'라고 표현합니다. 신주쿠의 오노야는 센베로에 특화된 타치노미입니다. 가볍게 술을 마시고 싶은 사람들의 오아시스 같은 곳으로 안주는 입구 쪽 냉장고에서 직접 꺼내 먹거나 꼬치구이 같은 단품을 주문할 수도 있습니다. 꼬치는 하나당 약 100엔이며 맛 또한 가격 대비 훌륭합니다.

TIP 현금 결제만 가능합니다. 사람이 많을 경우 2시간의 이용 시간 제약이 있습니다.

INFO

주소 7-15-5 Nishishinjuku, Shinjuku-ku, Tokyo **영업시간** 16:00~22:30 **휴무일** 일요일, 공휴일 **가격** 꼬치구이 143엔~

51

사케가
맛있는 집

Sake Bar Otonari

쌀을 발효해서 만드는 사케(니혼슈)는 정미도나 발효 과정, 물의 품질에 따라 수천, 수만 가지 맛과 향을 품습니다. 모든 사케는 마치 살아 있는 생명체처럼 고유한 개성을 지니고 있습니다. 동일한 사케라도 술의 온도, 함께하는 안주에 따라 맛과 즐거움이 달라집니다. 오랜 전통을 지닌 가게부터 인테리어가 감각적인 가게까지, 다채로운 사케를 경험할 수 있는 도쿄의 사케 전문점을 소개합니다.

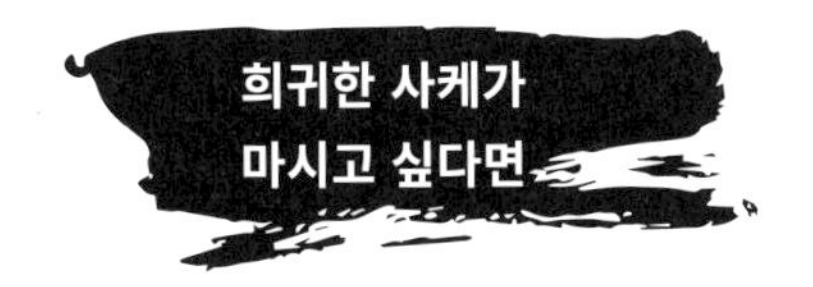

Akaoni

생주(가열 처리하지 않은 술)를 전문으로 하는 노포, 산겐자야의 아카오니는 사케 애호가라면 놓쳐서는 안 될 가게입니다. 희소성 높은 사케인 쥬욘다이와 시중에서는 찾아볼 수 없는, 오직 이곳에서만 취급하는 사케를 마실 수 있는 곳으로 유명합니다. 사케 생산 시기와 계절에 따라 많게는 100가지에 가까운 다채로운 사케를 만날 수 있습니다. 또 사케에 잘 어울리는 훌륭한 안주도 함께 즐길 수 있습니다.

INFO

주소 2-15-3 Sangenjaya, Setagaya-ku, Tokyo **영업시간** 평일 17:30~23:30, 주말·공휴일 17:00~23:00 **휴무일** 무휴 **가격** 커버 차지 1인 500엔, 사케 770엔~

TIP

전화 예약(+81 3-3410-9918) 후 방문을 추천합니다. 오늘의 추천 및 희귀 사케는 칠판에 적혀 있습니다.

standing room Suzuden

170년 노포 주류 판매점의 카쿠우치

카쿠우치는 주류 전문점의 구석에 자리한 술과 간단한 음식을 즐길 수 있는 곳을 가리킵니다. 스즈덴은 동명의 주류 판매점의 카쿠우치입니다. 스탠딩 술집인 이곳은 근처 직장인들이 귀가하기 전 가볍게 한잔 걸치는 곳으로 유명합니다. 간단한 가정식 안주와 함께 주류 판매점에서 잘 관리한 사케를 마실 수 있습니다. 특정 요일에만 판매하는 희귀 사케는 이곳을 찾게 하는 또 다른 즐거움입니다.

INFO

주소 1-10 Yotsuya, Shinjuku-ku, Tokyo **영업시간** 평일 17:00~20:30 **휴무일** 주말, 공휴일 **가격** 사케 450엔~

TIP

주류 판매점은 오전 9시부터 영업합니다.

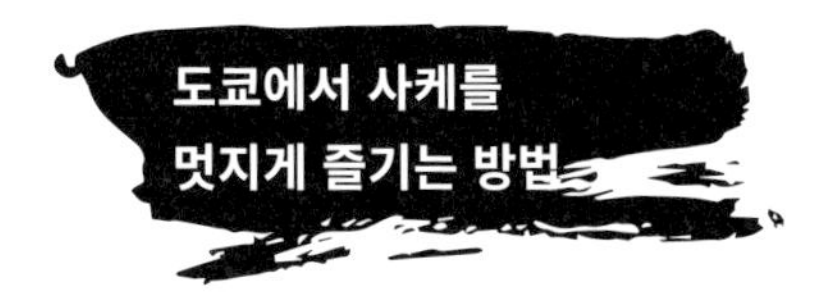

Kuwabara Shoten

쿠와바라 쇼텐은 100년 이상 된 주류 전문점에서 운영하는 가게입니다. 본래 창고로 사용하던 공간에 감각적인 디자인을 더해 현재의 아름다운 모습을 갖추게 되었습니다. 가게에는 젊고 개성 있는 사케가 가득합니다. 세 가지 사이즈로 맛을 비교할 수 있는 메뉴를 갖추어 여러 종류의 사케를 경험하고 싶은 사람들에게 추천합니다.

INFO

주소 2-29-2 Nishigotanda, Shinagawa-ku, Tokyo **영업시간** 17:00~21:00 **휴무일** 월·일요일, 공휴일 **가격** 사케 30ml 250엔~, 진미 안주 3종 세트 630엔

TIP

4인 이상 방문은 어렵습니다. 주류 구입은 오후 1시부터 가능합니다.

Sake Bar Otonari

사케가 생각나는 밤에 찾고 싶은 바

사케 바 오토나리는 레트로한 공간에서 가볍게 사케를 즐기기에 좋은 곳입니다. 와인 글라스에 담은 사케에 슬라이스 햄, 마스카르포네를 곁들여 먹는 새로운 방법을 제시합니다. 고정관념을 벗어난 조합이 낯설지만 페어링한 사케와 맛보면 고개가 절로 끄덕여집니다. 약 40종의 사케를 구비하고 있으며 친절한 설명으로 고객의 취향에 맞춘 다양한 사케를 제안합니다.

INFO

주소 B1F 5-35 Kagurazaka, Shinjuku-ku, Tokyo **영업시간** 평일 17:00~23:00, 주말·공휴일 15:00~23:00 **휴무일** 무휴 **가격** 사케 600엔~, 프로슈토 3종 모둠 1,200엔

TIP

바로 옆 이자카야의 안주도 주문할 수 있습니다.

Sake Bar Otonari

52

하이볼,
어디까지 마셔봤나요?

BAR LIVET

하이볼은 일본에서 위스키를 즐기는 가장 대중적인 방식입니다. 얼음 잔에 위스키를 따른 후, 탄산수의 김이 새어 나가지 않도록 얼음을 피해 조심스럽게 따르는 것이 일반적입니다. 머들러는 가볍게 오직 한 번만! 하지만 앞으로 소개할 바 중에는 하이볼을 얼음 없이 만드는 곳도 있고, 위스키와 탄산수를 박력 넘치게 섞어주는 곳도 있습니다. 하이볼, 여러분은 어디까지 마셔봤나요?

위스키
애호가를
위한
도서관

TOKYO Whisky Library

도쿄 위스키 라이브러리는 위스키의 도서관이라는 이름대로 벽면 한가득 위스키가 진열되어 있습니다. 무려 1,300종 이상의 위스키를 만날 수 있는, 일본에서도 손꼽히는 명소입니다. 수많은 위스키 사이에서도 No.1 메뉴는 글렌리벳 12년산을 사용한 프리저 시트러스 하이볼입니다. 레몬의 상큼한 향을 시작으로 부드러우면서 풍부한 과일 향이 나는 위스키 맛이 차례로 느껴집니다. 알코올 향이 강하지 않아 평소 위스키를 선호하지 않는 사람도 편하게 마실 수 있습니다.

TIP 총 7종류의 오리지널 하이볼을 마실 수 있습니다.

INFO **주소** 2F 5-5-24 Minami aoyama, Minato-ku, Tokyo **영업시간** 런치 12:00~15:00, 디너 17:30~23:00 **휴무일** 무휴 **가격** 예산 1인 3,000엔~

얼음 없는
차가운
하이볼

ROCK FISH

긴자의 록 피시에서는 특별한 하이볼을 마실 수 있습니다. 깨질 듯 차갑게 얼려둔 유리잔과 43도의 산토리 가쿠빈이 이곳 하이볼의 비법입니다. 43도 산토리 가쿠빈은 지금은 구하기 힘든 위스키입니다. 하이볼에 넣는 건 오직 위스키와 탄산수, 그리고 약간의 레몬 향뿐. 나오자마자 바로 마시는 이곳의 하이볼은 선명하면서 상쾌한 맛을 자랑합니다. 위스키를 만드는 30년 하이볼 외길의 마구치 상이 평소 미간에 주름이 잡혀 있지만 말을 걸면 사진과 같은 미소를 띠며 이야기를 건네주는 것도 매력 포인트입니다.

TIP 메뉴판이 없으니 바텐더에게 직접 원하는 음료를 주문하세요.

INFO **주소** 7F 7-3-13 Ginza, Chuo-ku, Tokyo **영업시간** 평일 15:00~23:00, 토요일 14:00~17:00 **휴무일** 일요일, 공휴일 **가격** 약 1인 3,000엔~

신주쿠 위스키? 바로 여기!

BAR LIVET

리벳에 들어서면 위스키를 가득 채운 백 바의 모습에 압도당합니다. 백 바에는 대중적인 위스키는 물론, 희소성 높은 위스키 보틀이 즐비합니다. 풍부한 위스키 지식과 화려한 수상 경력을 지닌 바텐더들이 마시고 싶은 위스키에 맞춰 여러 보틀을 제안합니다. 위스키를 고른 후 스트레이트, 미즈와리(물을 섞어 마시는 방법), 하이볼 등을 선택하면 됩니다. 조용하고 어두운 분위기는 오직 위스키 맛에 집중할 수 있도록 돕습니다. 리벳의 자매점 신주쿠 위스키 살롱에서는 폭넓은 일본산 위스키를 만나볼 수 있습니다.

TIP 실내 흡연 가능합니다. 메뉴판이 없으니 바텐더에게 직접 원하는 음료를 주문하세요.

INFO **주소** 4F 3-6-3 Shinjuku, Shinjuku-ku, Tokyo **영업시간** 18:00~02:00 **휴무일** 무휴 **가격** 1인 4,000엔~

산토리
하이볼을
즐기기에
가장 좋은
장소

Suntory Lounge Eagle

1967년에 개업한 노포 바 이글은 신주쿠 도심의 건물 지하에 위치합니다. 입구에 들어서면 커다란 샹들리에에 감탄사가 절로 나옵니다. 계단을 내려갈 때마다 바쁘게 돌아가는 도심과 점점 멀어지는 듯한 차분함이 다가옵니다. 히비키, 야마자키, 하쿠슈 등 산토리를 대표하는 위스키를 마실 수 있으며, 산토리 하이볼을 맛있게 즐기는 방법을 제안합니다. 불순물이 없는 투명함을 자랑하는 얼음, 야마자키와 같은 물로 만든 프리미엄 소다의 하이볼을 추천합니다. 위스키의 향과 맛을 해치지 않으면서도 하이볼이 부드럽게 입술을 타고 넘어오는 경험을 선사합니다.

TIP 간판 메뉴는 시모후리 비프입니다.

INFO **주소** B1F, B2F 3-24-11 Shinjuku, Shinjuku-ku, Tokyo **영업시간** 17:00~23:30 **휴무일** 부정기 **가격** 1인 3,000엔~

100년간
이어온
하이볼
레시피

SAMBOA BAR
Asakusa

1918년 일본의 고베에서 시작한 삼보아는 전설로 칭송받는 바입니다. 도쿄 긴자와 아사쿠사에서도 삼보아의 이름을 이은 바를 볼 수 있습니다. 삼보아에서는 100년 동안 변함없이 이어온 얼음 없는 하이볼을 마실 수 있습니다. 먼저 유리잔에 차갑게 식힌 산토리 가쿠빈 위스키를 더블로 넣습니다. 탄산수는 박력 있으면서 거침없이 한 번에 수직으로 따라냅니다. 머들러는 사용하지 않습니다. 술잔에 절묘하게 걸친 하이볼이 사케를 따랐을 때의 모습을 떠올리게 합니다. 미세한 탄산 입자와 진한 위스키의 궁합이 즐거운 한 잔입니다.

TIP 실내 흡연 가능합니다. 메뉴판이 없으니 바텐더에게 직접 원하는 음료를 주문하세요.

INFO **주소** 1-16-8 Asakusa, Taito-ku, Tokyo **영업시간** 14:00~22:30 **휴무일** 수요일(공휴일인 경우 목요일) **가격** 1인 2,000엔~

53

일본
지역 맥주 맛보기

일본에는 770개 이상의 크래프트 비어 양조장이 있으며 각 양조장에서 만든 맥주는 일본 전국, 특히 대도시 도쿄로 흘러듭니다. 도쿄의 크래프트 비어 전문점은 각자의 방식으로 맥주의 매력을 전달합니다. 맥주를 사랑하는 사람이라면 꼭 들러봐야 할 도쿄의 개성 넘치는 크래프트 비어 전문점, 그 매력적인 공간을 지금 만나보세요.

Far Yeast Tokyo Brewery & Grill

맥주와 함께하는 페어링 음식

파이스트 브루잉에서는 맥주와 함께 음식 페어링을 즐길 수 있습니다. 육류 요리를 중심으로 각각의 맥주와 궁합이 좋은 메뉴를 제안합니다. 맥주 맛이 어떻게 음식과 시너지를 이뤄내는지, 코와 입으로 느끼며 그 의도를 파악하는 과정이 즐겁습니다. 양조장을 겸비하고 있으며 맥주는 시즌에 따라 12~20종의 탭을 운영합니다. 냉장고에서는 자체 브랜드인 파 이스트(Far Yeast), 카구아(KAGUA), 오프 트레일(Off Trail) 시리즈와 일본 국내외에서 엄선한 크래프트 비어를 선보입니다.

TIP 어린이 동반 또는 단체 방문도 가능합니다.

INFO

주소 1-15-6 Nishigotanda, Shinagawa-ku, Tokyo **영업시간** 평일 런치 11:30~14:00, 평일 디너 17:00~23:00, 토요일 11:30~23:00, 일요일·공휴일 11:30~22:00 **휴무일** 무휴 **가격** 커버 차지 1인 400엔, 크래프트 비어 800엔~

THE DAY east tokyo

최고의 날에 마시는 맥주 한 모금

더 데이는 '최고의 날'이라는 스노보드 용어입니다. 이곳에서는 8종의 맥주와 수제 소시지를 함께 즐길 수 있습니다. 맥주는 일본산, 미국 서해안의 맥주로 이루어져 있습니다. 향신료의 특성이 잘 반영된 육즙 가득한 수제 소시지는 더 데이의 명물입니다. 스태프들은 항상 밝고 에너지가 넘칩니다. 누구나 쉽게 들어가 가볍게 맥주 한잔할 수 있는 분위기가 특징으로 지역 주민은 물론, 주요 고객층인 20~30대 손님에게도 큰 지지를 받고 있습니다.

TIP 영업일은 인스타그램(@theday_easttokyo)을 통해 확인하세요.

INFO

주소 1-13-3 Hanakawado, Taito-ku, Tokyo **영업시간** 유동적 **휴무일** 부정기 **가격** 크래프트 비어 1,000엔~

threefeet Tokyo

쇼핑하다 갈증이 난다면?

쇼핑하다가 가볍게 들르기 좋은 위치인 하라주쿠 뒷골목에 위치한 스리핏 도쿄에서는 오너가 엄선한 일본 맥주를 만날 수 있습니다. 냉장고는 카테고리별로 깔끔하게 정돈해두어 좋아하는 맥주를 쉽게 찾을 수 있습니다. 스태프들은 처음 접하는 사람에게도 크래프트 맥주의 매력을 알기 쉽도록 전달합니다. 마시고 싶은 맥주 스타일을 이야기하면 어떤 것이 좋을지 추천해 줍니다. 약 100종류의 맥주가 있으며 캔이 주를 이루어 선물용으로 구매하는 사람도 많습니다.

TIP

가게 안에서 서서 마시는 것도 가능합니다.

INFO

주소 101 4-25-3 Jingumae, Shibuya-ku, Tokyo **영업시간** 평일 14:00~22:00, 주말·공휴일 12:00~20:00 **휴무일** 무휴 **가격** 크래프트 캔 비어 770엔~

POPEYE

도쿄 크래프트 비어 레전드

도쿄의 크래프트 비어 성지를 꼽으라면 모두가 입을 모아 “뽀빠이!”라고 말합니다. 1985년에 오픈한 뽀빠이는 도쿄 크래프트 비어 전문가는 물론 가게를 운영 중인 사람들까지 최고로 꼽는 곳입니다. 70개의 압도적인 탭 수를 자랑하지만 이곳의 매력은 단순한 숫자에 그치지 않습니다. 맛있는 맥주를 향한 순수한 열정, 풍부한 지식, 최고의 맛을 제공하려는 노력이 모여 모두에게 사랑받는 지금의 뽀빠이를 탄생시켰습니다.현재는 맥주에 대한 깊은 이해도를 바탕으로 자사에서도 맥주를 양조하고 있습니다.

TIP 2~3종류의 맥주를 비교하며 마실 수 있는 노미쿠라베 메뉴를 추천합니다.

INFO

주소 2-18-7 Ryogoku, Sumida-ku, Tokyo **영업시간** 평일 15:00~23:30, 토요일 14:00~23:30 **휴무일** 일요일 **가격** 커버 차지 1인 392엔, 크래프트 비어 1,000엔~

ANOTHER8

맥주에 감성 한 스푼을 얹다

멋진 공간에서 즐기는 맥주 한잔. 메구로의 어나더8은 불필요한 요소를 걷어낸 미니멀한 공간 설계가 돋보입니다. 점내에는 긴장을 이완해줄 음악이 흐르며 디자이너, 포토그래퍼 등 크리에이터가 모여 대화를 나누는 모습도 보입니다. 입구에는 8개의 탭이 있으며 일본 소규모 양조장 맥주를 중점적으로 판매합니다. 산미가 강한 과일 향이 감도는 맥주, 보디감이 묵직한 맥주 등 어느 것을 마셔도 개성 강한 맛을 즐길 수 있습니다. 맥주에 곁들이는 음식은 가볍게 먹을 수 있는 안주부터 식사까지 다양합니다.

TIP 메뉴에 없는 요리사만의 특별 메뉴도 있습니다.

INFO

주소 1-2-18 Shimomeguro, Meguro-ku, Tokyo **영업시간** 평일 17:00~24:00, 주말·공휴일 15:00~24:00 **휴무일** 무휴 **가격** 크래프트 비어 1,200엔~

Watering Hole

맛있는 맥주를 마시기 위한 최고의 선택

워터링 홀은 맥주 마니아라면 꼭 방문하는 도쿄 크래프트 비어의 명소입니다. 신주쿠 근처에 위치해 주변 직장인들이 가볍게 한잔 걸치는 곳이기도 합니다. 플라밍고 네온사인, 빼곡히 붙어 있는 스티커가 워터링 홀만의 독특한 분위기를 자아냅니다. 맥주는 일본 브랜드뿐만 아니라 미국, 러시아 등 다양한 나라의 맥주를 취급합니다. 19개의 탭이 있으며 전체적인 밸런스를 중시합니다. 맥주는 시음한 뒤 맛있다고 느낀 것을 손님에게 제공하는 걸 원칙으로 삼습니다.

TIP 재미있는 부정기 이벤트도 놓치지 마세요. 자세한 정보는 인스타그램(@wateringhole_jp)을 통해 확인하세요.

INFO

주소 5-26-5 Sendagaya, Shibuya-ku, Tokyo **영업시간** 15:00~23:30 **휴무일** 무휴 **가격** 크래프트 비어 1,600엔~

Y.Y.G. Brewery & Beer Kitchen

신주쿠의 칠링 스폿

Y.Y.G. 브루어리의 밝은 인테리어는 카페를 떠올리게 합니다. 누구나 쉽게 맥주를 만끽할 수 있는 분위기가 장점이죠. 1층에서는 바 카운터나 테라스에서 맥주를 즐길 수 있으며 7층에서는 본격적인 요리와 함께 맥주를 마실 수 있습니다. 1층에는 14개의 탭을 갖추었으며 자체적으로 생산하는 양조 시설도 볼 수 있습니다. 신주쿠 페일 에일, 요요기 앰버 에일, 시부야 IPA 같은 신주쿠와 접한 지역명을 이름으로 한 맥주가 유명합니다.

TIP 초여름 테라스에서 마시는 맥주는 꿀맛입니다.

INFO

주소 1F, 7F 2-18-3 Yoyogi, Shibuya-ku, Tokyo **영업시간** 평일 16:00~23:00, 토요일 12:00~23:00, 일요일, 공휴일 12:00~22:00 **휴무일** 월요일(공휴일인 경우 화요일) **가격** 크래프트 비어 800엔~

54

내추럴 와인과 함께하는 멋진 공간

wineshop flow

불과 몇 년 전, 전 세계적으로 내추럴 와인 열풍이 불며 도쿄 또한 내추럴 와인을 즐기는 것이 트렌디하다는 인식이 자리 잡게 되었습니다. 내추럴 와인이란 단어만 들었을 때는 왠지 어려울 것 같지만 학문적으로 접근하지 않아도 됩니다. 내추럴 와인에는 어떠한 규칙도 격식도 필요 없으니까요. 말 그대로 내추럴하게 발길이 닿는 곳에 멈춰 멋진 스파이스를 즐길 수 있는 매력적인 공간을 제안합니다.

Organ

내추럴 와인 성지에서 맛보는 프렌치 요리

오르간은 내추럴 와인을 좋아하는 사람이라면 꼭 한번 들르는 성지 같은 곳입니다. 프랑스 내추럴 와인을 주로 선보이며 각 와인과 완벽하게 페어링을 이룰 전채 요리부터 메인, 디저트까지 다양한 프렌치 요리가 준비되어 있습니다. 내추럴 와인을 완벽하게 즐길 수 있도록 빈티지 가구나 의도적으로 짝이 맞지 않는 커틀러리를 써서 편안하고 아늑한 분위기를 연출한 오너의 세심함도 엿보입니다.

INFO

주소 2-19-12 Nishiogiminami, Suginami-ku, Tokyo **영업시간** 평일 17:00~23:00 / 주말 런치 12:00~14:00, 디너 17:00~21:00 **휴무일** 월요일, 넷째 주 화·수요일 **가격** 1인 7,000엔~

TIP

오롯이 와인을 즐기는 곳으로 술을 못하는 사람과 미성년자의 방문은 정중히 거절합니다. 현금 결제만 가능합니다.

wineshop flow

나만 알고 싶은 내추럴 와인 보물 창고

도쿄의 핫한 동네, 하타가야 상점가 반지하에 숨어 있는 와인 가게, 플로. 스탠딩 혹은 자리에 앉아 가볍게 와인을 즐길 수 있습니다. 동굴 모양 셀러에서 와인을 구매할 수 있으며 함께 곁들일 메뉴로는 근처 아이스크림&와인 숍 카시키(kasiki)에서 만든 제철 과일 아이스크림을 판매합니다.

INFO **주소** B1 2-28-3 Nishihara, Shibuya-ku, Tokyo **영업시간** 월~토요일 15:00~24:00, 일요일 15:00~20:00 **휴무일** 무휴 **가격** 글라스 와인 1,000엔~

TIP 화장실은 가게 벽면에 숨겨져 있어요. 보틀은 가게에서 마실 경우 별도 요금이 발생합니다.

wineshop human nature

내추럴 와인을 대하는 새로운 시각

휴먼 네이처는 현재 도쿄의 가장 크리에이티브한 사람들이 모이는 와인 숍입니다. 벽이나 기둥에는 유명 아티스트나 패션 브랜드의 스티커가 즐비합니다. 이곳 주인 다카하시 씨는 내추럴 와인을 관습에 얽매이지 않는 '기존 와인 문화에 대항하는 카운터 컬처'라는 생각으로 대합니다. 가게에서는 감각적인 서적과 다카하시 씨가 쓴 내추럴 와인 관련 인쇄물도 읽을 수 있습니다.

INFO **주소** 9-5 Nihonbashikabutocho, Chuo-ku, Tokyo **영업시간** 월~토요일 15:00~23:00 **휴무일** 일·월요일 **가격** 글라스 와인 1,200엔~

TIP 귀여운 가게 굿즈도 놓치지 마세요.

Però

벤치에서 내추럴 와인 한잔 마실까요?

산겐자야의 한적한 골목에 위치한 페로는 내추럴 와인, 유기농 주스, 맥주를 구매하거나 마실 수 있는 바 겸 주류 숍입니다. 가족 경영으로 운영하는 이탈리아의 작은 와이너리에서 생산한 내추럴 와인을 주로 취급합니다. 생산량이 적어 시중에 많이 유통되지 않는 희귀한 와인도 만나볼 수 있습니다.

INFO

주소 1-40-11 Sangenjaya, Setagaya-ku, Tokyo **영업시간** 월~토요일 15:00~22:00, 일요일 13:00~19:00 **휴무일** 무휴 **가격** 글라스 와인 880엔~

TIP

자매점 브리카(Bricca) 레스토랑에서 만든 안주도 먹을 수 있어요.

55

‘혼술’과 함께하는 감성 바

도쿄의 낮을 뒤로하고 어느덧 밤이 찾아오면 흐르는 시간이 야속하기도 하고, 하루의 끝을 맞이하는 것이 섭섭하게 느껴지기도 합니다. 짧은 하루의 마지막 2%를 채워줄 혼술 하기 좋은 바를 소개합니다. 바텐더가 내주는 맛있는 칵테일 한잔과 함께 도쿄의 밤에 마침표를 찍어보는 건 어떨까요?

NOMURA SHOTEN

한적한 로컬 동네에서 혼술 하기

노무라 쇼텐은 도쿄의 브루클린, 쿠라마에의 인적 드문 곳에 위치한 카페 같은 바입니다. 카페 후글렌의 바텐더 매니저였던 노무라 씨가 처음 오픈한 가게로, 그가 프로듀스한 술을 포함해 칵테일, 크래프트 비어, 일본 술까지 풍부한 주류 라인업을 경험할 수 있습니다. 호텔 레스토랑 오너 셰프가 감수한 푸드 메뉴를 술과 페어링하면, 혼자여서 더 행복해지는 밤이 찾아올 겁니다.

TIP

노무라 쇼텐의 오리지널 진을 꼭 마셔볼 것!

INFO

주소 2-5-7 Misuji, Taito-ku, Tokyo **영업시간** 유동적 **휴무일** 수요일 **가격** 하드 리큐어 900엔~

OPEN BOOK

신주쿠의 밤,
책 그리고 레몬 사와

신주쿠 골든가이에 위치한 레몬 사와 전문 타치노미 바. 책으로 가득한 오픈 북은 여타 골든가이 술집이 그렇듯 굉장히 좁지만 처음 보는 사람과 스몰 토크를 하기에 좋은 장소이기도 합니다.

TIP

니고리자케(일본 막걸리)를 섞은 레몬 사와는 필수!

INFO

주소 1-1-6 Kabukicho, Shinjuku-ku, Tokyo **영업시간** 20:00~24:00 **휴무일** 무휴 **가격** 커버 차지 1인 300엔, 레몬 사와 800엔, 니혼슈와리(니고리자케) 200엔 추가

INC COCKTAILS

호텔로 돌아가기 전
한잔이 아쉬울 때

시부야의 언덕을 오르면 조용한 골목길 지하에 숨은 바가 있습니다. 문을 열면 가슴이 두근거릴 정도로 웅장한 음악 소리가 흘러나오고 카운터에서 혼술 하는 손님의 모습이 보입니다. 좋은 음악, 그리고 흥을 돋워줄 좋은 술과 함께 가장 멋진 시부야의 밤을 즐겨보세요.

TIP

실내 흡연 가능합니다.

INFO

주소 B1F 1-5-6 Shibuya, Shibuya-ku, Tokyo **영업시간** 18:00~02:00 **휴무일** 무휴 **가격** 커버 차지 1인 500엔, 시즈널 칵테일 1,760엔~

Bar werk

하라주쿠에 숨은 어른들의 작은 쉼터

바 웰크는 하라주쿠에 위치한 카운터 10석의 작은 바입니다. 주인공은 내추럴 와인과 칵테일이며, 조연은 요리 연구가가 만든 디저트와 푸드입니다. 그들의 세심하고 완벽한 조합은 하루의 지친 몸과 마음을 따뜻하게 녹여줍니다.

TIP

제철 과일을 넣어 만든 칵테일이 맛있어요.

INFO

주소 B1F 2-31-7 Jingumae, Shibuya-ku, Tokyo
영업시간 16:00~23:30 **휴무일** 일요일, 부정기 **가격** 칵테일 1,300엔~

56

핫한 '패피'가 모이는 시부야 바

Music Bar Lion

새로운 문화가 수없이 뜨고 지는 거리, 시부야. 그 중심에는 언제나 패션이 자리합니다. 시부야에는 패션을 도구 삼아 자유롭게 자신을 표현하는 사람들이 있습니다. 우리는 그런 이들을 보면 '핫하다, 멋있다'라고 말하곤 합니다. 이번에는 시부야의 멋있는 사람들이 모이는 바를 준비했습니다. 조용히 이야기를 나눌 수도 있고, 격하게 춤을 출 수도 있습니다. 어느 쪽을 선택할지는 '핫한' 당신의 몫입니다.

시부야 소셜
클럽의 아이콘

Music Bar Lion

뮤직 바 라이언은 하라주쿠와 시부야의 중간 지점에 위치합니다. 브랜드의 리셉션 파티나 아티스트의 이벤트가 있는 날이면 발 디딜 틈 없이 많은 사람들로 가득합니다. 손님은 20~30대 젊은 층이 주를 이루며 저마다 개성 가득한 패션 센스가 눈에 띕니다. 바 카운터에 앉아서 술을 마실 수도 있고, DJ의 음악에 신나게 춤을 출 수도 있습니다. 방문 시기에 따라 힙합, 테크노, 트랜스 등 음악 장르가 달라집니다.

INFO

주소 7F 6-19-17 Jingumae, Shibuya-ku, Tokyo **영업시간** 유동적 **휴무일** 무휴 **입장료** 이벤트에 따라 변동

TIP

영업일 및 이벤트 정보는 인스타그램(@music_bar_lion)을 통해 확인하세요. 실내 흡연 가능합니다.

핫 피플,
핫 핑크, 그리고
핫 스폿

BLOODY ANGLE Dougen Tong

블러디 앵글은 뉴욕 차이나타운에서 모티브를 얻어 만든 공간입니다. 화려한 네온사인과 핑크빛으로 물든 실내는 이곳을 대표하는 이미지입니다. 레코드 바답게 가게 한편에는 레코드가 가득하며 스피커에서는 일본의 언더그라운드 아티스트의 음악이 흘러나오기도 합니다. 지금의 자리로 옮기기 전, 블러디 앵글의 분위기에 매료된 생 로랑 디자이너가 컬렉션 비주얼을 촬영하기도 했습니다.

INFO

주소 B1F 2-15-1 Dogenzaka, Shibuya-ku, Tokyo **영업시간** 월~목요일 20:00~03:00, 금요일·주말 17:00~07:00 **휴무일** 무휴

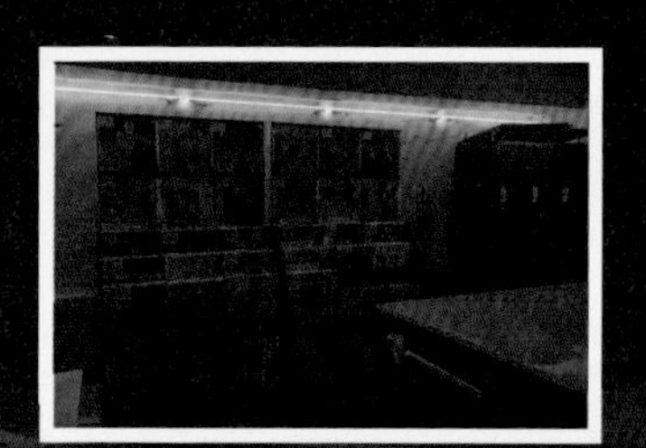

TIP

실내 흡연 가능합니다. 낮에는 식사도 가능한 카페로 운영됩니다.

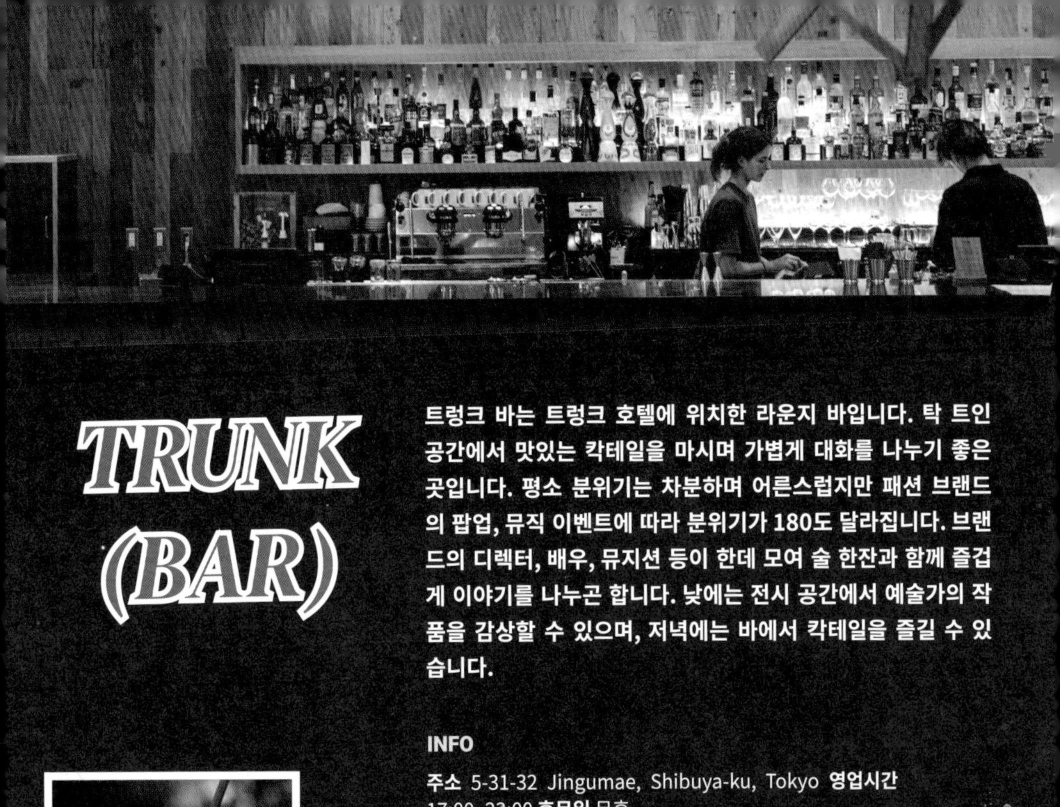

TRUNK (BAR)

트렁크 바는 트렁크 호텔에 위치한 라운지 바입니다. 탁 트인 공간에서 맛있는 칵테일을 마시며 가볍게 대화를 나누기 좋은 곳입니다. 평소 분위기는 차분하며 어른스럽지만 패션 브랜드의 팝업, 뮤직 이벤트에 따라 분위기가 180도 달라집니다. 브랜드의 디렉터, 배우, 뮤지션 등이 한데 모여 술 한잔과 함께 즐겁게 이야기를 나누곤 합니다. 낮에는 전시 공간에서 예술가의 작품을 감상할 수 있으며, 저녁에는 바에서 칵테일을 즐길 수 있습니다.

INFO

주소 5-31-32 Jingumae, Shibuya-ku, Tokyo **영업시간** 17:00~23:00 **휴무일** 무휴

TIP

시즌별로 바뀌는 인스톨레이션 작품도 감상할 수 있습니다.

도쿄
패셔니스타들의
칠링 스폿

57

좋은 음악과 함께하는 술 한잔

Ginza Music Bar

음악과 술, 두 가지는 함께 즐겼을 때 즐거움이 배가됩니다. 좋은 음악은 술맛을 더욱 풍부하게 하며 사색을 이끌어내기도 하고, 기분을 끌어올려주기도 합니다. 이번에는 레코드로 플레이하는 좋은 음악을 안주 삼아 술잔을 기울일 수 있는 곳을 소개합니다.

Ginza Music Bar

음악 프로듀서의 뮤직 바

긴자 뮤직 바는 몬도그로소라는 아티스트명으로 더 잘 알려진 오사와 신이치가 프로듀스하는 공간입니다. 긴자에서는 흔치 않은 형태의 뮤직 바로 많은 현지인과 여행객이 방문하는 명소로 자리 잡았습니다. 차가운 느낌의 파란색 네온사인과 따뜻한 느낌의 나무를 적재적소에 배치한 인테리어가 모던하면서 감각적입니다. 음악을 선곡하고 플레이하는 DJ, 바텐더의 움직임이 영국 하이엔드 오디오 브랜드 탄노이 스피커를 통해 흘러나오는 음악 소리와 버무려져 멋진 분위기를 자아냅니다.

INFO

주소 4F 7-8-13 Ginza, Chuo-ku, Tokyo **영업시간** 19:00~04:00 **휴무일** 일·월요일 **가격** 1인 3,000엔~

TIP

간단한 디저트 메뉴도 있어요.

Upstairs Records&Bar

레코드 숍 사장님이 차린 뮤직 바

업스테어즈 레코드&바는 좁고 아담한 공간이 비밀 아지트처럼 느껴지는 곳입니다. 이곳 오너는 뉴욕에서 레코드 숍을 운영한 경험이 있을 정도로 음악에 정통한 사람입니다. 지금도 그는 근처 레코드 숍에서 마음에 드는 음악을 찾는 것으로 하루를 시작합니다. 1960~1980년대 음악이 주를 이루지만 장르에 제한은 없습니다. 댄스 뮤직과 포크, 록 등 오너의 필터를 통해 흘러나오는 다양한 음악을 듣는 재미가 쏠쏠합니다.

INFO

주소 2F 3-27-1 Kitazawa, Setagaya-ku, Tokyo **영업시간** 21:00~01:00 **휴무일** 부정기 **가격** 1인 2,000엔~

TIP

메뉴판이 없으니 바텐더에게 직접 원하는 음료를 주문하세요.

analog

내가 선곡한 곡이 가게에 울려 퍼진다면?

레코드 바 아날로그에서는 1인당 한 번, 듣고 싶은 곡을 신청할 수 있습니다. 신청곡은 착석 시 받은 배지와 교환하는 방식이며 곡은 가게에 마련된 레코드 중 고를 수 있습니다. 수납장에 가득한 힙합, 재즈, R&B, 록, 시티 팝 등 다양한 레코드 중 DJ가 된 기분으로 곡을 찾습니다. "그래! 이거다!"라며 원하는 곡을 찾아냈을 때의 즐거움은 이루 말할 수 없습니다. 크고 웅장한 사운드로 흘러나오는 곡을 들으며 마시는 술은 더욱 달게 느껴집니다.

INFO

주소 3F 2-20-9 Dogenzaka, Shibuya-ku, Tokyo **영업시간** 월~목요일 20:00~03:00, 금~일요일 19:00~03:00 **휴무일** 무휴 **가격** 1인 3,000엔~

TIP

신청곡이 많을 때는 선곡한 곡이 나오기까지 시간이 걸릴 수도 있습니다.

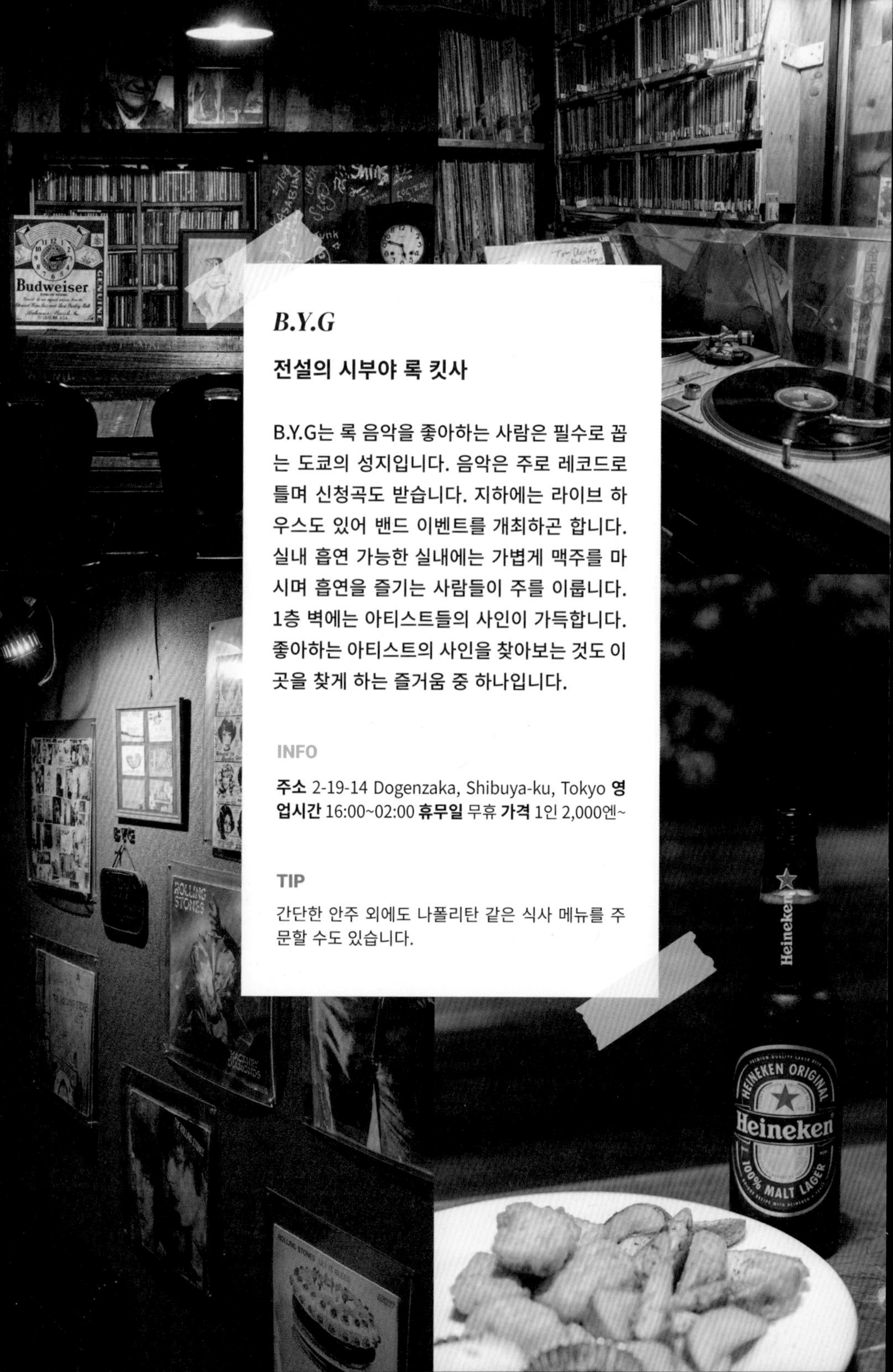

B.Y.G

전설의 시부야 록 킷사

B.Y.G는 록 음악을 좋아하는 사람은 필수로 꼽는 도쿄의 성지입니다. 음악은 주로 레코드로 틀며 신청곡도 받습니다. 지하에는 라이브 하우스도 있어 밴드 이벤트를 개최하곤 합니다. 실내 흡연 가능한 실내에는 가볍게 맥주를 마시며 흡연을 즐기는 사람들이 주를 이룹니다. 1층 벽에는 아티스트들의 사인이 가득합니다. 좋아하는 아티스트의 사인을 찾아보는 것도 이곳을 찾게 하는 즐거움 중 하나입니다.

INFO

주소 2-19-14 Dogenzaka, Shibuya-ku, Tokyo **영업시간** 16:00~02:00 **휴무일** 무휴 **가격** 1인 2,000엔~

TIP

간단한 안주 외에도 나폴리탄 같은 식사 메뉴를 주문할 수도 있습니다.

ROCK BAR
OPEN
NEW ORLEANS CITY
ZUKUNASI
ROUTE 66
NUMBER GIRL
PANTA
MIYAKE SHINJI BAND
頭脳警察
yonige
Ban Ban Bazar
SHEENA & THE ROKKETS
MARITIME CITY
BLACK BOTTOM BRASS BAND
ハチ ペイ

B.Y.G

58

음악, 그리고 술과 함께 둠칫 두둠칫

도쿄의 밤을 뜨겁게 달궈줄 뮤직 바를 소개합니다. 음질 좋은 음악이 흐르는 뮤직 바는 DJ 플레이에 맞추어 내면의 흥을 마음껏 표출할 수 있는 멋진 공간이 되어줍니다. 힙합, 하우스, 디스코, 테크노 등 리듬에 몸을 싣고 누구보다 신나게 밤을 만끽해보세요. 물론 피크 타임을 피해 편하게 음악을 들으러 가는 것도 좋은 선택입니다.

DJ BAR Bridge
SHINJUKU

음악을 좋아하는 어른들의 놀이터

시부야의 유명 DJ 바 브리지가 2019년, 신주쿠에 2호점을 오픈했습니다. 쾌적한 환경과 세련된 공간을 자랑하며 웅장하면서도 깔끔한 사운드가 강점입니다. DJ는 국내외 라인업으로 꾸려지며 하우스와 디스코 등 펑키한 장르를 중심으로 신나게 즐길 수 있는 음악을 플레이합니다. 편히 휴식을 취할 수 있는 카운터석, 테이블석을 마련해 캐주얼하게 방문하기에도 좋습니다. 언제나 흥겨운 바이브의 브리지는 뮤직 바 불모지 신주쿠에서 독보적인 존재감을 뽐내는 곳입니다.

TIP

영업시간 및 입장료는 이벤트에 따라 다릅니다. 자세한 정보는 인스타그램(@dj_bar_bridge_shinjuku)에서 확인하세요.

INFO

주소 B1F 2-19-9 Shinjuku, Shinjuku-ku, Tokyo

COUNTER
CLUB

오늘 밤은 그루브 좀 타겠습니다

다양한 문화의 발상지 시모키타자와에 간다면 꼭 카운터 클럽을 방문해보길 바랍니다. 질 좋은 사운드 시스템을 통해 전해지는 음악에 귀가 즐거운 곳입니다. 음악은 힙합, R&B, 솔, 디스코 등 그루브한 음악 장르가 주를 이루며 "미쳤다!"라는 표현이 입 밖으로 새어 나오기도 합니다. 춤을 못 추더라도 절로 고개를 까딱거리며 술을 즐기기에 안성맞춤입니다. 맛있는 파티 푸드 메뉴도 카운터 클럽의 놓칠 수 없는 즐거움입니다.

TIP 영업시간 및 입장료는 이벤트에 따라 다릅니다. 자세한 정보는 인스타그램(@counterclub_shimokitazawa)에서 확인하세요.

INFO **주소** 2F 5-29-15 Daizawa, Setagaya-ku, Tokyo

Organ
Bar

시부야의 언더그라운드 뮤직 바

1995년에 오픈한 오르간 바는 시부야 컬처 신의 산증인 같은 뮤직 바입니다. 음악은 힙합을 주로 다루지만 이벤트에 따라 재즈 밴드의 라이브나 레게, 록 등 여러 장르 음악을 들을 수 있습니다. 작지만 아늑한 공간에서 시부야의 서브컬처를 제대로 느낄 수 있습니다. 오르간 바는 언더그라운드의 성격이 강하지만 음악을 좋아하는 다양한 연령층의 사람들이 한데 어우러져 건배를 하며 친구가 되기도 합니다.

TIP

영업시간 및 입장료는 이벤트에 따라 다릅니다. 자세한 정보는 인스타그램(@organbar_official)에서 확인하세요.

INFO

주소 3F 4-9 Udagawacho, Shibuya-ku, Tokyo

59

기묘한
도쿄의 밤

BAR PIANO

도쿄의 밤이 가는 게 아쉽다면 술 한잔과 함께 기묘한 세계의 문을 열어보는 건 어떨까요? 도쿄가 아니면 경험하지 못할 신비로운 밤이 준비되어 있습니다. 현실과 꿈의 경계를 넘나드는 기묘한 도쿄의 밤, 지금 출발합니다.

BAR PIANO

해외 셀럽도 찾는 좁지만 독특한 바

시부야역 근처 논베이 요코초에는 리어나도 디캐프리오, 두아 리파 등 해외 셀럽도 방문하는 피아노라는 바가 있습니다. 지금은 사라진 도쿄 뮤직 바의 전설, 트럼프 룸의 계열입니다. 굉장히 좁고 계단을 오르기도 힘들뿐더러 다른 손님들과 끼어 앉아야 하는 불편을 감수해야 할 수도 있습니다. 그럼에도 많은 이들이 어디에서도 볼 수 없는 독특한 세계관, 세련됨과 거칢이 공존하는 느낌을 만끽하기 위해 이곳을 찾곤 합니다.

INFO **주소** 1-25-10 Shibuya, Shibuya-ku, Tokyo **영업시간** 20:00~02:00 **휴무일** 무휴 **가격** 커버 차지 1인 500엔, 칵테일 1,000엔~

TIP 현금 결제만 가능하며 커버 차지가 있습니다.

J-팝과 즐기는 1L 술, 일본 레트로 감성에 젖어드는 이자카야

TIP

가게 입구에는 테마별로 미리 선곡된 주크박스가 있습니다.

INFO

주소 2F 1-32-12 Yoyogi, Shibuya-ku, Tokyo **영업시간** 17:00~24:00 **휴무일** 무휴 **가격** 커버 차지 1인 550엔, 야키소바 539엔, 하이볼 1L 1,150엔

요요기역 맞은편에 위치한 밀크 홀은 1970~1990년대 올드 J-팝을 들으며 시간을 보낼 수 있는 곳입니다. 입구를 장식한 옛 일본 잡지, 벽면을 가득 채운 앨범 재킷, 무심히 놓인 라디오와 선풍기가 어린 시절로 돌아간 듯한 느낌을 줍니다. 이곳의 명물인 1L 술을 마시고 취기가 적당히 올라올 때쯤, 간혹 울려 퍼지는 시티 팝에 귀를 기울여보세요. 좋아하는 노래와 함께 향수에 젖어들다 보면 과거의 자신과 마주하는 경험을 할 수 있습니다.

당신의 혼을 쏙 뺄 하라주쿠의 기묘한 밤

복잡한 하라주쿠의 거리를 벗어나면 다 쓰러질 듯 오래된 건물 한 채가 등장합니다. 낮에는 우동집으로 운영하는 이곳은 밤이 되면 '보노보'라는 또 다른 얼굴로 모습을 바꿉니다. 보노보는 옛 주택을 개조해 꾸민 클럽입니다. 1층은 주로 트랜스나 테크노 같은 노래가 크게 울려 퍼져 정신없이 춤을 추는 사람들로 가득 찰 때도 있습니다. 다다미 방으로 이루어진 2층에서는 모르는 사람들과 이야기하며 술을 마시거나 뜨거운 분위기를 잠시 식히며 쉬어 가기도 합니다.

INFO

주소 2-23-4 Jingumae, Shibuya-ku, Tokyo **영업시간** 유동적 **휴무일** 부정기 **가격** 입장료+드링크1 2,000엔

TIP

영업일과 이벤트 정보는 www.bonobo.jp에서 확인하세요.

60

1차, 2차, 3차…
도쿄 술꾼들의 성지

Harmonica Yokocho

도쿄에는 빠르게 바뀌는 풍경에 무심한 듯 옛 모습을 고스란히 간직한 술집 거리가 있습니다. 사람들과 나누는 정, 수많은 이야기보따리를 품은 거리는 오늘도 변함없는 모습으로 술과 음식을 좋아하는 이들을 맞이할 준비를 합니다. 붉은 제등에 새겨진 시간의 흔적을 따라가며 오늘도 도쿄의 밤거리를 눈에 새겨봅니다.

Harmonica Yokocho

한번 들어가면 빠져나올 수 없는 곳

TIP 평일 오후 3시, 주말 12시부터 영업을 시작하는 가게가 많습니다.

INFO **장소** 하모니카 요코초 **전철** 키치조지

100곳 이상의 가게가 줄지어 늘어선 모습이 하모니카의 리드와 같다고 해서 이름 지어진 하모니카 요코초. 1940년대 암시장이던 이곳은 도시가 발달하면서 식당, 술집이 늘어선 거리로 점차 모습을 바꿔나갔습니다. 크게 5개의 좁은 골목으로 구성되었으며 골목마다 특색 있는 가게가 가득합니다. 작고 허름한 노포부터 많은 인원을 수용할 수 있는 펍까지, 발길에 따라 이 집 저 집 들어가보는 것도 하모니카 요코초를 즐기는 방법입니다.

Akabane OK Yokocho

날것의 매력이 살아 숨 쉬는 거리

도쿄와 사이타마를 잇는 전철이 지나가는 아카바네는 싸고 맛있는 술집이 많기로 유명해 도쿄와 사이타마 술 애호가들의 터전과도 같은 곳입니다. 100m 거리에 30곳의 가게가 모인 OK 요코초를 시작으로 실내 상점가인 이치반가이 주변에는 곳곳마다 선술집이 늘어서 있습니다. 흔히 아카바네는 위험한 동네라고 표현하기도 합니다. 가식 없는 사람들과 술을 나누다 보면 헤어나오기 어려운 늪과 같은 매력에 빠지기 때문입니다.

TIP 오전 10시 30분부터 낮술을 마실 수 있습니다.

INFO **장소** 아카바네 OK 요코초
전철 아카바네

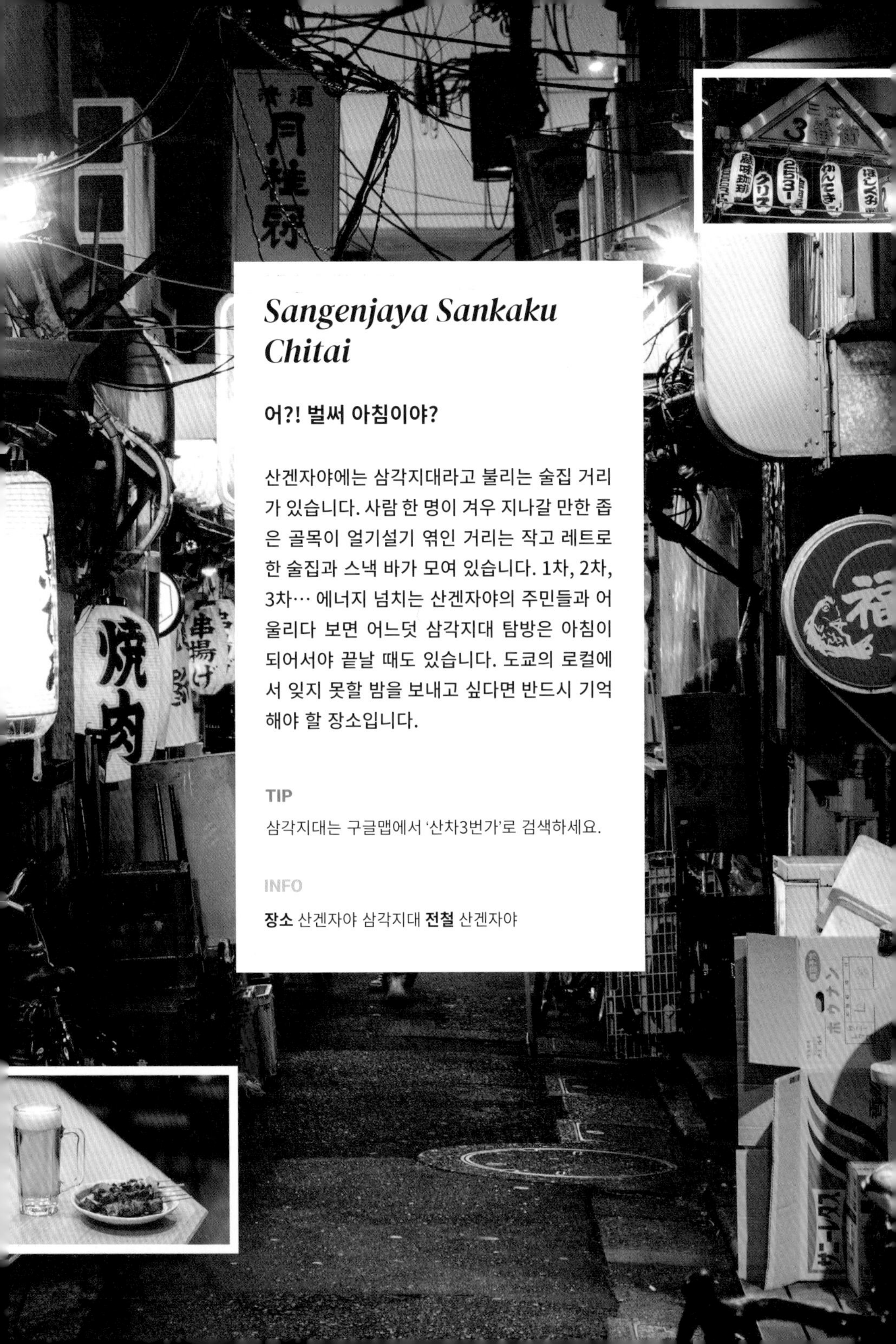

Sangenjaya Sankaku Chitai

어?! 벌써 아침이야?

산겐자야에는 삼각지대라고 불리는 술집 거리가 있습니다. 사람 한 명이 겨우 지나갈 만한 좁은 골목이 얼기설기 엮인 거리는 작고 레트로한 술집과 스낵 바가 모여 있습니다. 1차, 2차, 3차… 에너지 넘치는 산겐자야의 주민들과 어울리다 보면 어느덧 삼각지대 탐방은 아침이 되어서야 끝날 때도 있습니다. 도쿄의 로컬에서 잊지 못할 밤을 보내고 싶다면 반드시 기억해야 할 장소입니다.

TIP

삼각지대는 구글맵에서 '산차3번가'로 검색하세요.

INFO

장소 산겐자야 삼각지대 **전철** 산겐자야

61

중앙선
‘꽐라행’ 열차가 출발합니다

종로, 동묘, 동대문 등 수많은 로컬 술집과 맛집이 늘어선 서울 1호선처럼 도쿄에도 레트로한 곳이 가득한 중앙선이란 노선이 있습니다. 100년 이상 오랜 역사만큼 도쿄 술꾼들의 희로애락을 대표하는 곳이죠. 한 정거장씩 역을 옮기며 술을 마시는 문화가 있을 정도로 술 좋아하는 이들의 성지로 꼽힙니다. 들어오는 입구는 있어도 출구는 없다는 중앙선. 진한 사람 냄새 풍기는 중앙선의 매력에 흠뻑 빠져보실까요?

Yoyogi

요요기의 호보 신주쿠 노렌가이는 최근에 생겨난 이자카야 거리입니다. 야키니쿠, 스시, 오코노미야키 등 각양각색 음식점으로 가득합니다. 건물 안쪽은 작은 술집이 모인 요코초 형태를 띠며 오래된 주택을 개조해 영업하는 가게로 둘러싸여 있습니다. 가볍게 한잔 즐길 수 있는 곳이 대부분이라 퇴근 후 발걸음을 옮기는 직장인이 많습니다.

TIP

오후 5시 이후 방문을 추천합니다.

INFO

장소 호보 신주쿠 노렌가이
전철 요요기

Shinjuku

여러 노선이 복잡하게 얽힌 신주쿠도 중앙선을 대표하는 곳입니다. 많은 여행객이 방문하는 골든가이와 조금 더 안쪽으로 들어가면 나오는 신주쿠 3초메(산초메)의 스에히로 거리가 추천 장소입니다. 스에히로 거리에서는 숨은 맛집을 발견하는 재미가 있고, 골든가이의 좁은 바는 처음 보는 이들과 함께 잊지 못할 추억을 만들기에 적합합니다.

TIP 골든가이의 바는 오후 7시 이후 오픈하는 곳이 많습니다.

INFO **장소** 신주쿠 골든가이, 스에히로도리 **전철** 신주쿠, 신주쿠 3초메

Nakano

맛있는 음식을 파는 식당이 가득한 나카노는 오래된 이자카야가 모인 북쪽 출구와 세련된 술집이 모인 남쪽 출구로 나뉩니다. 북쪽 출구의 유명 맛집 또는 작고 허름한 이자카야에 들러 로컬 분위기를 느끼며 가볍게 술을 즐긴 후 취기가 어느 정도 올라올 무렵, 남쪽 출구의 렌가자카 거리에서 프렌치 안주를 벗 삼아 와인으로 마무리하는 것도 좋은 방법입니다.

TIP 곳곳에 숨어 있는 작은 술집을 찾는 탐험을 즐겨보세요.

INFO **장소** 나카노역 북쪽 출구, 렌가자카 **전철** 나카노

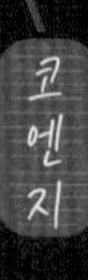

Koenji

코엔지는 중앙선 노선 중에서도 독특한 매력을 자랑하는 역입니다. 느슨하게 흘러가는 시간, 곳곳에 숨은 오래된 이자카야, 누구와든 금방 친구가 될 수 있을 것 같은 친근한 사람들은 코엔지의 밤을 더욱 특별하게 만들어줍니다. 역 밑에 늘어선 술집 거리는 천천히 흐르는 코엔지의 밤을 즐기기에 더할 나위 없는 장소입니다.

TIP 주말에는 낮부터 영업하는 가게가 많아 여유롭게 방문할 수 있습니다.

INFO **장소** 코엔지역 남쪽 출구 **전철** 코엔지

Nishi ogikubo

니시오기쿠보에는 딥하면서도 레트로한 분위기를 느낄 수 있는 에비스 거리가 있습니다. 유명 야키토리 가게인 에비스의 점포를 중심으로 다양한 술집이 삼삼오오 모인 형태입니다. 시원한 여름밤에는 허름한 가게 앞에 모여 로컬 분위기를 만끽하며 술을 즐길 수 있습니다. 이국적인 요리를 판매하는 식당도 많으며 예스러운 거리는 마치 〈심야식당〉 세트장에 들어온 듯한 기분을 느끼게 합니다.

TIP 주말에 영업하지 않는 가게가 많으므로 평일 저녁 방문을 추천합니다.

INFO **장소** 니시오기쿠보역 남쪽 출구 **전철** 니시오기쿠보

62

딸꾹!
취하는 쇼핑

Naitou Shouten

도쿄의 주류 숍은 맥주나 위스키는 물론 '지자케'라고 불리는 지역 사케나 술에 곁들일 수 있는 특산품도 함께 판매하곤 합니다. 여러 주종을 한눈에 보기 좋게 진열한 곳도 있고, 한 가지 주종에 특화된 곳도 있습니다. 깊고 넓은 술의 도시 도쿄에서 꼭 가봐야 할 주류 숍을 살펴봅니다.

Naitou Shouten

일본 소주의 성지

고탄다의 나이토 쇼텐은 100년간 이어온 유서 깊은 주류 숍입니다. 가게에 들어서면 여러 병의 소주에 압도되는 기분을 느낄 수 있습니다. 일본 전역에서 생산한 소주를 중심으로 사케, 트렌디한 요소를 가미한 과일주 등 일본 술의 과거와 현재를 확인할 수 있습니다. 나이토 쇼텐은 생산자 입장에서 자신들이 만든 술에 대한 신념과 열정을 손님에게 전하는 역할도 겸합니다. 저렴한 가격으로 판매하는 원 컵 사이즈 술을 약 100종 구비해 골라 마시는 재미가 쏠쏠합니다.

INFO **주소** 5-3-9 Nishigotanda, Shinagawa-ku, Tokyo **영업시간** 10:00~20:00 **휴무일** 일요일, 공휴일

TIP 원 컵 사이즈 소주는 선물용으로 추천합니다.

Hakko Department

발효 백화점에 오신 걸 환영합니다

일본 전국, 세계 각지의 발효식품을 선보이는 핫코(발효) 디파트먼트에서는 일본 각 지방에서 생산한 사케, 소주 같은 전통주부터 와인과 맥주, 그리고 간장이나 된장 같은 발효 장류를 구입할 수 있습니다. 단순한 주류 숍을 넘어 술 만드는 과정을 보여주거나 생산자를 초빙한 워크숍도 개최해 술의 매력과 문화 전반의 이해도를 높이는 데 주력합니다. 날씨가 좋을 때는 가게 밖 벤치에 앉아 술을 마실 수 있습니다.

INFO **주소** Bonus Track 2-36-15 Daita, Setagaya-ku, Tokyo **영업시간** 11:00~18:30 **휴무일** 무휴

TIP 발효식품을 활용한 메뉴도 준비되어 있습니다.

RUDDER

위스키를 향한 완벽한 항해

러더는 배의 키에서 유래한 가게 이름처럼 스피리츠(알코올 농도 20% 이상의 증류주)의 새로운 항로를 개척해나가는 곳입니다. 주로 희소성 높은 해외 위스키, 오리지널 라벨을 입힌 프라이빗 보틀 전문점으로 일본 국내외 생산자로부터 들여온 고품질 위스키를 만나볼 수 있습니다. 원액의 우수성, 시장의 수요를 고려해 철저히 선별한 상품을 제공하는 것을 원칙으로 삼아 전통과 혁신의 균형을 맞춘 최고의 위스키를 제안합니다.

INFO **주소** 2-7-12 Ikejiri, Setagaya-ku, Tokyo **영업시간** 12:00~18:00 **휴무일** 부정기

TIP 산토리 위스키는 취급하지 않으며 희소성에 따라 가격이 다릅니다.

Mejiro Tanakaya

월드 클래스 하드 리큐어 숍

메지로 타나카야는 세계적으로 유명한 주류 숍입니다. 위스키를 중심으로 브랜디, 와인, 맥주 등을 포함해 수백 개의 브랜드와 5,000여 병의 술을 구비했습니다. 빛과 열에 술맛이 변하지 않도록 실내 환경에도 각별히 신경 씁니다. 그 때문에 가게 안은 어둡게 유지되며 술은 철저한 온도 관리를 통해 최적의 상태로 보관합니다. 증류주에 관심이 있는 사람이라면 놓쳐서는 안 될 장소입니다.

INFO **주소** B1F 3-4-14 Mejiro, Toshima-ku, Tokyo
영업시간 11:00~20:00 **휴무일** 일요일

TIP 술 가격은 시세에 따라 변동됩니다.

63

문구 마니아를 위한 아지트

문구는 작지만 확실한 행복을 주는 아이템입니다. 없던 물욕도 생기게 하는 '소장각' 문구가 즐비한 곳을 소개합니다.

THINK OF THINGS

커피 향 가득한 감성 문구점

캠퍼스 노트로 유명한 문구 회사 코쿠요가 만든 하라주쿠의 숨은 휴식처 같은 곳입니다. 코쿠요가 엄선한 매력 있고 실용적인 문구와 향긋한 커피를 함께 즐길 수 있습니다.

INFO

주소 3-62-1 Sendagaya, Shibuya-ku, Tokyo **영업시간** 11:00~19:30 **휴무일** 수요일

TIP

가게 안 정원에서 휴식을 취할 수 있습니다.

mt lab.

하나로는 부족한 마스킹 테이프 맛집

문구 마니아라면 한 번쯤은 봤을 마스킹 테이프 브랜드 mt의 도쿄 직영점입니다. 마스킹 테이프로 가득 찬 벽면과 테이블, 곳곳에 진열된 수많은 제품 중 한정 디자인을 찾는 것도 이곳을 방문하는 이유입니다.

INFO

주소 3-14-5 Kotobuki, Taito-ku, Tokyo **영업시간** 10:00~12:00, 13:00~19:00 **휴무일** 무휴

TIP

원하는 너비의 마스킹 테이프를 만들 수도 있어요.

Ginza Itoya

120년 역사의 문구 성지

긴자 한복판에 위치한 이토야는 1904년 문을 연 일본 최대 규모의 문구점입니다. 지하 1층부터 지상 12층까지, 이토야가 제안하는 창의적이면서 감각적인 문구를 만나보세요.

INFO

주소 2-7-15 Ginza, Chuo-ku, Tokyo **영업시간** 월~토요일 10:00~20:00, 일요일·공휴일 10:00~19:00 **휴무일** 무휴

TIP

마스킹 테이프, 다이어리는 별관 K.이토야 2층에 있어요.

TRAVELER'S FACTORY

여행&기록 러버들의 필수 코스

한국의 노트 마니아 사이에서 유명한 트래블러스 노트와 필기도구, 카메라 등 여행, 기록에 관련된 아이템이 가득한 문구 숍입니다. 2층에는 여행자들이 잠시 쉬어갈 수 있는 카페가 마련되어 있습니다.

INFO

주소 3-13-10 Kamimeguro, Meguro-ku, Tokyo **영업시간** 12:00~20:00 **휴무일** 화요일

TIP

기념 스탬프를 찍으며 추억을 남겨보세요.

HIGHTIDE STORE MIYASHITA PARK

문구 마니아를 위한 만족 100% 편집숍

일본을 대표하는 문구 브랜드 하이타이드가 미야시타 파크에 연 플래그십 스토어에서는 오리지널 브랜드 펜코(penco)와 함께 약 1,500종의 감각적인 문구를 접할 수 있습니다.

INFO

주소 2F Miyashita Park, 6-20-10 Jingumae, Shibuya-ku, Tokyo **영업시간** 11:00~21:00 **휴무일** 무휴

TIP

가게 한편에 마련된 공간에서 팝업 전시를 구경할 수 있어요.

64

편안함으로 이끌어줄 가구 브랜드

PACIFIC FURNITURE SERVICE

좋은 가구란 무엇일까요? 관점의 차이는 차치하고 좋은 가구의 조건 중 '편안함'과 '미학'은 필수 요소일 것입니다. 도쿄를 방문하면 꼭 체크해야 할 당신의 공간을 편안하면서도 아름답게 채워줄 가구 브랜드 숍 세 곳을 소개합니다.

SAKURA Shop Ginza

**BTS RM의 픽,
거장의
작품을 만나다**

사쿠라 숍의 가구는 소재의 특성상 같은 것을 만드는 것이 불가능한, 세상에 오직 하나뿐인 작품입니다. 숍에서는 가구의 거장이라 불리는 조지 나카시마의 작품도 볼 수 있습니다. 조지 나카시마는 나무가 지닌 자연 그대로의 모습을 가구에 투영하는 것으로 유명합니다.

INFO

주소 3-10-7 Ginza, Chuo-ku, Tokyo **영업시간** 11:00~18:30 **휴무일** 부정기

TIP

가구에 따라 렌털 가능한 것도 있습니다.

Artek

**예술(art)과 기술
(technology)의
결합**

아르텍에서는 북유럽 디자인의 정수를 엿볼 수 있습니다. 제품이 갖추어야 할 기능에 집중한 모습, 불필요한 것을 걷어낸 모던하며 심플한 디자인, 그리고 절제된 아름다움을 느낄 수 있습니다. 복층으로 구성된 공간에서 핀란드의 건축 거장 알바르 알토의 가구나 조명, 다른 디자이너의 제품 등 다양한 제품을 만날 수 있습니다.

INFO

주소 5-9-20 Jingumae, Shibuya-ku, Tokyo **영업시간** 11:00~19:00 **휴무일** 화요일

TIP

부정기적으로 유명 브랜드, 아티스트, 디자이너와의 협업 제품도 출시합니다.

PACIFIC FURNITURE SERVICE

**미국 빈티지 감성을 더
한 일본 가구 브랜드**

퍼시픽 퍼니처 서비스(P. F. S)는 미국 빈티지 가구에서 볼 수 있는 스틸, 파츠의 감성에 일본 가구 특유의 직선적 디자인을 더한 독창적인 브랜드입니다. '우리답게 있을 수 있는 환경이란 무엇인가?'라는 질문을 끊임없이 거듭하며, 가구를 통해 답을 구체화해 나갑니다. '가장 나답게 살아가는 것'은 P. F. S가 가구를 통해 전달하고자 하는 방향성입니다.

INFO

주소 1-20-4 Ebisuminami, Shibuya-ku, Tokyo **영업시간** 평일 12:00~19:00, 주말·공휴일 11:00~19:00 **휴무일** 화요일

TIP

가구 오더 메이드도 가능하며 매장 구성은 시즌에 따라 바뀝니다.

65

우리 집에 그대로 옮겨놓고 싶은 인테리어 편집숍

IDEE SHOP Jiyugaoka

나만의 멋진 아지트를 만들고 싶은 로망은 누구나 가지고 있을 것입니다. 공간에 감성 한 스푼을 더해줄 도쿄의 가구 편집숍에서 영감을 받아보세요. 뚜렷한 콘셉트 아래 공간과 상품에 대한 이해를 바탕으로 꾸민 전시장은 집에 그대로 옮겨놓고 싶은 마음이 들 만큼 매력적입니다.

IDÉE SHOP Jiyugaoka

없는 것 빼고 다 있다

1982년에 탄생한 인테리어 브랜드 이데의 제품을 소개하는 이데숍에서는 다양한 시선으로 공간을 꾸미는 즐거움을 만끽할 수 있습니다. 지유가오카에 있는 숍은 브랜드의 제품과 함께 각종 직물이나 예술 작품을 큐레이션한 편집숍 형태를 띱니다. 생활 속 미의식을 중시하는 브랜드의 철학을 총 4층의 넓은 공간을 통해 경험할 수 있습니다. 가구와 어울릴 법한 화가의 그림이나 작가의 서적, 업사이클링한 빈티지도 선보입니다.

INFO **주소** 2-16-29 Jiyugaoka, Meguro-ku, Tokyo **영업시간** 평일 11:30~20:00, 주말·공휴일 11:00~20:00 **휴무일** 무휴

TIP 4층은 갤러리&서점의 아트 전시 공간으로 연출되어 있습니다.

ACTUS Aoyama

일본 가구 격전지의 터줏대감

액터스는 가구 편집숍의 격전지이자 인테리어 편집숍이 즐비한 아오야마에서 꼭 들러봐야 할 숍입니다. 도시의 저택을 콘셉트로 삼은 이곳은 넉넉한 레이아웃으로 이루어져 상품을 여유롭게 둘러볼 수 있습니다. 가게 안은 질 높은 가구는 물론, 라이프스타일 상품을 다룹니다. 깔끔하고 아름답게 꾸민 공간에서 인테리어에 대한 액터스의 고집을 느낄 수 있습니다.

INFO

주소 2-12-28 Kita-Aoyama, Minato-ku, Tokyo **영업시간** 11:00~19:00
휴무일 무휴

TIP

액터스의 공식 유튜브(@Actuskikaku)에서 룸 투어 등 다양한 정보를 얻을 수 있습니다.

SEMPRE

일상에 특별함을 더할 인테리어 숍

셈프레는 심플한 북유럽 가구와 뚜렷한 색을 지닌 작가들의 소품이 대비를 이루는 공간입니다. 집을 꾸밀 때 악센트가 될 만한 아이디어를 얻을 수 있고, 브랜드별로 부스가 나누어져 있습니다. 세계관, 전달하고 싶은 메시지를 편안하게 접할 수 있는 공간 설계가 돋보입니다. 인테리어에 대해 풍부한 지식을 갖춘 스태프들이 고객의 요구에 대응합니다.

INFO

주소 2-16-26 Ohashi, Meguro-ku, Tokyo **영업시간** 월·화·목·일요일 11:00~18:00, 금·토요일 11:00~19:00
휴무일 수요일

TIP

부정기적으로 팝업 스토어를 운영합니다.

Living Motif

디자인과 마주하는 일상

리빙 모티프는 인쇄물, 공간, 폰트 등 디자인 분야에서 폭넓은 사업을 전개하는 악시스의 인테리어 숍입니다. 1981년 창립된 이곳은 '디자인과 함께하는 삶'을 콘셉트로 일본 국내외의 고급스럽고 세련되며 아름다움에 대한 철학이 확고한 상품을 제안합니다. 덕분에 이곳에서는 삶의 질을 높이는 디자인에 대한 해답을 얻을 수 있습니다.

INFO

주소 5-17-1 Roppongi, Minato-ku, Tokyo **영업시간** 11:00~19:00 **휴무일** 무휴

TIP

총 3층으로 층마다 주제가 달라 볼거리가 풍성합니다.

66

온리 원의 매력, 빈티지 인테리어 숍

'오직 하나뿐'인 독특함을 추구하는 사람을 위한 빈티지 인테리어 숍을 소개합니다. 도쿄에서 만날 수 있는 오브제와 가구 등 다양하고도 특별한 아이템으로 공간을 더욱 아름답게 채워보시길 바랍니다.

out of museum

박물관이 살아 있다

아웃 오브 뮤지엄은 아틀리에 겸 갤러리 숍입니다. 박물관에서 볼 법한 수백 가지 예술성 높은 아이템으로 가득 차 있으며 하나씩 살펴보는 것만으로도 시간이 쏜살같이 지나갑니다. 아프리카나 중앙아시아를 연상시키는 아이템과 함께 오너 코바야시 씨의 작품도 곳곳에 진열되어 있습니다. 그중에서도 달걀프라이 오브제는 일본에서 큰 인기를 끌고 있는 그의 대표작입니다.

INFO

주소 1-8-1 Hanegi, Setagaya-ku, Tokyo **영업시간** 13:00~19:00 **휴무일** 월~목요일

TIP 도버 스트리트 마켓 긴자의 SKWAT/LEMAIRE 플로어에서 아웃 오브 뮤지엄이 큐레이션한 다채로운 작품을 볼 수 있습니다.

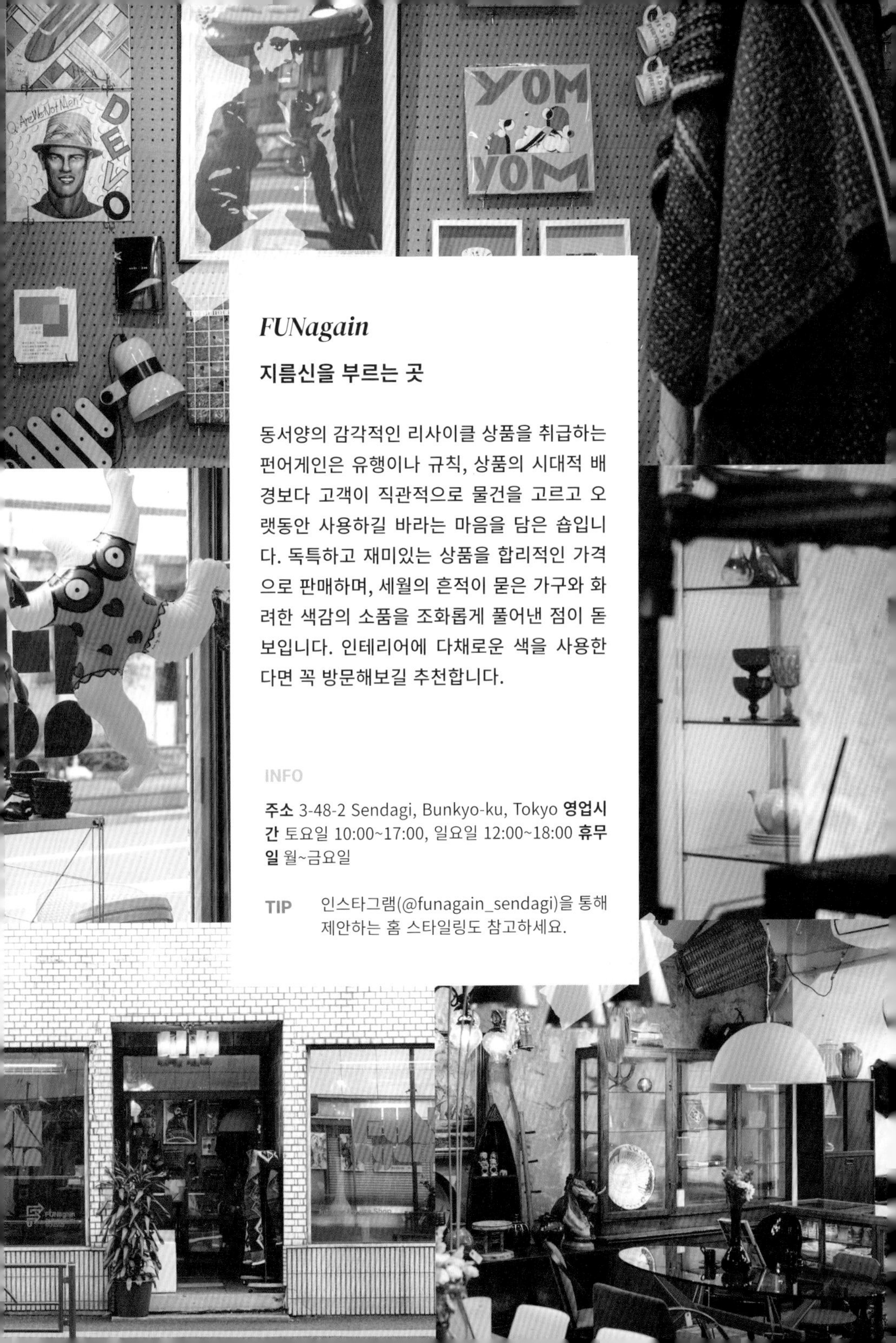

FUNagain

지름신을 부르는 곳

동서양의 감각적인 리사이클 상품을 취급하는 펀어게인은 유행이나 규칙, 상품의 시대적 배경보다 고객이 직관적으로 물건을 고르고 오랫동안 사용하길 바라는 마음을 담은 숍입니다. 독특하고 재미있는 상품을 합리적인 가격으로 판매하며, 세월의 흔적이 묻은 가구와 화려한 색감의 소품을 조화롭게 풀어낸 점이 돋보입니다. 인테리어에 다채로운 색을 사용한다면 꼭 방문해보길 추천합니다.

INFO

주소 3-48-2 Sendagi, Bunkyo-ku, Tokyo **영업시간** 토요일 10:00~17:00, 일요일 12:00~18:00 **휴무일** 월~금요일

TIP 인스타그램(@funagain_sendagi)을 통해 제안하는 홈 스타일링도 참고하세요.

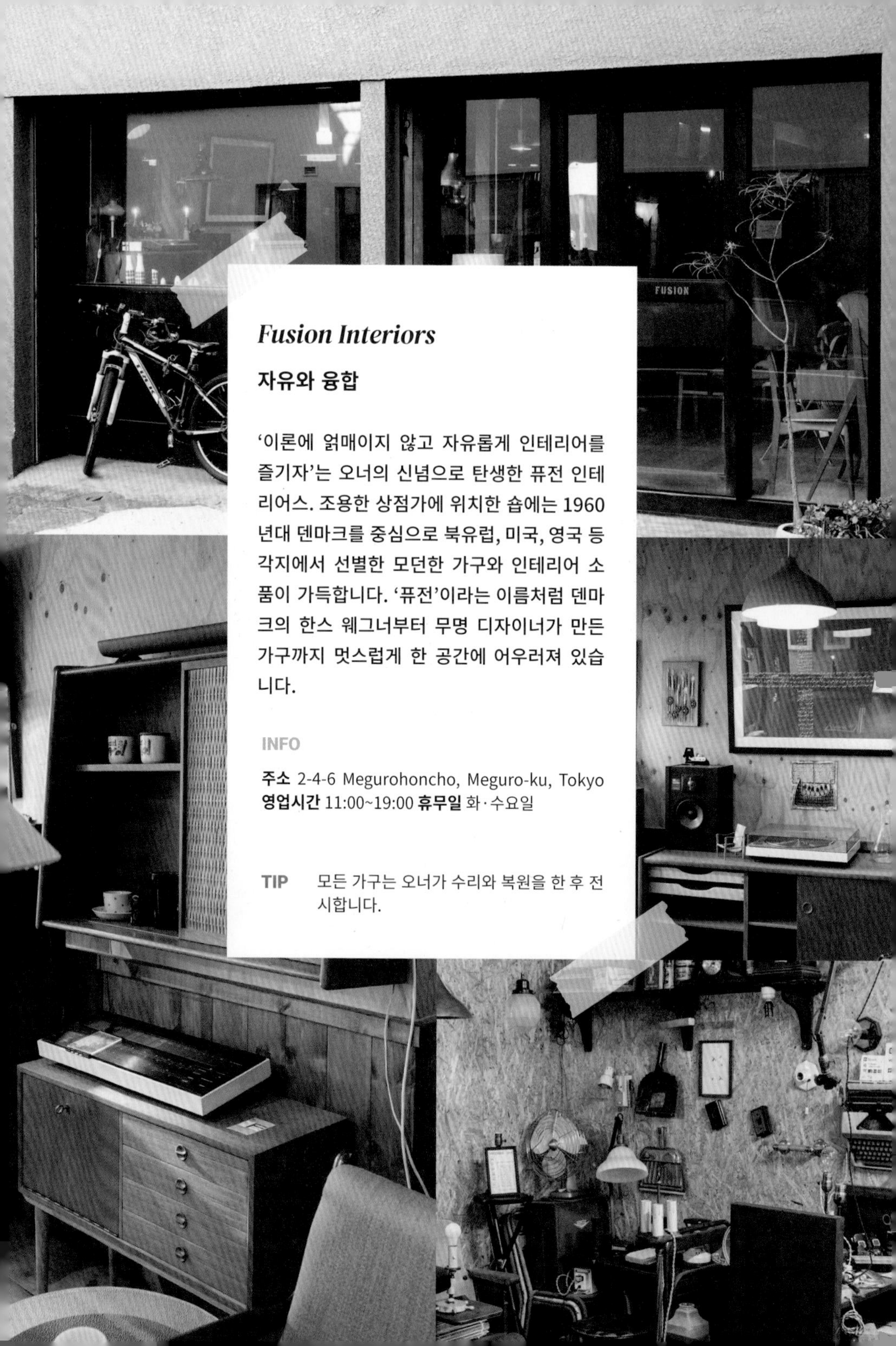

Fusion Interiors

자유와 융합

'이론에 얽매이지 않고 자유롭게 인테리어를 즐기자'는 오너의 신념으로 탄생한 퓨전 인테리어스. 조용한 상점가에 위치한 숍에는 1960년대 덴마크를 중심으로 북유럽, 미국, 영국 등 각지에서 선별한 모던한 가구와 인테리어 소품이 가득합니다. '퓨전'이라는 이름처럼 덴마크의 한스 웨그너부터 무명 디자이너가 만든 가구까지 멋스럽게 한 공간에 어우러져 있습니다.

INFO

주소 2-4-6 Megurohoncho, Meguro-ku, Tokyo
영업시간 11:00~19:00 **휴무일** 화·수요일

TIP 모든 가구는 오너가 수리와 복원을 한 후 전시합니다.

SUPER PERSONAL SHOWCASE

귀여운 것이 세상을 구한다!

슈퍼 퍼스널 쇼케이스는 누군가의 수집을 엿보는 듯 다양한 셀렉션이 돋보이는 가게입니다. 일상용품, 빈티지 아이템, 하나뿐인 작품 등 만든 장소와 시대는 모두 제각각이지만 통일감이 느껴지는 것이 흥미롭습니다. 가게는 컬러풀한 인테리어와 독창적인 진열 방식이 보는 재미를 더합니다. 전시 공간도 마련되어 있어 작가의 작품을 감상하며 영감을 얻는 것도 이곳을 방문하는 즐거움 중 하나입니다.

INFO

주소 2F 28-3 Sarugakucho, Shibuya-ku, Tokyo **영업시간** 수~금요일 12:00~16:30, 주말 12:00~18:00 **휴무일** 월·화요일

TIP 전시 정보는 인스타그램(@sps_daikanyama)을 통해 확인하세요.

67

일본 앤티크, 숨은 보물 찾기

Antique Yamamoto Shoten

옛 일본 가구는 어떤 모습을 하고 있었을까요? 기능적이면서도 디자인이 간결한 일본 가구는 장인의 손길을 거치며 새 생명을 얻습니다. 겹겹이 쌓인 시간의 아름다움을 느낄 수 있는 일본 앤티크 가구점을 소개합니다. 빛바랜 나무가 품은 고요함이 느껴지는, 견고하면서도 우아한 가구가 여러분을 기다립니다.

Antique Yamamoto Shoten

3대를 이어온 앤티크 보물 창고

야마모토 쇼텐은 1945년에 문을 연 앤티크 숍입니다. 총 3층으로 구성된 가게에는 2,000~2,500점의 상품을 갖추었으며, 실내에는 역사 박물관을 방불케 할 정도로 물건이 빼곡하게 자리합니다. 실용성에 중점을 둔 상품을 합리적인 가격으로 제공한다는 것과 100년이 넘은 가구부터 생활용품, 오브제 등 카테고리가 다양한 것 또한 강점입니다.

INFO

주소 5-6-3 Kitazawa, Setagaya-ku, Tokyo **영업시간** 11:00~19:00 **휴무일** 월요일(공휴일인 경우 화요일)

TIP

좁은 통로에 물건이 가득하니 이동 시 주의하세요.

TANKYODO

역사와 이야기를 담은 가구를 찾아서

탄쿄도는 100년, 200년 된 희소성 높은 고가구를 직접 만져볼 수 있는 앤티크 숍입니다. 수리를 통해 새로운 생명을 얻은 가구는 오래전에 사용하던 일본의 수납장이 주를 이룹니다. 오너는 시대상을 반영한 가구 구조, 숨은 이야기를 자세히 설명하며 이해를 돕습니다. 덕분에 단순히 가구를 구매하는 것을 넘어, 가구가 지닌 역사와 가치를 경험할 수 있습니다.

INFO

주소 2-13-1 Minamiazabu, Minato-ku, Tokyo **영업시간** 11:00~19:00 **휴무일** 월·화요일(공휴일인 경우 수요일)

TIP

식기도 취급하며 오너가 영어로도 응대합니다.

DOUGUYA

앤티크의 미학에 빠지다

도구야에서는 단순함의 미학이 엿보이는 고가구와 앤티크 소품을 판매합니다. '실용적이면서도 아름다울 것'이라는 미적 기준에 따라 본래 있던 부속품을 과감히 제거하거나 새롭게 더해 아름다움을 끌어올리기도 합니다. 모든 가구에서는 도구야만의 심미안이 느껴지며, 옛 가구가 지닌 아름다움에 현대의 세련미를 더한 독특한 세계관을 접할 수 있습니다.

INFO

주소 2-19-8 Tomigaya, Shibuya-ku, Tokyo **영업시간** 11:00~20:00 **휴무일** 무휴

TIP

더 많은 상품 정보는 인스타그램(@douguya_tokyo)을 통해 확인하세요.

68

우츠와,
아름다움을 담는 그릇

AMAHARE

식기에는 그 나라의 식문화가 고스란히 담겨 있습니다. 그릇을 손에 들고 식사하는 일본은 손에 쥔 그릇의 다양한 표정과 촉감을 느끼며 음식을 즐깁니다. 개성 있는 식기를 선호하는 일본에는 어떤 그릇이 있을까요? 호기심 가득한 마음으로 도쿄의 그릇 가게로 발걸음을 옮겨봅니다.

Utsuwa Marukaku

음식에 생기를 더하다

우츠와 마루카쿠는 요리가 더 맛있어 보이도록 해주는 접시와 그릇을 취급합니다. 1,000점 이상의 그릇이 즐비하며 현대 작가의 작품과 빈티지 그릇을 만나볼 수 있습니다. 가게에서는 통상적으로 판매하는 상품과 주기적으로 개최되는 전시회 작품을 적절히 섞어 진열합니다. 일본의 전통미를 살린 그릇이 주를 이루지만 때론 위트 넘치는 상품도 선보입니다. 일식과 궁합이 좋은 그릇을 찾는다면 우츠와 마루카쿠를 방문해 보길 바랍니다.

TIP

빈티지와 세일 코너도 놓치지 마세요.

INFO

주소 20-4 Shinsencho, Shibuya-ku, Tokyo **영업시간** 11:00~19:00 **휴무일** 수·목요일

AMAHARE

자연과 조화를 이루는 그릇

'비'와 '맑음'을 뜻하는 일본어 아마하레는 일상적인 쓰임을 고려해 일본 각지의 작가가 빚어낸 독창적인 작품을 선택합니다. 단순하면서 아름다운 그릇은 마음이 차분해지는 편안한 느낌을 줍니다. 식생활과 관련한 상품뿐만 아니라 작가의 개성이 가득한 수공예품도 만날 수 있습니다. 상품에 집중할 수 있도록 어둡게 꾸민 공간도 이곳의 매력입니다.

TIP

부정기적으로 아티스트의 전시회도 개최합니다.

INFO

주소 5-5-2 Shirokanedai, Minato-ku, Tokyo **영업시간** 13:00~18:00 **휴무일** 수요일, 부정기

SML

갈 때마다 새로운 그릇 가게

SML은 1~2개월 주기로 새로운 민예가나 도예가의 작품을 전시회 형태로 선보입니다. 전시는 개인전 또는 기획전으로 진행하며 투박하지만 손맛이 느껴지는 그릇을 만날 수 있습니다. 작가에 따라 식기부터 잡화, 주방용품이나 차를 마실 때 쓰는 다구 등 종류가 다양합니다. 방문할 때마다 새로운 작품을 만날 수 있다는 점도 차별점입니다. 정해진 것이 없는 '우연'에서 발견할 수 있는 즐거움을 우선하기 때문입니다.

TIP

영업일 및 전시 정보는 인스타그램(@sml_nakameguro)을 통해 확인하세요.

INFO

주소 1-15-1 Aobadai, Meguro-ku, Tokyo **영업시간** 평일 12:00~19:00, 주말·공휴일 11:00~19:00 **휴무일** 부정기

69

타임리스 빈티지 그릇의 매력

빈티지 그릇에는 새 제품에서 찾을 수 없는 특별한 색채와 감성이 담겨 있습니다. 트렌드에 구애받지 않는 고전적인 아름다움과 독특함은 빈티지 식기만의 매력입니다. 식탁을 특별하게 만들어줄 세상에 오직 하나뿐인 빈티지 그릇을 만나보세요.

DEALER SHIP

킹 오브 파이어 킹

코엔지의 딜러 십은 도쿄를 대표하는 빈티지 파이어 킹 숍입니다. 1930년대부터 1980년대까지의 아메리칸 빈티지를 주로 취급하며, 미국을 대표하는 캐릭터와 브랜드 로고를 프린팅한 상품을 판매합니다. 파이어 킹 외에도 유리잔, 장난감 등을 함께 진열해 보는 재미가 있습니다. 매장에는 5,000개 이상의 물건이 빈틈없이 전시되어 있으며, 희소성 높은 아이템부터 비교적 저렴하게 구매할 수 있는 아이템까지 다양한 가격대의 상품을 제공합니다.

INFO **주소** 2F 3-45-18 Koenjiminami, Suginami-ku, Tokyo **영업시간** 12:00~19:00 **휴무일** 무휴

TIP 희소성 높은 고가의 상품은 유리 진열장 안에 전시되어 있습니다.

NORR LAND

북유럽의 자연을 담다

북유럽을 상상하면 맑고 깨끗한 자연의 이미지가 떠오릅니다. 스웨덴의 지명에서 따온 노를란드에서는 북유럽의 자연에서 영감을 얻은 식기와 소품을 선보입니다. 실제 가정에서 사용하던 제품은 화려한 색감과 함께 온화한 감성을 자아냅니다. 가게는 가득 들어오는 햇살과 그릇의 색이 한데 어우러져 따뜻한 분위기를 풍깁니다. 약 80종의 상품을 전시하며 독특한 디자인의 오브제도 살펴볼 수 있습니다.

INFO **주소** 203 4-14-11 Kuramae, Taito-ku, Tokyo **영업시간** 유동적 **휴무일** 부정기

TIP 영업일은 인스타그램(@norrland.shop)을 확인하세요.

BROCANTE

도쿄에서 느끼는 프랑스의 정취

프랑스어로 '골동품 시장'을 의미하는 브로칸트. 지유가오카의 주택가에 자리한 인테리어 숍 브로칸트는 독특하고 매력적인 향수를 자아냅니다. 이곳에서는 프랑스 남부를 중심으로 유럽 각지의 다채로운 빈티지 식기와 잡화류를 다루며, 그중에서도 우아하면서도 고급스러운 빈티지 상품이 돋보입니다. 식물과 함께하는 공간을 제안해 초록으로 둘러싸인 가게는 고풍스러운 분위기를 연출하며 빈티지 상품을 더욱 돋보이게 해줍니다.

INFO **주소** 3-7-7 Jiyugaoka, Meguro-ku, Tokyo **영업시간** 금~월요일 13:00~18:00 **휴무일** 화·수·목요일

TIP 2층의 식물 숍도 놓치지 마세요.

70

공간에
감각을 더해줄 소품

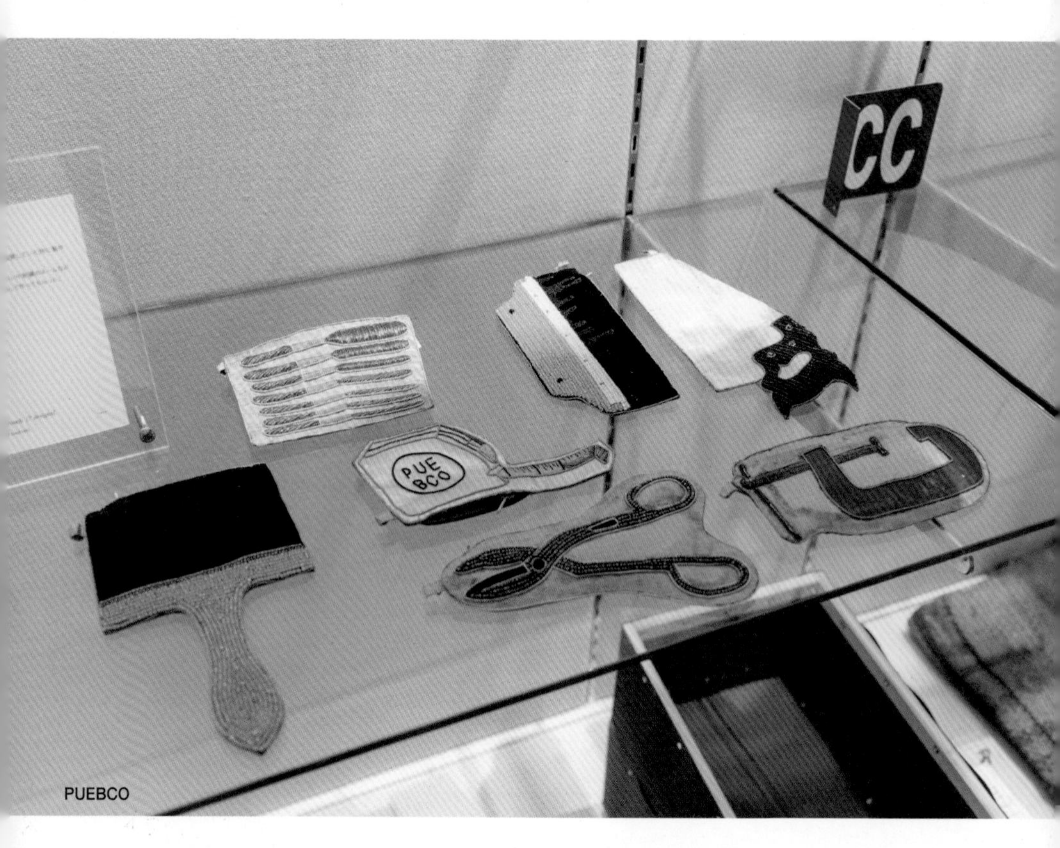

PUEBCO

집에 가구를 들이고 나면 빈 공간을 나만의 스타일로 채우고 싶은 마음이 듭니다. 멋진 소품은 내가 어떤 사람인지, 무엇을 좋아하는지 간접적으로 표현하는 수단이기도 합니다. 일상을 더욱 풍요롭게 만들어줄 감성 넘치는 도쿄의 소품 숍을 추천합니다.

KNAPFORD POSTER MARKET

공간을 완성할 마지막 퍼즐

냅포드 포스터 마켓에서는 오너의 섬세한 감각이 반영된 세련되고 아름다운 포스터를 접할 수 있습니다. 유럽, 미국 등 전 세계에서 수집한 감각적인 포스터는 유명 작가나 디자이너의 포스터, 뮤지션의 공연 포스터, 책 표지로 쓰였던 빈티지 포스터 등 희소성 높은 제품이 주를 이룹니다. 사이즈는 작은 것부터 벽면을 가득 채울 만큼 큰 것까지 다양하며 가격 또한 비교적 저가부터 수백만 원을 호가하는 고가의 상품까지 만날 수 있습니다.

INFO

주소 4-12-6 Yoyogi, Shibuya-ku, Tokyo
영업시간 평일 13:00~18:00, 주말·공휴일 12:00~18:00 **휴무일** 화·수·목요일

TIP
포스터에 따라 액자 주문도 가능합니다.

Nick White

단조로운 일상에 재미를 더하다

아오야마에 위치한 닉 화이트는 일본과 해외 작가들의 작품을 선보이는 인테리어 숍입니다. 1950년대 빈티지 가구, 레트로한 조명, 바라만 봐도 웃음이 나오는 소품을 마주할 수 있습니다. 미니멀한 디자인의 소품은 선물용으로도 좋습니다. 정기적으로 아티스트의 전시회를 개최하기도 하는데, 전시회에서는 어디에서도 볼 수 없는 독창적인 작품을 발견할 수 있습니다. 개성 있는 소품을 좋아한다면 꼭 방문해야 할 숍입니다.

INFO

주소 2F 6-3-14 Minamiaoyama, Minato-ku, Tokyo **영업시간** 12:00~19:00 **휴무일** 부정기

TIP

영업일은 인스타그램(@nickwhitetokyo)을 확인하세요.

LOST AND FOUND

일본에서 제일 감각 있는 분실물 보관소

로스트 앤드 파운드는 100년 이상의 역사를 자랑하는 그릇 제조업체 닛코가 만든 매장입니다. '분실물 보관소'라는 의미를 담은 매장 이름은 잃어버린 물건을 찾을 수 있는 공간이라는 뜻을 지니고 있습니다. 실용적인 생활용품을 판매하며, 깔끔하게 정돈된 매장 레이아웃은 상품을 일목요연하게 살펴볼 수 있도록 돕습니다. 주로 부드러운 색채, 깔끔하고 유려한 디자인의 상품을 선보입니다.

INFO

주소 1-15-12 Tomigaya, Shibuya-ku, Tokyo **영업시간** 11:00~19:00 **휴무일** 화요일

TIP

식기부터 캠핑, 청소용품까지 다양한 상품을 갖추었습니다.

PUEBCO

소장 욕구 샘솟는 소품 숍

2007년에 창업한 푸에브코는 버려지는 것에 새로운 가치를 부여하는 업사이클 리빙 브랜드입니다. 이곳 제품은 원재료의 얼룩이나 흠집을 고스란히 드러냅니다. 저마다 다른 표정을 지닌 '오직 하나'뿐인 제품의 개성은 푸에브코를 더욱 특별하게 만들어 줍니다. 빈티지와 밀리터리 감성이 적절히 섞인 활용도 높은 제품은 디자인에 대한 깊은 이해도를 보여줍니다.

INFO

주소 2F 1-4-26 Taishido, Setagaya-ku, Tokyo **영업시간** 11:00~19:00 **휴무일** 무휴

TIP

신용카드, 간편 결제만 가능합니다(현금 결제 불가).

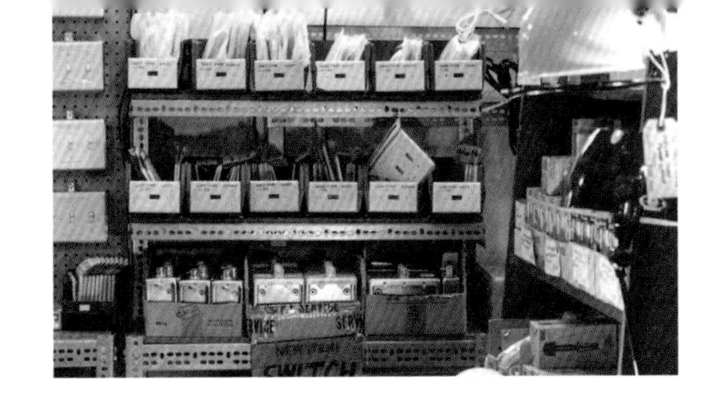

P.F.S. PARTS CENTER

작은 디테일이 큰 차이를 만든다

P.F.S 파츠 센터는 일본의 가구 브랜드 퍼시픽 퍼니처 서비스의 생활용품 숍으로 나만의 멋진 공간을 만들고 싶은 이들의 가슴을 두근거리게 합니다. 디자인이 투박한 인테리어 소품이 산더미처럼 쌓인 이곳은 미국의 철물점을 떠올리게 합니다. 가게에 들어서면 마음에 드는 부품을 찾아 떠나는 여행이 시작됩니다. 각종 조명, 선반, 문고리 등 집과 관련된 제품은 모두 판매하며 DIY 할 수 있도록 갖은 공구도 함께 제안합니다.

주소 1-17-5 Ebisuminami, Shibuya-ku, Tokyo **영업시간** 평일 12:00~19:00, 주말·공휴일 11:00~19:00 **휴무일** 화·수요일

TIP

근처 퍼시픽 퍼니처 서비스 가구 매장도 꼭 방문해보세요.

71

향기 나는 집

Juttoku.

마치 스위치가 딸깍 하고 켜지는 것처럼, 익숙한 향기에 지난 추억이 머릿속을 스쳐 가는 경험을 해본 적 있을 겁니다. 잊고 있던 감정까지 선명히 기억나게 하는 그날의 향기. 이처럼 향기는 시간을, 공간을, 그리고 사람을 오래도록 기억하게 합니다. 은은하면서 기분 좋은 향과 함께 도쿄를 생생하게 기억하게 해 줄 숍을 준비했습니다.

Kuumba Book Shop

향과 멋을 담은 숍

쿰바 북 숍은 인센스 브랜드, 쿰바의 플래그십 스토어입니다. 1993년에 창업한 쿰바는 일본을 넘어 전 세계적으로도 톱클래스로 평가받는 브랜드입니다. 약 3,000종의 아로마 오일을 조합해 부드러우면서 기분이 좋아지는 독자적인 핸드메이드 인센스를 선보입니다. 일본과 해외 유명 패션 브랜드, 편집숍의 이미지를 향기로 전달하는 협업 제품도 지속적으로 출시합니다.

INFO **주소** 2-45-6 Tomigaya, Shibuya-ku, Tokyo **영업시간** 11:00~21:00 **휴무일** 무휴

TIP 커다란 테이블 위에 놓인 책에 시향용 인센스가 가득 담겨 있습니다.

Kungyokudo

430여 년간 전해 내려오는 향기

1594년 교토에서 문을 연 훈옥당은 현존하는 일본의 가장 오래된 인센스 제조 회사입니다. 주로 사찰에 향을 납품하던 이곳은 시대의 변화에 발맞추어 가정에서도 사용할 수 있는 향기 제품을 제작했습니다. 브랜드의 근간은 유지한 채 새로운 판로를 개척한 좋은 예로 평가받습니다. 오랜 역사를 통해 축적된 향기 레시피를 핸드크림, 비누 등 일상생활에서 자주 사용하는 상품군에 접목해 좋은 반응을 이끌어내고 있습니다.

INFO **주소** 4F KITTE 2-7-2 Marunouchi, Chiyoda-ku, Tokyo **영업시간** 11:00~20:00 **휴무일** 무휴

TIP 여섯 가지 향이 담긴 시향 세트는 선물용으로 좋습니다.

Cul de Sac

24시간 내 곁에 함께하는 피톤치드

퀼 드 삭은 깊은 향이 나고 방충·항균·진정 효과가 있는 것으로 알려진 아오모리현의 편백나무, 히바로 만든 여러 상품군을 선보이는 곳입니다. 오일, 스프레이 등 직접적으로 향을 더할 수 있는 것과 도마 같은 생활용품도 있습니다. 여러 상품 중에서도 베개용으로 제작한 필로 백을 추천합니다. 머리맡에 퍼지는 히바의 향이 마치 숲속에 있는 것 같은 편안함과 평화를 안겨줍니다.

INFO **주소** 2-24-13 Kamimeguro, Meguro-ku, Tokyo **영업시간** 평일 11:00~19:00, 일요일·공휴일 11:00~18:00 **휴무일** 수요일

TIP 히바 칩의 향기는 약 3~6개월 지속됩니다.

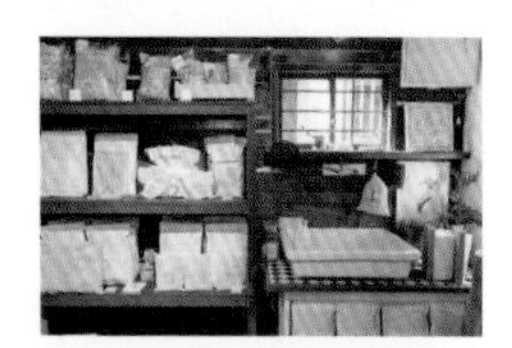

Juttoku.

자연을 담은 힐링 인센스

향과 함께 조용하고 편안한 시간을 보내길 원하는 주토쿠는 향이 지닌 치유의 역할에 주목합니다. 차곡차곡 공간을 채워 나가는 은은한 향기가 매력적인 인센스를 선보이는데, 모든 제품은 자연에서 얻은 재료를 고집합니다. 각 재료는 숙련된 조향사의 수작업을 통해 제품으로 탄생하며 천천히 자연의 바람을 입혀가며 만듭니다. 섬세한 향을 추구한다면 꼭 기억해야 할 브랜드입니다.

INFO **주소** 23 Bentencho, Shinjuku-ku, Tokyo **영업시간** 평일 12:00~17:00, 주말·공휴일 11:00~18:00 **휴무일** 수·목요일

TIP 인센스 만들기 체험을 할 수 있습니다. 자세한 정보는 juttoku.jp/exp에서 확인하세요.

lisn

마음으로 듣는 향기

리스은 '마음을 기울여 향기를 듣는다(listen)'라는 일본식 표현에 착안한 인센스 브랜드입니다. 약 150종의 인센스를 갖추었으며 향마다 내포하고 있는 이미지나 스토리를 제품명과 색으로 표현합니다. 또 사용 시간과 사용자의 감정에 맞춘 제품을 도표로 알기 쉽게 정리해두었으며, 10종의 제품을 소량으로도 판매합니다. 덕분에 자신의 취향에 맞는 인센스를 찾을 수 있습니다.

INFO **주소** 2F 5-47-13 Jingumae, Shibuya-ku, Tokyo **영업시간** 10:00~19:00 **휴무일** 수요일

TIP 계절별로 판매하는 한정 수량 제품도 꼭 확인하세요.

72

원 코인 쇼핑으로 느끼는 소소한 행복

Standard Products Shibuya

동전을 많이 사용하는 일본에는 동전 하나로 행복을 얻을 수 있는 원 코인 스토어가 있습니다. 이곳에서는 생활용품을 구매하거나 장난감을 뽑을 수 있습니다. 오늘도 원 코인 스토어는 소소한 만족을 얻고 싶어 하는 사람들로 북적입니다.

Standard Products Shibuya

마음은 가볍게
양손은 무겁게

스탠더드 프로덕트는 다이소가 제안하는 새로운 브랜드입니다. 생활용품이 주를 이루며, 300엔을 시작으로 500·700·1,000엔짜리 상품이 진열되어 있습니다. 디자인은 군더더기 없이 깔끔한 형태가 많고 패키지 또한 감각적인 상품이 즐비합니다. 장인의 손길이 닿은 주방용품, 일본의 제품을 발굴하는 기획전 등 구매욕을 불러일으키는 물건도 만날 수 있습니다.

INFO

주소 Shibuya Mark City 1-12-1 Dogenzaka, Shibuya-ku, Tokyo **영업시간** 09:30~21:00 **휴무일** 무휴

TIP

선물하기 좋은 상품도 많아요.

Gashapon Department Store Ikebukuro

지갑에 동전이 있었는데
없습니다

가샤폰 디파트먼트 스토어는 이름에 들어가 있는 디파트먼트 스토어(백화점)라는 말처럼 엄청난 수의 뽑기 기계를 자랑합니다. 약 3,000대의 뽑기 기계는 애니메이션 캐릭터의 미니어처를 시작으로 유명 스낵의 패키지 모양을 한 파우치, 동물 열쇠고리 등 유머를 한 스푼 얹은 아이디어 상품을 갖추었습니다. 뽑기를 즐기다 보면 지갑 속 동전이 금세 사라질 수 있으니 주의하세요.

INFO

주소 Sunshine City 3F 3-1-3 Higashiikebukuro, Toshima-ku, Tokyo **영업시간** 10:00~21:00 **휴무일** 무휴

TIP

빈 캡슐은 수거함에서 포인트로 바꿀 수 있어요(전용 앱 다운로드 필요).

NATURAL KITCHEN Jiyugaoka

가성비 주방용품은
여기!

내추럴 키친은 다양한 상품을 100·300·500엔대로 구매할 수 있는 곳입니다. 생활용품을 중심으로 매달 약 90종의 신상품이 입고되며, 가성비 좋은 제품으로 많은 고객에게 사랑받습니다. 재미난 디자인의 상품도 많아 실생활에 위트를 더하는 아이템으로 활용하기에도 좋습니다. 도쿄에서는 신주쿠와 이케부쿠로점을 포함해 총 7개의 매장을 운영하고 있습니다.

INFO

주소 5-42-3 Okusawa, Setagaya-ku, Tokyo **영업시간** 10:00~20:00 **휴무일** 무휴

TIP

홀리데이 시즌 한정 상품을 놓치지 마세요.

73

장인 정신이 깃든 생활용품

대를 이은 기술, 섬세한 수작업…. 일본의 장인 정신 하면 떠오르는 이미지입니다. 시간을 들여 만드는 장인의 물건은 무엇이든 빠르게 소비하는 현대사회와 대조되어 더욱 빛을 발하곤 합니다. 일본의 생활상을 반영한 장인의 물건을 소개합니다.

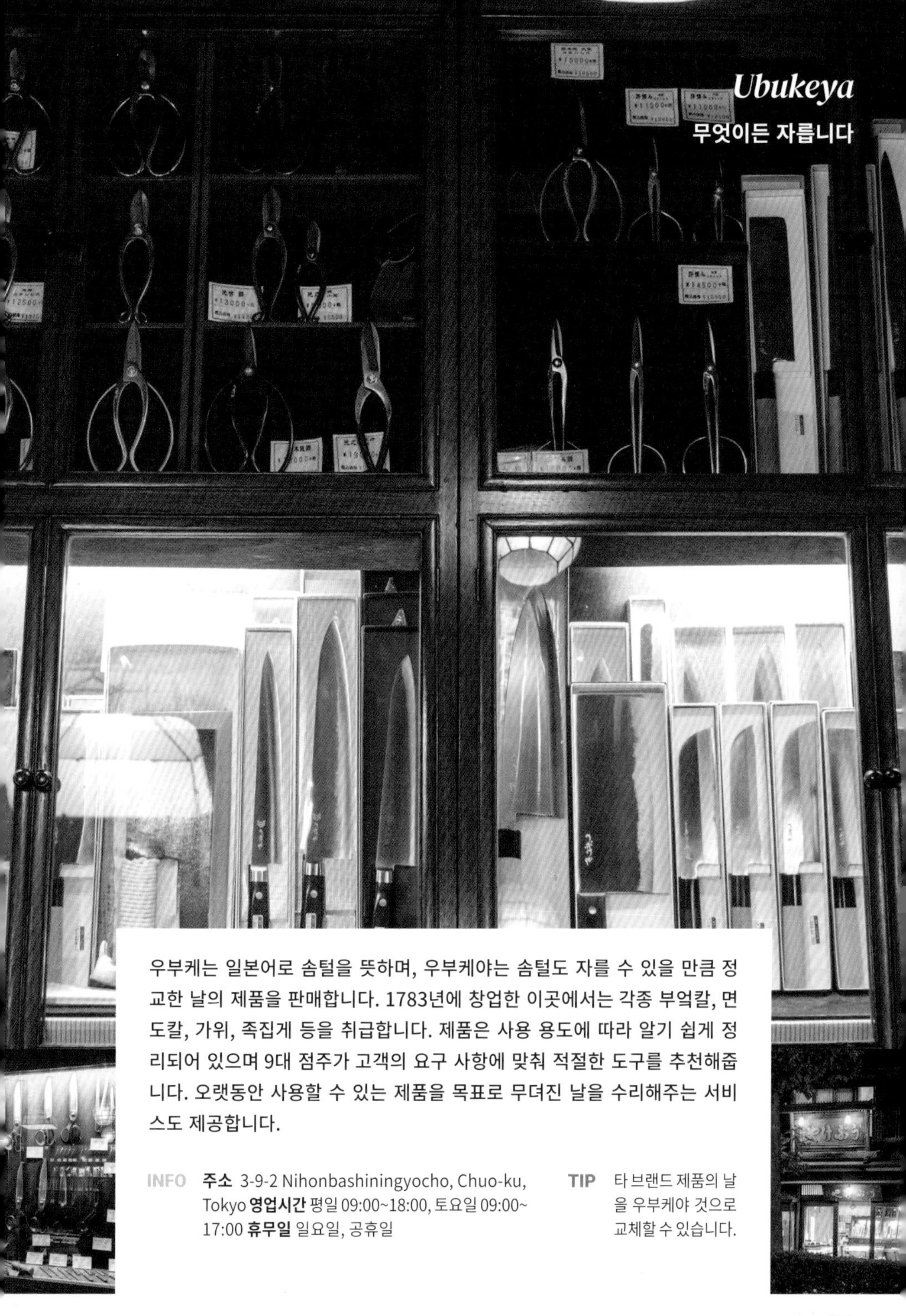

Ubukeya
무엇이든 자릅니다

우부케는 일본어로 솜털을 뜻하며, 우부케야는 솜털도 자를 수 있을 만큼 정교한 날의 제품을 판매합니다. 1783년에 창업한 이곳에서는 각종 부엌칼, 면도칼, 가위, 족집게 등을 취급합니다. 제품은 사용 용도에 따라 알기 쉽게 정리되어 있으며 9대 점주가 고객의 요구 사항에 맞춰 적절한 도구를 추천해줍니다. 오랫동안 사용할 수 있는 제품을 목표로 무뎌진 날을 수리해주는 서비스도 제공합니다.

INFO **주소** 3-9-2 Nihonbashiningyocho, Chuo-ku, Tokyo **영업시간** 평일 09:00~18:00, 토요일 09:00~17:00 **휴무일** 일요일, 공휴일

TIP 타 브랜드 제품의 날을 우부케야 것으로 교체할 수 있습니다.

Edoya

역사를 빗다

1718년에 창업한 에도야는 도쿄를 대표하는 장인의 가게입니다. 붓과 솔을 전문으로 제작하며 동물 털로 만든 머리빗, 구둣솔, 먼지떨이, 화장용 붓을 판매합니다. 그중에서도 가장 인기 높은 상품은 머리빗입니다. 고객이 자신의 머리카락 상태에 맞는 제품을 선택할 수 있도록 다양한 소재로 제작한 빗을 선보입니다. 한번 사용하면 다른 제품은 사용할 수 없다는 에도야의 솔. 300년간 이어온 장인의 손길을 느껴보길 바랍니다.

INFO **주소** 2-16 Nihonbashiodenmacho, Chuo-ku, Tokyo **영업시간** 09:00~17:00 **휴무일** 토·일요일, 공휴일

TIP 약 30종의 빗을 구비했으며 직접 테스트 해볼 수 있습니다.

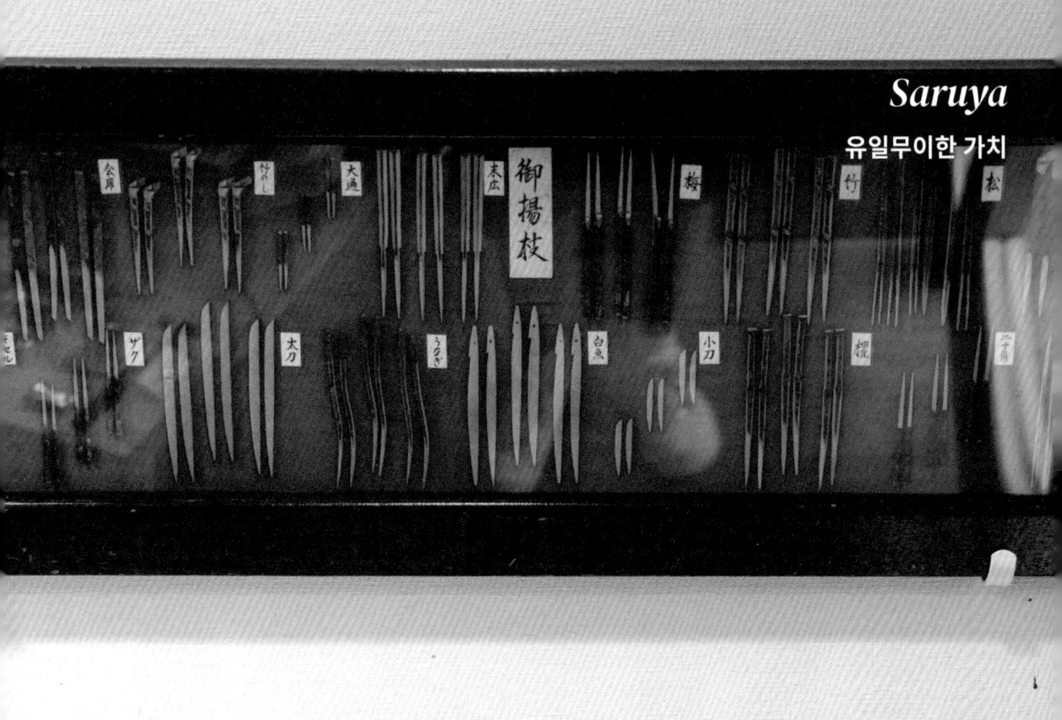

Saruya

유일무이한 가치

사루야는 화과자에 사용하는 나무 도구, 요지를 만드는 곳입니다. 에도시대부터 320년간 이어오고 있으며 일본에서 유일하게 남아 있는 요지 전문점입니다. 은은한 나무 향을 느낄 수 있는 요지는 조장나무를 하나씩 쪼개 수작업으로 만듭니다. 화과자 전문점에서 사용하는 고급 제품부터 일상생활에서 활용할 수 있는 것까지 다양한 제품을 판매합니다.

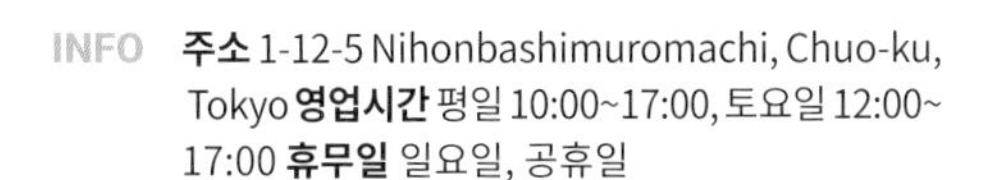

INFO **주소** 1-12-5 Nihonbashimuromachi, Chuo-ku, Tokyo **영업시간** 평일 10:00~17:00, 토요일 12:00~17:00 **휴무일** 일요일, 공휴일

TIP 상자로 판매하는 요지는 복을 부르는 의미가 담겨 있어 선물용으로도 인기입니다.

Sghr

아름다움을 불어넣다

1932년에 창립된 유리 제조사 스가하라는 1970년대에 들어서며 하청이나 수주 제작으로 운영하던 회사에서 탈피하고자 장인이 주체가 되는 브랜드 Sghr(스가하라)를 선보입니다. Sghr는 장인이 스스로 인정할 만한 아름다운 제품을 만드는 것을 브랜드 철학으로 삼습니다. 질 좋은 유리 제품은 물론, 장인의 개성을 담은 독특한 형태의 유리컵, 액세서리, 꽃병, 오브제 등 다양한 제품을 둘러볼 수 있습니다.

INFO **주소** 3-10-18 Kita-Aoyama, Minato-ku, Tokyo
영업시간 11:00~19:30 **휴무일** 부정기

TIP 후지산 유리컵이 가장 인기 있습니다.

Kamenoko Tawashi Yanaka shop

수세미계의 명품

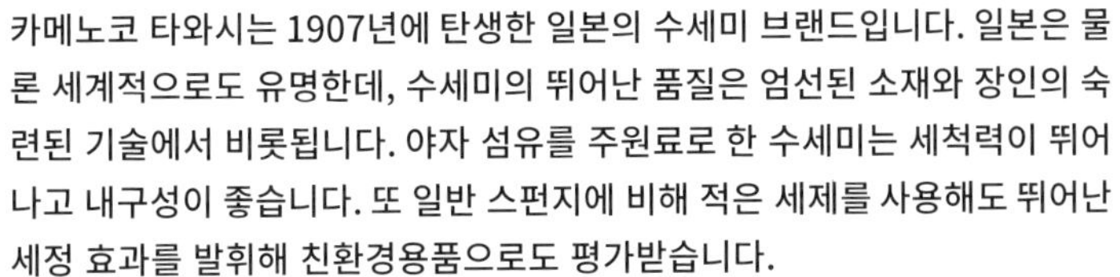

카메노코 타와시는 1907년에 탄생한 일본의 수세미 브랜드입니다. 일본은 물론 세계적으로도 유명한데, 수세미의 뛰어난 품질은 엄선된 소재와 장인의 숙련된 기술에서 비롯됩니다. 야자 섬유를 주원료로 한 수세미는 세척력이 뛰어나고 내구성이 좋습니다. 또 일반 스펀지에 비해 적은 세제를 사용해도 뛰어난 세정 효과를 발휘해 친환경용품으로도 평가받습니다.

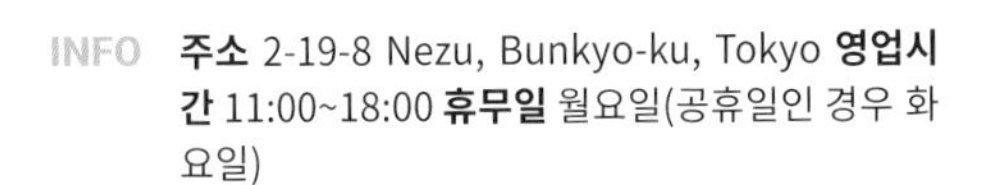

INFO **주소** 2-19-8 Nezu, Bunkyo-ku, Tokyo **영업시간** 11:00~18:00 **휴무일** 월요일(공휴일인 경우 화요일)

TIP 홀리데이 시즌 한정 상품을 놓치지 마세요.

74

패션 애호가의 추천 편집숍

클릭 몇 번으로 옷을 구매할 수 있게 되면서, 오프라인 패션 편집숍의 위기설은 항상 꼬리표처럼 따라왔습니다. 하지만 그들은 위기를 기회 삼아, 차별화 전략으로 고객이 직접 방문해야 할 새로운 가치를 만들어냈습니다. 독창적인 큐레이션, 아름답게 꾸민 공간 등 다양한 감각적 경험을 할 수 있는 도쿄의 패션 편집숍 네 곳을 만나봅니다.

DOVER STREET MARKET GINZA

패션 편집숍의 정점

도버 스트리트 마켓(DSM)은 꼼 데 가르송 창립자 카와쿠보 레이와 그의 남편 아드리안 조프가 창립한 편집숍입니다. 하이엔드·스트리트·신진 브랜드를 아우르며 계급과 경계선을 허무는 과감한 도전 정신이 엿보입니다. 브랜드의 정체성을 느낄 수 있는 공간 디자인, 미적 감각이 돋보이는 설치미술품과 서점도 DSM만의 특징입니다.

INFO

주소 6-9-5 Ginza, Chuo-ku, Tokyo **영업시간** 11:00~20:00 **휴무일** 무휴

TIP

DSM의 한정 상품도 체크해보세요.

ADELAIDE

빛나는 선구안

아델라이데는 패션 애호가들에게 꾸준히 사랑받고 있는 편집숍입니다. 타비 슈즈로 유명한 메종 마르지엘라가 붐을 일으키기 전 일본 시장에서 먼저 선보였으며, 지금은 세계적인 톱 브랜드로 성장한 발렌시아가를 1998년부터 취급한 것으로 유명합니다. 패션을 사랑한다면 한발 앞선 아델라이데의 안목과 스타일링에 주목해보세요.

INFO

주소 3-6-7 Minamiaoyama, Minato-ku, Tokyo **영업시간** 12:00~20:00 **휴무일** 무휴

TIP

에디션 아델라이데도 방문해보세요.

DOMICILE TOKYO

뚜렷한 세계관의 결정체

도미사일 도쿄는 인디펜던트 크리에이터와 아티스트를 중심으로, 패션뿐만 아니라 그들의 문화적 배경을 소개하는 복합 공간입니다. 옛 주택을 현대적인 감각으로 재해석한 공간은 패션 편집숍과 갤러리로 구성되어 있습니다. 그들의 시선으로 큐레이션한 독창적인 브랜드를 만날 수 있으며 도미사일 도쿄만의 한정 아이템을 발매하기도 합니다.

INFO

주소 4-28-9 Jingumae, Shibuya-ku, Tokyo **영업시간** 12:00~20:00 **휴무일** 무휴

TIP

갤러리는 매장 오른쪽 뒤편에 있습니다.

RESTIR

쇼윈도가 없는 패션 편집숍

내부를 볼 수 없는 리스테아의 구조는 안에 어떤 것들이 있을지 궁금증을 유발합니다. 지하 남성복 층은 상품에만 집중할 수 있도록 꾸며져 있으며 1층은 라이프스타일 잡화와 주목할 브랜드 제품을, 옷방처럼 꾸민 2층에서는 여성복을 편하게 둘러볼 수 있습니다. 모든 층에 상품을 여유롭게 배치해 원하는 상품을 쉽게 찾아볼 수 있습니다.

INFO

주소 9-6-17 Akasaka, Minato-ku, Tokyo **영업시간** 11:00~20:00 **휴무일** 무휴

TIP

리스테아의 패션 브랜드 '르 시엘 블루(LE CIEL BLEU)'도 놓치지 마세요.

75

아메리칸 빈티지를 찾아서

패션을 좋아하는 사람들이라면 농담 반 진담 반으로 "아메리칸 빈티지를 보려면 미국이 아닌 일본으로 가라"라고 이야기하곤 합니다. 긴 시간이 지났음에도 상태가 좋은 제품을 다수 보유해 전 세계 사람들의 발길을 끄는 일본 빈티지 시장의 매력에 빠져볼까요?

FAKEα

일본 빈티지 역사의 산증인

페이크 알파는 주로 1940~1960년대 아메리칸 빈티지 제품을 취급합니다. 그중에서도 데님 제품은 전 세계에서 최고라고 자부하는데, 오늘이 가장 싸다는 1950년대 리바이스 501XX를 수십 장 보유하고 있는 것으로 유명합니다. 데님을 중심으로 라이더 재킷, 알로하 셔츠, 파라오 재킷, 레더 부츠 등 아메리칸 캐주얼로 대변되는 라인업을 갖추었습니다.

INFO

주소 2F 1-8-21 Jingumae, Shibuya-ku, Tokyo **영업시간** 11:00~19:00 **휴무일** 무휴

TIP

세계적으로 유명한 일본 빈티지 숍 베르베르진(BerBerJin)의 자매점입니다.

Mr. Clean

빈티지업계의 중심인물이 만든 숍

미스터 클린은 일본 빈티지업계의 실력 있는 바이어로 명성이 자자한 쿠리하라 씨가 오픈한 가게입니다. 아담하지만 구매욕을 불러일으키는 상품이 많기로 유명합니다. 상품은 비교적 저렴하지만 가격 대비 퀄리티가 높은 아이템으로 구성되어 있습니다. 밀리터리나 워크 웨어뿐 아니라 올드 머니 룩과 어울릴 법한 브랜드도 더러 섞여 있어 취향에 맞는 아이템을 찾기에 좋습니다.

INFO

주소 1-35-4 Tomigaya, Shibuya-ku, Tokyo **영업시간** 12:00~19:00 **휴무일** 무휴

TIP

가격표에 연도, 브랜드, 대미지 정도가 적혀 있어요.

SALERS

코엔지 빈티지 신의 터줏대감

1970~1990년대 아메리칸 빈티지를 주로 다루는 세일러즈는 도쿄 빈티지 탐방 필수 코스인 코엔지 빈티지 신을 개척한 인물이 연 가게 중 하나입니다. 2개로 나뉜 공간 중 입구 쪽에는 스트리트 웨어나 캐주얼 브랜드 제품이, 안쪽에는 드레스 슈즈나 웨스턴 셔츠처럼 변화를 즐길 수 있는 상품이 배치되어 있습니다. 매달 '세일러'라는 이름을 살려 세일 이벤트를 진행하며, 간혹 큰 폭으로 할인하기도 해 좋은 아이템을 저렴한 가격에 구입할 수 있습니다.

INFO

주소 4-22-2 Koenjiminami, Suginami-ku, Tokyo **영업시간** 12:00~20:00 **휴무일** 무휴

TIP

맞은편에 위치한, 1993년 오픈한 디클로싱(Dclothing)의 자매점입니다.

76

너는 내 운명,
클래식 럭셔리

AMORE Omotesando

우리는 긴 세월 빛을 잃지 않으며 가치를 더해가는 것에 클래식이라는 칭호를 부여합니다. 무형의 음악뿐만 아니라, 유형의 럭셔리 빈티지에도 클래식으로 평가받는 제품이 있습니다. 고고한 자태를 뽐내며 오직 당신만 기다려온 '단 하나'의 클래식 아이템을 놓치지 마세요.

AMORE Aoyama

도쿄를 대표하는 럭셔리 빈티지 숍

도쿄의 럭셔리 빈티지를 이야기할 때 아모레는 반드시 언급되는 숍일 것입니다. 네 곳의 숍으로 운영하며 취향이 각기 다른 상품을 취급합니다. 고풍스러운 인테리어가 특징인 아오야마점은 에르메스나 루이 비통, 프라다 등 럭셔리 브랜드 제품을 진열하고 아모레 젠틀맨에서는 남성용 상품을 만날 수 있습니다. 네 점포 중 핑크빛으로 꾸민 오모테산도점이 가장 인기 있습니다. 샤넬에 특화된 이곳은 2000년대 이전 샤넬 제품을 주로 취급합니다.

INFO **주소** 2F 5-1-6 Jingumae, Shibuya-ku, Tokyo **영업시간** 11:00~20:00 **휴무일** 무휴

TIP 세월의 흔적을 느끼기 어려울 정도로 깨끗한 상품을 진열해놓았어요.

AMORE Omotesando

INFO **주소** 5-1-15 Jingumae, Shibuya-ku, Tokyo **영업시간** 11:00~20:00 **휴무일** 무휴

LAYER VINTAGE

감각 있는 셀렉션이 돋보이는 빈티지 부티크

레이어 빈티지는 컨디션 좋은 럭셔리 빈티지를 엄선해 선보입니다. 입구에 들어서면 중앙에 자리한 다수의 액세서리가 눈길을 사로잡습니다. 벽면은 샤넬, 루이 비통, 셀린느, 생 로랑 등의 가방과 소품으로 가득 채워져 있습니다. 룩에 포인트 역할을 할 고풍스러운 디자인부터 일상생활에서도 자주 착용할 수 있는 심플한 디자인까지, 취향에 맞는 상품을 하나씩 찾아보는 재미를 느낄 수 있습니다.

INFO **주소** 401 16-1 Daikanyamacho, Shibuya-ku, Tokyo **영업시간** 평일 11:00~19:00, 주말 12:00~18:00 **휴무일** 무휴

TIP 맨션 4층 안쪽에 자리해 찾기 어려울 수 있습니다.

Smiths Artique

통통 튀는 매력의 빈티지 아이템 천국

스미스 아티크는 상태에 따라 비교적 저렴한 가격으로 럭셔리 브랜드 제품을 쇼핑할 수 있는 숍입니다. 1950~1970년대 빈티지 상품을 주로 취급하며 지금은 찾아보기 힘든 화려한 색감과 실루엣의 상품도 다수 보유하고 있습니다. 버버리, 모스키노, 생 로랑 등 다양한 브랜드 제품을 갖추어 여러 럭셔리 브랜드를 활용한 토털 코디를 즐길 수 있습니다.

INFO **주소** 9-7 Daikanyamacho, Shibuya-ku, Tokyo **영업시간** 12:00~20:00 **휴무일** 무휴

TIP 럭셔리 브랜드 외에도 캐주얼 브랜드 의류를 취급합니다.

DÉCOUVERTE Aoyama

클래식 빈티지의 정수

일본의 패션, 라이프스타일 기업 베이 크루즈에서 운영하는 럭셔리 빈티지 숍이며 프랑스어로 '발견'을 뜻하는 데쿠베르트는 숨은 보물을 찾을 수 있는 곳입니다. 가격대는 비교적 저가부터 고가 상품까지 다양하며 마치 새것처럼 깨끗한 상품을 접할 수 있습니다. 빈티지 가방과 시계, 액세서리 등과 함께 심플하면서 유행을 타지 않을 법한 오리지널 주얼리도 함께 판매합니다.

INFO

주소 5-6-9 Minamiaoyama, Minato-ku, Tokyo **영업시간** 11:00~19:00 **휴무일** 무휴

TIP

2층은 멤버십을 위한 특별 공간입니다. 당일 멤버십에 가입해도 방문 가능합니다.

77

서브컬처를 녹여낸 편집숍

SUNDAYS BEST

파면 팔수록 깊은 매력에 빠져들게 되는 서브컬처. 개성 가득한 서브컬처를 사랑하는 오너들의 멋진 취향이 담긴 공간으로 초대합니다.

STRANGE STORE

STRANGE STORE

도쿄의 현대미술을 대표하는 카가미 켄의 유머가 담긴 숍

낡은 아파트 3층에 위치한 편집숍 스트레인지 스토어는 엉뚱한 일러스트로 유명한 카가미 켄 작가가 운영하는 곳입니다. 이름 그대로 '이상한 가게'에는 카가미 씨가 선별한 빈티지 의류와 그의 일러스트가 그려진 다양한 상품이 유쾌하게 진열되어 있습니다. 편집숍이라기보다 그의 작품 세계를 한눈에 볼 수 있는 전시 공간이라고 부르는 것이 더 잘 어울릴지도 모르겠네요.

INFO

주소 301 12-3 Uguisudanicho, Shibuya-ku, Tokyo **영업시간** 평일 15:00~18:00, 주말 12:00~18:00 **휴무일** 부정기

TIP

영업일은 인스타그램(@store_strange)을 통해 확인하세요.

KIOSCO

도쿄의 빈티지 성지에서 느끼는 남미 스트리트 바이브

키오스코는 멕시코를 중심으로 한 중남미의 개성 있는 잡화와 의류를 둘러볼 수 있는 편집숍입니다. 패션 디자이너 출신인 오너, 고토 씨의 브랜드 로치(RWCHE)를 포함해 평소 보기 힘든 의류와 소품을 통해 서브컬처를 듬뿍 느끼고 즐길 수 있습니다.

INFO

주소 3-31-19 Koenjikita, Suginami-ku, Tokyo **영업시간** 14:00~19:00 **휴무일** 부정기

TIP

진열장에 놓인 인형도 모두 판매 상품이에요.

SUNDAYS BEST

로컬 상점가에 위치한 미국 잡화점

선데이즈 베스트는 스케이트보드와 음악, 예술을 사랑하는 오너, 요코세 씨가 운영하는 편집숍입니다. 일상용품을 중심으로 미국에서 엄선한 잡화와 오리지널 의류를 취급합니다. 동네 상점가에 위치해 하굣길 초등학생부터 연세 지긋한 어르신까지 편하게 들르는 따뜻한 분위기가 특징입니다.

INFO

주소 2-29-5 Setagaya, Setagaya-ku, Tokyo **영업시간** 13:00~18:00 **휴무일** 일·월요일

TIP

편안한 실루엣과 감각 있는 디자인의 오리지널 의류를 추천합니다.

MIN-NANO

서브컬처 신에서 가장 핫한 컬래버레이션 브랜드

민나노는 인디 음악계의 유명 밴드 멤버였던 나카츠가와 씨가 오픈한 편집숍입니다. 서브컬처를 배경으로 스토리가 있는 브랜드를 중심으로 한 큐레이션이 돋보입니다. 민나노와 다른 브랜드의 협업은 일본의 유명 셀렉트 숍인 빔스에서 팝업을 진행하는 등의 행보로 주목받고 있습니다.

INFO

주소 1-43-14 Kitazawa, Setagaya-ku, Tokyo **영업시간** 12:00~20:00 **휴무일** 무휴

TIP

나카노구에 있는 민나노 자전거점도 꼭 방문해보세요.

78

콘셉트에 충실한 패션 빈티지 숍

BYRE

빈티지 아이템을 적절히 활용한 스타일링은 멋지고 쿨한 것을 넘어 차별화된 패션 감각과 톡특한 세계관을 드러냅니다. 남들과 다른 개성을 추구하는 사람에게 도쿄의 빈티지 숍은 갈증을 해소할 수 있는 오아시스와도 같습니다. 도쿄 구석구석에 숨어 있는 패션 오아시스, 수많은 도쿄의 빈티지 숍 중 콘셉트가 확실한 가게를 소개합니다.

PORTRATION

역시, 티셔츠는 많을수록 좋아

음악 프로듀서이자 DJ인 브이롯(VLOT)은 팝업 스토어를 자주 열어 자신이 소장한 희귀한 빈티지 티셔츠를 선보이곤 했습니다. 그의 컬렉션에 대한 사람들의 높은 관심은 빈티지 티셔츠 매장 포트레이션의 오픈으로 이어졌죠. 음악, 영화, 예술 등의 문화적 배경을 담은 티셔츠는 프랭크 오션, 트래비스 스콧 등 해외 유명 뮤지션들도 쇼핑을 위해 방문할 만큼 명성이 자자합니다.

INFO

주소 2-19-2 Jingumae, Shibuya-ku, Tokyo **영업시간** 12:00~20:00 **휴무일** 수요일

TIP

매장에는 아티스트의 작품도 진열해 시각적 즐거움을 느낄 수 있습니다.

Shury

에지 있는 아이템이 몰려온다

슈리는 감각적인 상품을 접할 수 있는 빈티지 숍입니다. 여성 의류 전문점인 이곳은 독특한 디자인의 빈티지, 트렌드를 선도하는 세련된 옷이 가득하며 하라주쿠 하면 떠오르는 화려한 색감의 옷을 만날 수 있습니다. 리메이크 제품도 판매하며 새 옷 같은 제품도 갖추었습니다. 자신만의 뚜렷한 스타일을 연출하고 싶은 사람들에게 추천합니다.

INFO

주소 2F 6-8-6 Jingumae, Shibuya-ku, Tokyo **영업시간** 13:00~20:00 **휴무일** 무휴

TIP

감각적으로 재탄생한 리메이크 빈티지 제품도 놓치지 마세요.

blue room, Summer of Love

지금 입어도 멋있는 옷들

'뉴 빈티지'는 1980년대부터 2000년대 초반의 빈티지 중 가치 높은 상품을 가리키는 용어입니다. 블루 룸 서머 오브 러브는 스트리트 패션과 디자이너 브랜드의 뉴 빈티지 제품을 주로 취급합니다. 현재는 구하기 어려운 스투시, 슈프림 등의 상품과 꼼 데 가르송, 더블탭스 같은 일본 브랜드, 그리고 일부 하이엔드 브랜드 제품도 함께 판매합니다.

INFO

주소 2-4-10 Shibuya, Shibuya-ku, Tokyo **영업시간** 13:00~20:00 **휴무일** 무휴

TIP

하라주쿠와 시부야의 스트리트 문화를 경험하고 싶다면 꼭 방문해 보세요.

The STOKEDGATE Tokyo

밴드 티 맛집

더 스톡게이트 도쿄는 자타 공인 최고의 밴드 티 애호가가 운영하는 가게입니다. 1970년대부터 2000년대 초반까지 희소한 밴드 티를 취급하며 상품에 대한 숨은 이야기도 들을 수 있습니다. 연도에 따른 박음질과 프린팅 기법, 티셔츠의 변화에 대한 이야기는 밴드 티뿐만 아니라 옷을 좋아하는 사람이라면 누구나 열광할 만한 흥미로운 소재일 것입니다.

INFO

주소 3-2-12 Ebara, Shinagawa-ku, Tokyo **영업시간** 13:00~20:00 **휴무일** 월요일

TIP

빈티지 밴드 티를 소개하는 책《누아셔트(Noirshirt)》와《쿨뢰르셔트(Couleurshirt)》도 판매합니다.

BYRE

세상에서 제일 멋진 목장

목장을 개조해 문을 연 빈티지 숍, 바이어의 대표 오노 씨는 아버지가 운영하던 목장을 폐업하는 것을 아쉬워하며 평소 좋아하던 빈티지 의류와 꽃으로 가득 채운 가게를 만들기로 결심합니다. 이곳에서는 주로 미국과 캐나다의 1980~1990년대 빈티지를 판매합니다. 상태 좋은 상품만 엄선하며 워크웨어와 데님 브랜드, 리메이크 원피스, 소품이 돋보입니다.

INFO

주소 3-53-3 Fuda, Chofu-shi, Tokyo **영업시간** 13:00~19:00 **휴무일** 부정기

TIP

부정기적으로 개최되는 바이어 마켓에서는 일본 인디 브랜드의 의류, 잡화도 볼 수 있습니다.

Belle Capri

패션 에디터들의 원 픽 빈티지 주얼리 숍

1940년에서 1980년대의 빈티지 코스튬 주얼리를 만날 수 있는 벨 카프리. 도쿄 교외의 주택가에 위치한 매장은 정적인 외관과 달리 독특한 디자인의 액세서리로 가득 차 있습니다. 현대의 파인 주얼리에서는 찾을 수 없는 옛 코스튬 주얼리만의 대담함과 화려함을 느낄 수 있고, 동물에서 모티브를 얻은 독특한 모양의 액세서리도 흥미를 끕니다.

INFO

주소 1-12-32 Seta, Setagaya-ku, Tokyo **영업시간** 12:00~19:00 **휴무일** 월·목·일요일, 공휴일

TIP

고가의 앤티크 소품도 함께 판매합니다.

Shury

79

컬처 오타쿠들의 티셔츠 맛집

tsuribashipyun

일본에는 다양한 컬처 오타쿠가 존재합니다. 무언가에 깊이 빠져 있는 이들이 선보이는 티셔츠는 단순한 옷이 아닌, 역사와 문화, 그리고 애정이 담긴 소장품입니다. 그들과 같은 문화를 사랑한다면 꼭 들러야 할 곳을 소개합니다.

tsuribashipyun

빈티지 숍 오너가
아이돌 오타쿠라면?

츠리바시퓬은 1980~1990년대 아이돌, 애니, 밴드 등 오너의 취향이 100% 반영된 빈티지 숍입니다. 일본 기업의 옛날 판촉물, 포스터, 잡화, 용도를 알 수 없는 물건, 메이저부터 마니악한 물건까지. 서브컬처를 좋아하는 사람이라면 반가운 캐릭터와 아이템 사이에서 의외로 재밌는 것들을 찾아낼 수 있습니다. 처음 방문하면 '기괴하다'라는 말이 입 밖으로 나올 수도 있지만, 다녀오고 나면 묘하게 머릿속에 각인될 겁니다.

INFO

주소 5-30-5 Nogata, Nakano-ku, Tokyo **영업시간** 평일 14:00~21:00, 주말 12:00~21:00 **휴무일** 부정기

TIP

책장에 가득 찬 만화책은 자유롭게 읽을 수 있어요.

45REVOLUTION

펑크 록 밴드의 기타리스트가 만든 가게

45레볼루션은 2005년부터 시모키타자와 골목길에 자리 잡은 펑크 숍입니다. 해외 펑크 밴드의 신제품 티셔츠를 중심으로 하드코어와 메탈 밴드, 빈티지 티셔츠가 진열되어 있습니다.

INFO

주소 2-7-3 Kitazawa, Setagaya-ku, Tokyo **영업시간** 평일 13:00~20:00, 주말·공휴일 12:00~20:00 **휴무일** 무휴

TIP

일본 스트리트 패션계의 대세 베르디(Verdy)가 추천하는 티셔츠 맛집입니다.

SPLASH

아메리칸 카툰 팬
모두 주목!

미국 키즈가 좋아할 법한 만화 캐릭터, 스케이트보드, 밴드를 사랑하는 오너가 사심을 담아 만든 가게입니다. 벽면을 가득 메운 캐릭터 천국에서 좋아하는 캐릭터를 찾아보는 재미가 쏠쏠합니다. 수많은 티셔츠 속에서 당신을 기다리는 운명의 캐릭터를 만나보세요.

INFO

주소 2F 4-26 Koenjiminami, Suginami-ku, Tokyo
영업시간 12:00~20:00 **휴무일** 무휴

TIP

퀄리티 높은 디즈니 캐릭터 빈티지 티셔츠가 많아요.

80

키덜트들의 로망 집합소

어른이를 위한 최고의 선물 가게. 오래도록 찾아 헤맨 꿈의 장난감을 발견하는 행운을 잡을지도 모릅니다.

Russet Burbank

Good 셀렉션, Nice 컬래버레이션

호기심 가득한 가게로 오너 마츠무라 씨가 세계 각지에서 선별한 빈티지 캐릭터 장난감과 희귀 아이템을 만날 수 있습니다. 아티스트와 협업해 만든 의류, 귀여운 디자인의 오리지널 액세서리는 완판이 이어질 정도로 인기 높습니다.

INFO

주소 1-7-8 Nishihara, Shibuya-ku, Tokyo **영업시간** 유동적 **휴무일** 부정기

TIP

주말에만 영업하니 주의하세요.

Hobby Shop Sunny

그치지 않는 로망, 프라모델

하비 숍 서니는 1972년에 오픈한 프라모델 전문점입니다. 사람 한 명 지나가기 힘들 정도로 작고 아담한 가게지만 바닥부터 천장까지 밀리터리, 자동차, 캐릭터 조립 키트가 빼곡하게 쌓여 있습니다.

INFO

주소 2-12-1 Kitazawa, Setagaya City, Tokyo **영업시간** 11:00~20:00 **휴무일** 수요일

TIP

1층은 프라모델, 2층은 장난감 코너입니다.

2000toys

나의 '최애' 캐릭터를 찾아서

1998년에 오픈한 노포 장난감 가게 2000토이스에서는 미국 코믹스를 중심으로 한 다양한 캐릭터 상품을 판매합니다. 좀처럼 찾기 힘들었던 캐릭터 상품도 만날 확률이 매우 높습니다.

INFO

주소 2-43-9 Koenjiminami, Suginami-ku, Tokyo **영업시간** 12:00~21:00 **휴무일** 수요일, 셋째 주 목요일

TIP

천장에도 상품이 많으니 꼭 체크하세요.

SPIRAL

하라주쿠 MZ의 원 픽 장난감

하라주쿠에 위치한 스파이럴에서는 어릴 적 좋아했던 바비 인형부터 카툰 캐릭터를 전부 만나볼 수 있습니다. 2층 건물의 계단까지 빼곡한 인형, 잡화, 티셔츠까지 셀 수 없이 많은 상품 중에서 추억의 보물을 찾아보세요.

INFO

주소 3-27-17 Jingumae, Shibuya-ku, Tokyo **영업시간** 12:00~19:00 **휴무일** 무휴

TIP

2층 진열장에 희귀 상품이 모여 있어요.

NAKANO BROADWAY

키덜트의 거리

대표적인 키덜트 거리 나카노 브로드웨이. 수많은 가게를 구경하다 보면 눈 깜짝할 새에 시간이 지나가곤 합니다. 여러 가게 중에서도 만다라케의 헨야는 브로드웨이의 필수 코스입니다. 가득 진열된 멋진 장난감과 함께 즐거운 시간을 보내길 바랍니다.

INFO

주소 5-52-15 Nakano, Nakano-ku, Tokyo **영업시간** 12:00~20:00 **휴무일** 무휴

TIP

가게에 따라 영업시간이 다르니 주의하세요.

Good COLLECTIBLES
Official Advanced Dungeons & Dragons
PLAYER CHARACTERS
ELKHORN Good Dwarf Fighter
LORD
Trigore
Trigore
Le Monstre Broyeur
Trigore

2000toys

81

꼭꼭 숨은 비밀스러운 가게

BACKDOOR

간판은커녕 입구도 찾기 어려운 곳에 숨어 있는 보석 같은 가게. 위치만큼 특별한 상품이 가득한, 나만 알고 싶은 가게를 소개합니다.

BACKDOOR

옷을 사랑하는 사람들이 만든 비밀 기지

멋진 가게가 즐비한 요요기 우에하라에 숨겨진 숍이 있다는 걸 아시나요? 스트리트 패션 편집숍 백도어는 눈에 띄지 않는 반지하에 위치한 비밀 기지 같은 곳입니다. 희소가치 있는 브랜드를 중심으로 펼치는 독특한 큐레이션은 백도어가 특별한 또 다른 이유입니다.

INFO **주소** B1F 8-7 Motoyoyogicho, Shibuya-ku, Tokyo **영업시간** 13:00~18:00 **휴무일** 수요일

TIP 입구는 노란색 미용실 건물 왼쪽 계단 위에 있습니다.

PACIFICA COLLECTIVES

평범한 오피스 건물에 있는 평범하지 않은 가게

퍼시피카 컬렉티브스는 인테리어와 예술의 결합을 주제로, 소장하고 싶은 소품을 만드는 브랜드입니다. 쿠단시타의 오피스 빌딩에 숨어 있는 이곳은 아주 오래전, 애플이 일본 지사 설립을 준비할 때 이용한 곳이기도 합니다. 아티스트가 디자인하고 일본 장인이 손으로 만든 러그는 놓치지 말아야 할 상품입니다.

INFO **주소** 208 2-2-8 Kudanminami, Chiyoda-ku, Tokyo **영업시간** 12:00~18:00 **휴무일** 일·월요일

TIP 영업일은 인스타그램(@pacifica_collectives)을 통해 확인하세요.

Lift DAIKANYAMA

셀럽들의 쇼핑 성지에 숨은 편집숍

리프트는 어른들의 쇼핑 명소, 다이칸야마 거리에 숨은 편집숍입니다. 모노톤의 아방가르드 패션과 예술성 짙은 라이프스타일 잡화를 다루며, 독창적이고 새로운 크리에이터를 발굴하는 데 주력합니다. 30년간 이어온 감각적인 취향은 해체와 분해, 재조립으로 표현된 인테리어에서도 고스란히 느껴집니다.

INFO **주소** 101 16-5 Daikanyamacho, Shibuya-ku, Tokyo **영업시간** 11:00~20:00 **휴무일** 무휴

TIP 다이칸야마 어드레스 왼쪽 보도로 들어가면 왼쪽에 있습니다.

HOEK

맨션 5층에 숨겨진 인테리어 숍

조용한 주택가의 맨션 5층에 숨어 있는 후크는 유명 편집숍 바이어였던 부부가 운영하는 잡화점입니다. 오래도록 소중히 간직하고 싶은 인테리어 소품, 패션 아이템과 가구로 채운 아늑한 공간이 인상적입니다.

INFO **주소** 502 2-33-16 Jingumae, Shibuya-ku, Tokyo **영업시간** 유동적 **휴무일** 부정기

TIP 구글맵으로 맨션 사진을 확인하세요.

82

아웃도어에 낭만과 개성을 더하다

오토 캠핑, 솔로 캠핑, 백패킹 등 캠핑을 즐기는 방법은 다양합니다. 그러나 마음을 사로잡는 멋진 장비에 대한 관심은 누구에게나 있을 것입니다. 텐트를 치고 아이템을 하나씩 꺼내며 캠핑을 준비하면 지나가던 캠퍼가 다가와 어디서 산 거냐고 물을 법한 캠핑용품을 판매하는 곳을 소개합니다.

Nicetime Mountain Gallery

Nicetime Mountain Gallery

감각적인 아웃도어 숍

나이스타임 마운틴 갤러리는 등산과 캠핑을 주제로 하는 아웃도어 숍입니다. 일상생활에서도 사용 가능한 아웃도어 용품과 자연의 감성을 담은 오브제를 선보입니다. 갤러리라는 이름처럼 매장에 전시된 캠핑용품은 작품을 보듯 천천히 즐길 수 있으며 예술 작품을 큐레이션하듯 실제 필드에서의 사용담도 들을 수 있습니다. 커피와 맥주도 판매해 잠시 쉬어 가기 좋습니다.

INFO **주소** 3-55-2 Hatagaya, Shibuya-ku, Tokyo **영업시간** 유동적 **휴무일** 부정기

TIP 영업일은 www.haveanicetime.jp/calendar를 통해 확인하세요.

UNBY GENERAL GOODS STORE

시선을 사로잡는 하라주쿠 캠핑 숍

언바이는 자사의 가방 브랜드 아소브(AS2OV) 제품과 함께할 잡화 및 캠핑 용품을 선보이는 편집숍입니다. 하이테크와 로테크의 조화를 중시하며 자신들만의 시선으로 해석한 캠핑 스타일을 담아낸 개성 있는 공간입니다. 대형 캠핑 브랜드부터 일본의 유명 개러지 브랜드까지, 폭넓은 상품군을 갖추었습니다. 매장 안뜰은 실제 캠핑을 즐기는 모습으로 조성해, 마치 자연 속에서 직접 제품을 체험하는 듯한 경험을 제공합니다.

INFO **주소** 3-18-23 Jingumae, Shibuya-ku, Tokyo **영업시간** 11:00~19:00 **휴무일** 무휴

TIP 개러지 브랜드와의 협업 제품을 주기적으로 선보입니다.

GENERAL STORE

아웃도어 바이어의 추천 숍

메구로 강가에 위치한 제너럴 스토어는 자체 브랜드 마운틴 리서치의 플래그십 스토어입니다. 마운틴 리서치는 일반적인 아웃도어 웨어에서는 느낄 수 없는 스트리트 감각이 돋보이는 브랜드입니다. 밀리터리, 캠핑, 낚시, 그리고 음악에서 얻은 영감은 기능적이면서도 독창적인 마운틴 리서치만의 무드를 만들어냅니다. 캠핑 장비는 가구나 컨테이너, 식기를 주로 선보이며 타 브랜드와의 협업 제품도 주기적으로 출시합니다.

INFO **주소** 102 1-14-11 Aobadai, Meguro-ku, Tokyo **영업시간** 유동적 **휴무일** 부정기

TIP 영업일은 인스타그램(@research_general_store)을 통해 확인하세요.

NORDISK CAMP SUPPLY STORE SHIBUYA

시부야로 떠나는 캠핑 트립

시부야의 파르코 백화점 5층에는 다수의 아웃도어 브랜드가 입점되어 있습니다. 여러 가게 중에서도 노르디스크 캠프 서플라이 스토어는 반드시 방문해야 할 숍입니다. 이곳은 북유럽 캠핑 브랜드 노르디스크의 장비를 중심으로 그와 어울릴 만한 브랜드의 캠핑용품을 만날 수 있습니다. 일본의 캠핑 장비 브랜드 발리스틱, 5050워크숍뿐 아니라 기능성과 디자인이 탁월한 F/CE, 프레시 서비스 등 다수의 일본 패션 브랜드 제품도 함께 진열되어 있습니다.

INFO **주소** 5F Shibuya PARCO 15-1 Udagawacho, Shibuya-ku, Tokyo **영업시간** 11:00~21:00 **휴무일** 무휴

TIP 타 브랜드와의 협업 제품, 한정판 아이템도 정기적으로 내놓습니다.

83

골프 좋아하세요?

코로나19 시기를 지나면서 일본에도 골프를 즐기는 이들이 늘었습니다. 이전에는 어른을 위한 스포츠로 인식되었지만, 이제는 남녀노소 누구나 즐길 수 있는 문화로 자리매김했죠. 골프를 즐기는 연령층이 젊어지며 패션 또한 스코어만큼 중요한 요소가 되었습니다. 지금 당장 필드로 뛰어나가고 싶게 만드는 멋진 아이템이 가득한 도쿄의 스타일리시한 골프 웨어 숍을 소개합니다.

the Divot STORE

**지금 도쿄에서
가장 핫한 골프 편집숍**

일본의 유명 스타일리스트이자 PGA 투어 토너먼트의 브랜드 협업 디렉션을 역임한 더 디봇 스토어의 오너, 사사가와 요스케 씨는 골프 문화에 정통한 인물입니다. 더 디봇 스토어는 그의 시선을 녹여낸 편집숍입니다. 지금은 구하기 힘든 빈티지 골프 웨어를 시작으로 일상복으로 입어도 손색없을 디자인의 해외 골프 브랜드도 갖추었습니다. 스트로크나 신발 때문에 깎인 잔디를 뜻하는 디봇, 세상에 같은 모양의 디봇이 존재할 수 없는 것처럼 이곳 또한 도쿄 골프 웨어 숍 중 유일무이한 존재입니다.

INFO

주소 2-34-16 Sendagaya, Shibuya-ku, Tokyo **영업시간** 평일 12:00~19:00, 주말 12:00~18:00 **휴무일** 월·화요일

TIP

손에 넣기 힘든 희소한 상품과 디봇의 오리지널 굿즈를 반드시 확인하세요.

BEAMS GOLF Yurakucho

일본 대표 편집숍 빔스가 추천하는 필드 룩은?

빔스 골프는 라이프스타일 편집숍 빔스의 골프 웨어 숍입니다. 일상복으로도 활용할 수 있는 심플한 디자인의 상품과 포인트 로고를 강조한 의류가 적절히 섞여 있습니다. 아메리칸 캐주얼과 아웃도어 기능성을 디자인에 반영한 오렌지 라벨, 전통적인 골프 웨어의 차분하면서 우아한 스타일을 접목한 퍼플 라인은 넓은 선택지를 제공합니다.

INFO

주소 1-7-1 Yurakucho, Chiyoda-ku, Tokyo **영업시간** 11:00~20:00 **휴무일** 무휴

TIP

빔스의 안목으로 제안하는 해외 브랜드 상품도 다수 있습니다.

RUFFLOG

멋쟁이 골퍼의 패션 맛집

골프 웨어의 허들을 낮추는 데 중점을 둔 러프로그는 자체 브랜드와 함께 일본과 해외 젊은 골프 브랜드 상품을 취급합니다. 합리적인 가격대와 캐주얼한 상품이 많아 처음 골프를 접하는 20~30대도 쉽게 선택할 수 있다는 것이 장점입니다. 모노톤 상품과 아웃도어에 주로 쓰이는 컬러로 구색을 맞춘 것도 눈에 띕니다.

INFO

주소 20-7 Sarugakucho, Shibuya-ku, Tokyo **영업시간** 12:00~20:00 **휴무일** 무휴

TIP

웨어러블한 디자인이 돋보이는 브랜드입니다.

84

자전거 천국 도쿄에서 눈여겨볼 만한 숍

tokyobike

일본에서 2명 중 1명은 가지고 있다는 자전거는 일상적인 교통수단이자 레저, 자신을 표현하는 수단으로 자리했습니다. 자전거의 나라에서 현지인이 추천하는, 꼭 가봐야 할 자전거 숍을 둘러봅니다.

BLUE LUG HATAGAYA

자전거 액세서리는 여기가 1등

전 세계에서 가장 많은 자전거용품을 판매한다고 자부하는 블루러그. 자전거용 가방과 액세서리를 판매하는 잡화점으로 시작했으나 현재는 희귀한 자전거 부품과 본체까지, 자전거와 관련된 모든 상품을 취급하고 있습니다.

TIP 오리지널 메신저 백은 하타가야 본점에서 수작업으로 제작합니다.

INFO **주소** 2-23-3 Hatagaya, Shibuya-ku, Tokyo **영업시간** 12:00~19:00 **휴무일** 화·수요일

tokyobike

도쿄의 풍경을 자전거와 함께 담아보세요

'도쿄 슬로'를 테마로, 도시를 여유롭게 즐기기 위한 심플하면서 스타일리시한 자전거를 만드는 도쿄 바이크. 두 살부터 어른까지, 목적에 맞춘 다양한 스타일의 자전거와 액세서리를 판매합니다. 1층에는 커피 스탠드, 2층에는 식물 숍이 있어 구경거리도 다양합니다.

TIP 자전거 렌털 서비스도 제공합니다.

INFO **주소** 3-7-2 Miyoshi, Koto-ku, Tokyo **영업시간** 평일 11:00~18:00, 주말·공휴일 10:00~18:00 **휴무일** 월·화요일

W-BASE

시부야 스트리트 문화의 중심이 된 자전거 숍

시부야와 하라주쿠의 중간에 위치한 더블 베이스는 픽시, BMX 전문점입니다. 오리지널부터 복잡한 커스텀 바이크까지 취급해, 일본 국내외 라이더들에게 꾸준히 사랑받아왔습니다. 2004년 오픈한 이래 아트, 스케이트, 음악 등 다양한 장르와 협업해 새로운 스트리트 자전거 문화를 주도하고 있습니다.

TIP 2023년, 우리나라 의류 브랜드 디스이즈네버댓(thisisneverthat)과 협업해 의류와 자전거를 출시한 적도 있습니다.

INFO **주소** 6-23-11 Jingumae, Shibuya-ku, Tokyo **영업시간** 11:00~20:00 **휴무일** 수요일

85

예술을 사랑하는 책방

POST architecture books

예술을 사랑하는 사람들을 위한 특별한 서점. 건축, 패션, 사진은 물론 디자인과 그래픽 아트까지, 다양한 분야에서 예술적 영감이 샘솟게 하는 곳으로 떠나볼까요?

BOOK AND SONS

트렌드를 주도하는 디자인 서점

북 앤드 선즈는 타이포그래피를 중심으로 여러 분야의 디자인 책을 볼 수 있는 서점입니다. 1층 안쪽과 2층 갤러리에서는 정기적으로 사진전, 북 페어 등 다양한 이벤트를 개최합니다.

INFO **주소** 2-13-3 Takaban, Meguro-ku, Tokyo **영업시간** 12:00~19:00 **휴무일** 수요일

TIP 커피 스탠드에서 드립 커피를 마실 수 있습니다.

POST architecture books

공간 창조에 필요한 모든 것

1925년에 창업한 건축 전문 미디어인 신건축사와 에비스의 아트 북 전문 서점 포스트(POST)가 공동으로 오픈한 서점입니다. 건축 서적은 물론, 건축 활동에 영감을 주는 모든 장르의 예술 서적을 취급합니다.

INFO **주소** 2-19-14 Minamiaoyama, Minato-ku, Tokyo **영업시간** 12:00~20:00 **휴무일** 월요일

TIP 부정기적으로 작가의 토크 세션, 전시회를 개최합니다.

POST

신개념 아트 북 서점

포스트는 에비스 주택가에 자리한 독특한 아트 북 전문 서점입니다. 출판사 하나를 선정해 신간부터 고서까지 다양한 책을 선보입니다. 덕분에 일반 서점에서는 접하기 힘든 출판사의 세계관과 매력을 깊이 있게 알아볼 수 있습니다.

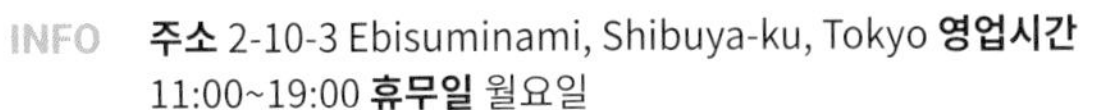

INFO **주소** 2-10-3 Ebisuminami, Shibuya-ku, Tokyo **영업시간** 11:00~19:00 **휴무일** 월요일

TIP 모든 책은 출판사에 따라 정기적으로 바뀝니다.

flotsam books

희귀 아트 북 저장소

폭넓은 장르의 사진집과 자체 출판물 진(zine)으로 가득 찬 비주얼 북 전문 서점 플롯섬 북스. 이곳에는 아트와 패션, 사진을 사랑하는 사람들을 위한 아카이브 서적, 희귀 서적이 많습니다. 아담한 가게에 가득 쌓인 책을 한 권 한 권 유심히 살펴보는 재미가 있습니다.

INFO **주소** 1-10-7 Izumi, Suginami-ku, Tokyo **영업시간** 14:00~20:00 **휴무일** 수요일

TIP 희귀 서적이 곳곳에 숨어 있으니 천천히 잘 둘러보세요.

flotsam books

86

우리가 오래된 책을 찾는 이유

우리는 때론 오래된 책에서 통찰력이나 새로운 힌트를 얻기 위해 고서점을 방문하곤 합니다. 일본어를 못 읽어도 충분히 즐길 수 있는 예술, 문화를 주로 취급하는 고서점을 모았습니다.

magnif

패션의 과거와 현재를 잇다

패션 잡지의 역사를 살피고 싶다면 진보초의 마그니프를 추천합니다. 일본과 해외의 유수한 패션 잡지부터 브랜드의 아카이브 북까지, 패션의 역사를 고스란히 담은 보관소 같은 곳입니다. 책은 잡지명, 패션의 특정 문화를 기반으로 갈무리해 원하는 책을 찾기 쉽습니다. 지나간 패션을 엿볼 수 있는 잡지는 과거의 트렌드뿐 아니라 책 레이아웃, 광고 사진 등 창작 활동에 자극을 주는 것으로 가득합니다.

INFO **주소** 1-17 Kanda Jinbocho, Chiyoda-ku, Tokyo **영업시간** 12:00~18:00 **휴무일** 무휴

TIP 폐간되어 지금은 구하기 힘든 잡지도 판매합니다.

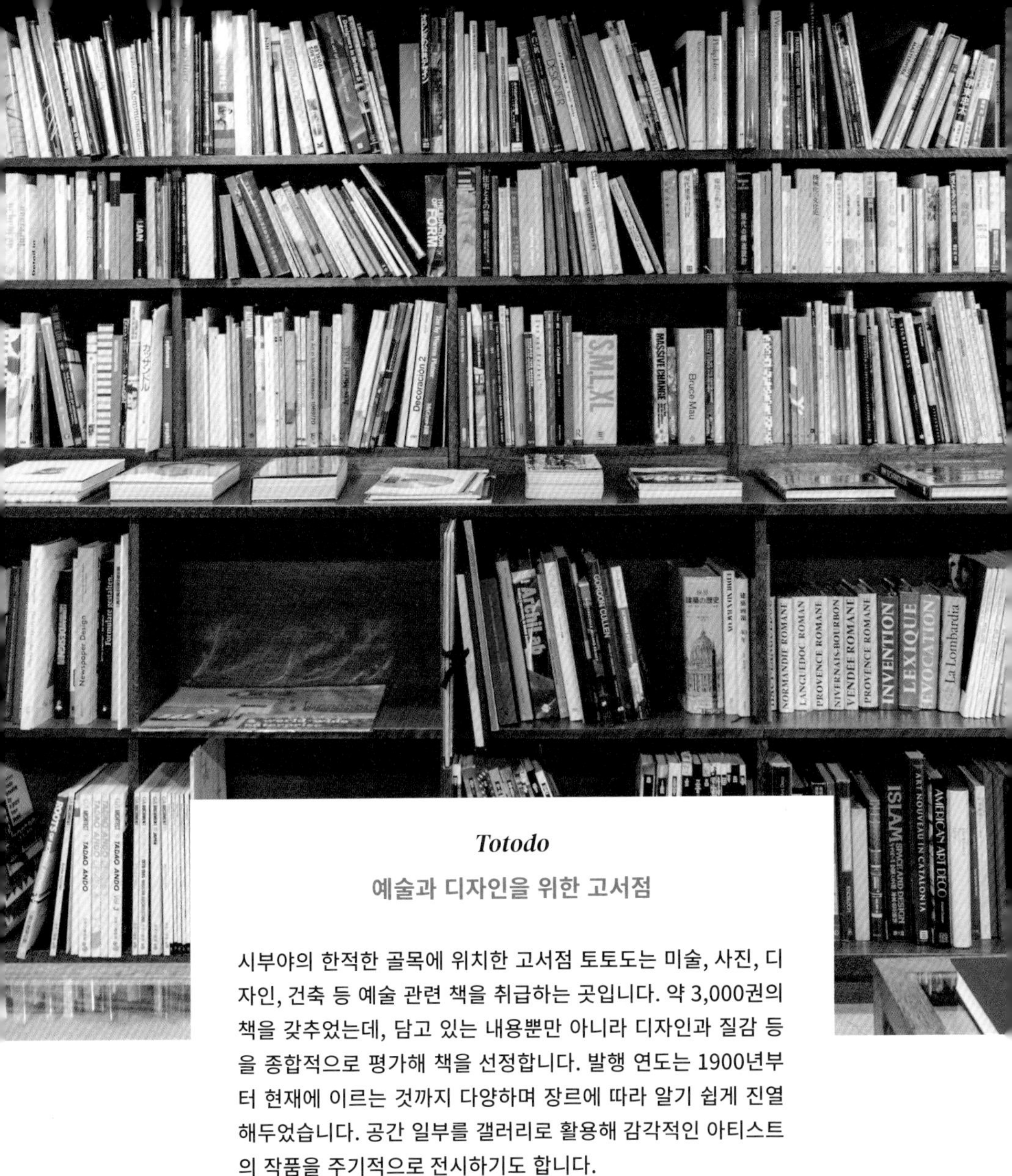

Totodo

예술과 디자인을 위한 고서점

시부야의 한적한 골목에 위치한 고서점 토토도는 미술, 사진, 디자인, 건축 등 예술 관련 책을 취급하는 곳입니다. 약 3,000권의 책을 갖추었는데, 담고 있는 내용뿐만 아니라 디자인과 질감 등을 종합적으로 평가해 책을 선정합니다. 발행 연도는 1900년부터 현재에 이르는 것까지 다양하며 장르에 따라 알기 쉽게 진열해두었습니다. 공간 일부를 갤러리로 활용해 감각적인 아티스트의 작품을 주기적으로 전시하기도 합니다.

INFO **주소** 5-7 Uguisudanicho, Shibuya-ku, Tokyo **영업시간** 13:00~18:00
휴무일 일요일

TIP 나카메구로에 있는 자매점 데생(dessin)도 들러보세요.

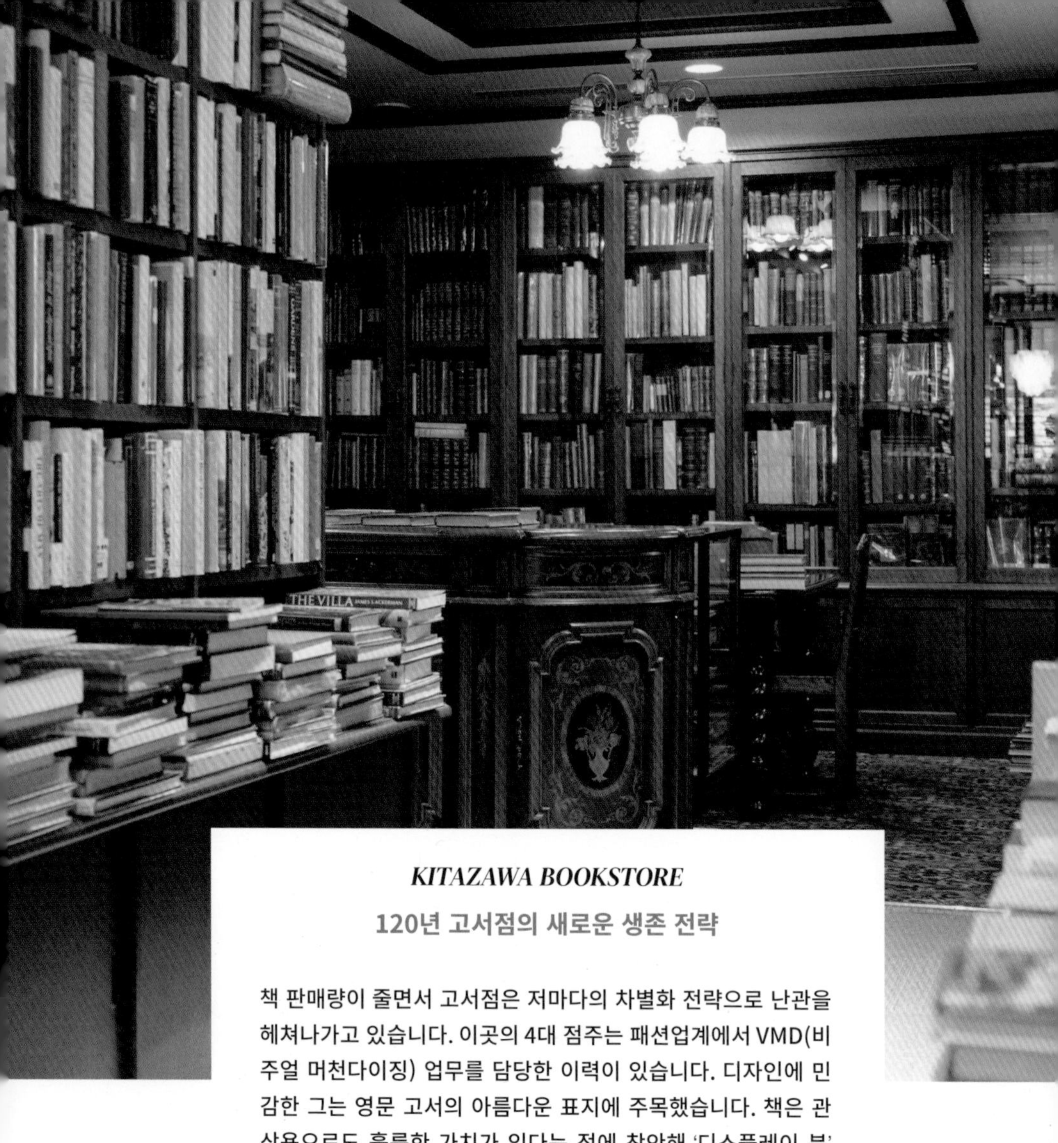

KITAZAWA BOOKSTORE

120년 고서점의 새로운 생존 전략

책 판매량이 줄면서 고서점은 저마다의 차별화 전략으로 난관을 헤쳐나가고 있습니다. 이곳의 4대 점주는 패션업계에서 VMD(비주얼 머천다이징) 업무를 담당한 이력이 있습니다. 디자인에 민감한 그는 영문 고서의 아름다운 표지에 주목했습니다. 책은 관상용으로도 훌륭한 가치가 있다는 점에 착안해 '디스플레이 북'이란 개념을 도입해 고서점에 새로운 바람을 일으킨 것으로 평가받습니다.

INFO **주소** 2F 2-5 Kanda Jinbocho, Chiyoda-ku, Tokyo **영업시간** 12:00~17:00 **휴무일** 일요일, 공휴일

TIP 희귀 영문 서적이 많은 곳으로도 유명합니다.

Frobergue

도쿄에서 떠나는 유럽 그림책 여행

프로베르그는 그림책을 중심으로 문학 서적과 아트 북 등 여러 장르의 책을 갖춘 고서점입니다. 주로 19세기부터 현대까지의 책을 구비했으며 외국어를 읽지 못하더라도 재밌게 볼 수 있는 책이 많습니다. 희귀한 책은 물론, 저렴한 가격에 구매할 수 있는 아웃렛 서적도 풍부합니다. 프로베르그는 책과 함께 화가의 전시회도 꾸준히 개최하는데, 가게 분위기와 잘 어울리는 따뜻한 화풍의 그림도 감상할 수 있습니다.

INFO **주소** 4-14-11 Kuramae, Taito-ku, Tokyo **영업시간** 12:00~18:00 **휴무일** 수요일

TIP 유아부터 성인을 위한 그림책을 다양하게 갖추었습니다.

87

음반 디깅 필수 코스

disk union Shimokitazawa

마음에 쏙 드는 음악을 발견했을 때의 기쁨은 말로 표현하기 어려운 최고의 경험입니다. 차가운 마음에 소중한 땔감이 되어줄 음악, 이퀄라이저의 바다를 항해하는 음악 탐험에 당신을 초대합니다.

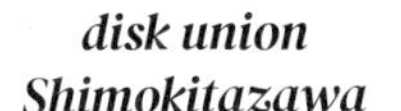

음악 애호가의 성지순례

디스크 유니온은 음악을 좋아하는 사람이라면 반드시 방문해야 할 숍입니다. 대중적인 음반과 희귀 음반이 적절히 섞여 있어 원하는 음반을 찾아내는 재미를 느낄 수 있습니다. 록, 재즈, 솔, J-팝 등 폭넓은 장르를 다루며 큐레이션 코너에서는 엄선한 아티스트의 앨범을 살펴볼 수도 있습니다. 유니온은 일본 전국에 다수의 점포를 운영 중으로 도쿄 도내의 디스크 유니온 점포 중에서도 시모키타자와점은 서브컬처를 상징하는 가게로 많은 이들에게 사랑받습니다.

INFO

주소 1-40-6 Kitazawa, Setagaya-ku, Tokyo **영업시간** 평일 12:00~20:00, 주말·공휴일 11:00~20:00 **휴무일** 무휴

TIP

CD, 레코드 모두 다량의 재고를 자랑합니다.

Manhattan Records 시부야의 레전드 레코드 숍

맨해튼 레코드는 시부야의 전설적인 레코드 숍으로, 40년 이상의 역사를 자랑합니다. 도쿄 힙합의 성지로서 명성을 이어오고 있으며 힙합과 R&B 중심의 레코드를 소개합니다. 중고 음반도 다루며, 옛 래퍼의 클래식 명반부터 일본 언더그라운드 힙합까지 다양한 레코드도 만날 수 있습니다. 오리지널 굿즈와 패션 아이템도 함께 선보이며 발란사, 콤팩트 레코드 바와의 협업을 진행한 적도 있습니다.

INFO

주소 10-1 Udagawacho, Shibuya-ku, Tokyo **영업시간** 12:00~20:00 **휴무일** 무휴

TIP

음악과 패션으로 대변되는 시부야를 가장 잘 느낄 수 있는 레코드 숍입니다.

Jazzy Sport Music Shop Tokyo

음악과 멋이 만나다

재지 스포트는 레코드 숍을 거점으로 활동하는 크리에이티브 집단입니다. 센다이에서 출발한 이들은 블랙 뮤직에 기반을 둔 레코드 숍과 댄스 스쿨을 운영 중이며, 일본을 대표하는 유명 DJ, 뮤지션이 재지 스포트 레이블에 소속되어 활동 중입니다. 음악과 스포츠의 융합을 중요시하는 재지 스포트는 자체 패션 브랜드와 스포츠 팀의 협업 제품을 발매하기도 합니다. 힙합, 재즈에 관심이 있거나 레이블의 오리지널 굿즈를 좋아한다면 반드시 방문해야 할 숍입니다.

INFO

주소 3-17-7 Gohongi, Meguro-ku, Tokyo **영업시간** 16:30~19:00 **휴무일** 주말·공휴일

TIP

캡슐 컬렉션으로 발매하는 협업 의류도 확인하세요.

Kankyo Records

집을 채울 소리를 찾는다면

산겐자야의 주택에 가정집을 레코드 숍으로 꾸민 칸쿄 레코드가 있습니다. 이곳은 '주거 환경에서 감상하는 음악'을 주제로 엄선한 아티스트의 작품을 선보입니다. 앰비언트, 로파이 등 천천히 흐르는 음악이나 자연의 소리, 화이트 노이즈가 섞인 다양한 곡을 즐길 수 있습니다. 음반은 레코드, CD 또는 카세트테이프로 구입할 수 있으며 음악을 통한 더 나은 경험을 위해 책이나 홈웨어도 함께 판매합니다.

INFO

주소 107 1-35-13 Kamiuma, Setagaya-ku, Tokyo **영업시간** 13:00~18:00 **휴무일** 부정기

TIP

영업일은 인스타그램(@kankyo_records)을 통해 확인하세요.

COCONUTS DISK Kichijoji

레코드의 가치를 재조명하다

코코넛 디스크는 중고 레코드의 매입과 판매 서비스를 제공하는 숍입니다. 도쿄에는 총 4개의 매장이 있으며 각 매장은 스태프들의 취향을 반영한 레코드로 구성됩니다. 매장별로 주요 음악 장르가 조금씩 다른 점이 이곳의 특징입니다. 희소가치 높은 해외의 희귀 레코드는 물론, 일본 인디 밴드의 레코드나 1970~1980년대 레어 그루브 음반도 만날 수 있습니다.

INFO

주소 2-22-4 Kichijoji Honcho, Musashino, Tokyo **영업시간** 12:00~21:00 **휴무일** 무휴

TIP

음악 관련 서적, 카세트테이프나 영상 자료도 둘러볼 수 있습니다.

Record Sha

1930년부터 시작된 디깅

레코드 샤는 3층 건물을 음악으로 가득 채운 오래된 레코드 숍입니다. 각 층은 일본 음악, 해외 음악, 클래식으로 나누어져 있으며, 레코드와 CD, 카세트테이프를 모두 합쳐 약 10만 장의 재고를 보유하고 있습니다. 3개 층 중에서도 가장 인기 높은 곳은 일본 음악으로 구성된 1층입니다. 시티 팝 명반이나 희소한 옛 가요도 찾아볼 수 있어 일본 음악 수집가나 DJ가 관심을 갖고 찾기도 합니다.

INFO

주소 2-26 Kanda Jinbocho, Chiyoda-ku, Tokyo **영업시간** 월~토요일 11:00~20:00, 일요일 11:00~19:00 **휴무일** 무휴

TIP

1층에서는 J-팝, 2층에서는 대중음악, 3층에서는 클래식 음반을 판매합니다.

88

세월의 아름다움을 담은 카메라

Mitsubado Camera

도쿄는 전 세계 사진 애호가들의 관심을 끄는 중고 카메라 천국입니다. 우아한 색감과 풍부한 질감을 표현하는 빈티지 필름 카메라는 물론, 최근 발매한 디지털카메라까지, 수많은 기종의 중고 카메라를 취급합니다. 아날로그 필름 카메라와 디지털카메라 중 여러분은 어떤 것을 선호하시나요?

Fujiya Camera

중고 카메라 숍? 여긴 필수!

후지야는 1938년 창업한 이래로 카메라 애호가들 사이에서 꾸준히 사랑받아 온 카메라 숍입니다. 오래된 빈티지 카메라부터 최근에 발매한 디지털카메라 중고품까지 약 2,000점의 재고를 자랑합니다. 보디뿐만 아니라 렌즈와 액세서리 등 카메라와 관련된 상품은 모두 만나볼 수 있습니다.

INFO

주소 5-61-1 Nakano, Nakano-ku, Tokyo
영업시간 10:00~20:30 **휴무일** 무휴

TIP

본점 건너편에 영상 제작용품, 정크 카메라를 판매하는 매장도 있습니다.

Lucky Camera

운명의 카메라를 찾아서

럭키 카메라는 1940년에 문을 연 역사 깊은 가게입니다. 이곳에서는 필름 카메라부터 디지털카메라, 올드 렌즈까지 다양한 중고품을 접할 수 있습니다. 라이카나 핫셀블라드 및 일본 카메라도 다수 취급하죠. 카메라에 대한 풍부한 지식을 갖춘 스태프에게 초보자부터 마니아까지 만족스러운 상담을 받을 수 있습니다.

INFO

주소 3-3-9 Shinjuku, Shinjuku-ku, Tokyo
영업시간 10:00~20:00 **휴무일** 무휴

TIP

카메라 초심자나 숙련자 모두에게 추천할 만한 가게입니다.

Oumi Camera

나만 알고 싶은 중고 카메라 숍

오우미 사진기점은 2022년에 오픈한 가게입니다. 주로 필름 카메라를 중점으로 선보이지만, 그 외에도 콤팩트 카메라부터 1980년대 DSLR까지 다양한 상품이 진열되어 있습니다. 손쉽게 사진을 즐길 수 있도록 하는 것을 목표로 해 비교적 합리적인 가격대로 판매하는 상품도 많습니다.

INFO

주소 3-37-2 Sasazuka, Shibuya-ku, Tokyo
영업시간 11:00~19:00 **휴무일** 월요일

TIP

카메라를 처음 접하는 사람에게도 추천하는 곳입니다.

Mitsubado Camera

필름 카메라 제대로 즐기기

닛포리에 있는 중고 필름 카메라 전문점, 미츠바도 사진기점은 필름 카메라를 사랑하는 청년 3명이 모여 오픈한 가게입니다. 카메라는 고장, 오작동을 방지하기 위해 가게에서 자체 정비를 거친 후 진열됩니다. 또 필름 카메라 한정으로 고장 난 카메라 수리도 가능하며, 필름 종류와 찍는 방법 등 카메라와 관련해 깊은 이야기를 나눌 수 있습니다.

INFO

주소 5-32-6 Higashinippori, Arakawa-ku, Tokyo **영업시간** 11:00~19:00 **휴무일** 수요일

TIP

가게 안쪽에는 작품을 감상할 수 있는 갤러리가 있습니다.

Used camera BOX

'득템'을 향해 떠나는 여행

신주쿠에 있는 중고 카메라 박스는 찾아가기 조금 어려운 곳에 위치합니다. 카메라 애호가 사이에서 명성이 자자한 이곳은 안에 무엇이 들어 있을지 모르는 선물 상자 같은 곳입니다. 벽면에는 일본 브랜드의 중고 카메라와 부품이 빼곡하며, 통로는 한 사람이 겨우 지나갈 수 있을 정도로 좁습니다. '없는 것 빼고 다 있다'라는 표현이 떠오를 정도로 재고가 많은 것도 장점입니다.

INFO

주소 B1F 1-13-7 Nishishinjuku, Shinjuku-ku, Tokyo **영업시간** 10:30~19:30 **휴무일** 무휴

TIP

가격표에 적힌 카메라 상태를 반드시 확인하세요.

89

레트로 게임 천국

Retro Game Camp

어릴 적, 게임에 몰두하며 즐거운 시간을 보낸 기억이 있습니다. 보드게임의 종이 지폐를 가득 쥐었을 땐 진짜로 부자가 된 기분이었고, 부모님 몰래 이불을 뒤집어쓰고 하던 RPG에선 나라를 구한 영웅이 된 듯한 기분이었어요. 어른이 된 지금, 그 시절의 순수한 감정은 희미해졌지만 가끔은 당시의 즐거움을 회상하며 모험을 떠나고 싶은 욕구를 느끼곤 합니다.

Super Potato

레트로 게임의 성지

레트로 게임을 찾는다면 꼭 방문해야 할 중고 게임 숍, 슈퍼 포테이토. 폭넓은 상품과 압도적인 물량을 자랑하며, 인기 타이틀뿐 아니라 당시에는 상상하기 힘들었던 어마어마한 프리미엄이 붙은 게임 팩도 있습니다. 또 게임 센터를 마련해놓아 추억의 오락실 분위기 속에서 지금은 접하기 힘든 게임을 플레이할 수도 있습니다.

INFO

주소 3~5F 1-11-2 Sotokanda, Chiyoda-ku, Tokyo **영업시간** 11:00~20:00 **휴무일** 무휴

TIP

슈퍼 포테이토 오리지널 굿즈도 놓치지 마세요.

Yellow Submarine RPG Shop

일본 넘버원 아날로그 게임 숍

옐로 서브마린은 일본 최고의 보드게임 전문 숍이자 아날로그 게임 애호가들의 필수 코스로 꼽히는 곳입니다. 다양한 보드게임과 카드 게임 등을 취급하며, 최신 게임부터 클래식 게임까지 여러 시대의 게임을 갖추었습니다. 게임 장르 또한 다양해 취향에 맞는 보드게임을 찾는 재미가 있습니다.

INFO

주소 6F 4-6-1 Sotokanda, Chiyoda-ku, Tokyo **영업시간** 평일 12:00~20:00, 토요일 11:00~20:00, 일요일·공휴일 11:00~19:00 **휴무일** 무휴

TIP

매장 한편에 게임을 즐길 수 있는 테이블을 놓아두었습니다.

Retro Game Camp

추억의 게임을 찾아서

레트로 게임 캠프에서는 다양한 게임 콘솔 타이틀을 만날 수 있습니다. 패미콤, 게임보이 같은 유명 콘솔을 중심으로 PC 엔진, 네오지오, 세가 새턴 등을 통해 선보였던 걸출한 작품도 있습니다. 모든 상품은 엄격한 검수를 거치며, 게임보이 팩은 배터리를 교체한 뒤 진열합니다. 덕분에 배터리 방전으로 인한 저장 불가 문제 없이 안심하고 게임을 즐길 수 있습니다.

INFO

주소 3-14-7 Sotokanda, Chiyoda-ku, Tokyo **영업시간** 11:00~20:00 **휴무일** 무휴

TIP

금색 스티커에 배터리 교환 연도가 적혀 있습니다.

90

추억의 게임이 기다리는 이색 카페&바

8bit cafe

레트로 게임을 구매할 수 있는 곳을 살펴봤으니 다음은 레트로 게임을 주제로 한 카페&바로 발걸음을 옮겨보겠습니다. 8비트 사운드가 심장을 뛰게 만드는 곳! 잊고 지내던 게임 타이틀이 가득한 곳! 낭만이 넘치던 그때를 떠올릴 수 있는 곳으로!

8bit cafe

레트로 게임과 함께하는 추억의 휴식 공간

8비트 카페는 이름 그대로 1980~1990년대 8비트 게임을 즐길 수 있는 카페 겸 바입니다. 가게는 방과 후 친구들끼리 삼삼오오 모여 게임을 즐기던 방을 모티브로 합니다. 방(이라 쓰고 가게)에는 게임뿐 아니라 만화책, 피겨도 가득하며 BGM으로 옛 게임 음악이나 게임기에 내장된 음악인 칩튠이 흐릅니다. 마리오, 메가맨(록맨), 뿌요뿌요 등 게임에서 모티브를 얻은 독특한 음료도 마실 수 있습니다.

TIP

가게 내에서는 영상을 촬영할 수 없습니다.

INFO

주소 5F 3-8-9 Shinjuku, Shinjuku-ku, Tokyo **영업시간** 19:00~24:00
휴무일 화요일 **가격** 커버 차지 1인 500엔, 음료 600엔~

Game Bar A-Button

맥주와 레트로 게임 삼매경

TIP

게임보이는 다른 손님이 이용 중일 경우, 플레이 할 수 없습니다.

게임 바 에이버튼은 아키하바라 중심가에서 다소 떨어져 있지만 레트로 게임 애호가에게 인기 코스로 자리 잡은 바입니다. 카운터에 비치된 게임보이로 게임을 즐길 수 있는데, 손님 중에는 아키하바라에서 구매한 게임을 자신의 휴대용 게임기로 플레이하는 이들도 있습니다. 맥주를 마시며 게임 삼매경에 빠지기 좋은 공간으로 화장실 문을 여닫을 때 들리는 '젤다의 전설' 효과음도 소소한 재미를 더해줍니다.

INFO

주소 1-13-9 Taito, Taito-ku, Tokyo **영업시간** 월~토요일 17:00~23:00, 일요일 16:00~23:00 **휴무일** 부정기 **가격** 커버 차지 1인 500엔, 음료 500엔~

Coffee Zingaro

레트로 게임과 함께하는 추억의 휴식 공간

준킷사(순수한 킷사) 진가로는 세계적으로 유명한 아티스트 무라카미 타카시와 그의 아트 컴퍼니 카이카이키키가 프로듀스한 카페입니다. 레트로 킷사텐을 모티브로 꾸민 공간에는 자리마다 게임 테이블을 두어 실제로 게임을 즐기는 것도 가능합니다. 가게 벽면에는 무라카미 타카시의 대표작 '미소 짓는 꽃'의 픽셀아트로 가득하며, 커다란 TV로는 옛 게임을 패러디한 작품을 상영합니다. 무라카미 타카시의 '미소 짓는 꽃'이 새겨진 음식도 놓칠 수 없는 포인트입니다.

TIP

게임은 500엔으로 '미소 짓는 꽃' 메달과 교환해 즐길 수 있습니다.

INFO

주소 2F 5-52-15 Nakano, Nakano-ku, Tokyo **영업시간** 12:00~19:00
휴무일 화·수요일 **가격** 꽃 팬케이크 1,200엔, 말차 라테 800엔

91

기분 좋은 주말에는 플리마켓으로

주말이면 도쿄에 흥미로운 플리마켓이 펼쳐집니다. 유기농으로 키운 과일을 맛보거나 괜스레 꽃 한 송이를 사며 콧노래를 불러보는 건 어떨까요? 무심코 들른 골동품 시장에서 마음에 쏙 드는 새 친구를 발견할지도 모르죠.

Oedo Antique Market

도쿄 최대 규모의 앤티크 마켓

오에도 앤티크 마켓은 야외에서 개최되는 앤티크 플리마켓 중 도쿄 최대 규모를 자랑합니다. 수많은 물량 중 일본과 해외를 통틀어 어디서도 볼 수 없었던 오직 하나뿐인 제품을 만날 수 있다는 점은 오에도를 들러야 할 가장 큰 이유입니다. 최대 규모의 플리마켓인 만큼 옛날로 타임머신을 타고 돌아간 듯한 의상을 입고 패션을 뽐내는 사람들도 있습니다. 해외의 큰 플리마켓처럼 오에도 앤티크 마켓 또한 전통과 작은 일상까지 엿볼 수 있는 매력 넘치는 이벤트입니다.

INFO

주소 3-5-1 Marunouchi, Chiyoda-ku, Tokyo **개최 시기** 첫째·셋째 주 일요일 09:00~16:00

TIP

개최 정보는 www.antique-market.jp에서 확인하세요.

Farmers Market

농가와 소비자를 직접 잇는 주말 시장

아오야마 광장에서는 주말마다 플리마켓이 열립니다. 우리가 소비하는 식재료의 가치를 재조명하는 것, 판매자와 소비자의 이해도를 높이기 위한 첫걸음으로서 파머스 마켓이 시작되었습니다. "손님! 이것 좀 먹어봐요!", "바람을 맞으며 강하게 키운 거예요"라며 농가에서 직접 재배한 채소와 과일, 빵과 와인, 그리고 꽃과 바구니 등 땀의 결실을 전하려는 목소리가 가득합니다.

INFO

주소 5-53-70 Jingumae, Shibuya-ku, Tokyo **개최 시기** 토·일요일 10:00~16:00

TIP

개최 정보는 인스타그램(@farmersmarketjp)에서 확인하세요.

Shibuya Antique Market

새로운 낭만을 찾아 떠나는 여행

시부야 가든 타워에서는 둘째·넷째 주 일요일에 플리마켓이 개최됩니다. 100여 개의 셀러가 참여하는 이벤트는 앤티크 제품뿐 아니라 기모노를 리폼한 의류, 핸드메이드 액세서리, 중고 LP와 서적까지 다양한 카테고리의 제품이 나옵니다. 이번 주말은 시간이란 멋을 새긴, 낭만 가득한 물건을 찾아 떠나보는 건 어떨까요?

INFO

주소 16-17 Nanpeidaicho, Shibuya-ku, Tokyo **개최 시기** 둘째·넷째 주 일요일 10:00~16:00

TIP

개최 정보는 인스타그램(@hipster.tokyo)에서 확인하세요.

92

도심 속 컨템퍼러리 아트 산책

VOILLD

도쿄에는 크고 작은 갤러리가 많습니다. 일본이 주목하고 앞으로 주목해야 할 동시대 작가의 작품을 감상할 수 있는 갤러리에는 어떤 곳이 있을까요? 새로운 시각과 영감을 얻을 수 있는 도심 속 컨템퍼러리 아트 갤러리를 소개합니다.

VOILLD

아트와 친해지길 바라

고탄다의 보일드는 도쿄를 중심으로 활동 중인 작가, 크리에이터의 작품을 선보이는 곳입니다. 한마디로 정의할 수 없는 다채로운 장르의 젊은 작가를 소개하며, 예술 작품을 처음 접하는 관람객에게도 예술에 보다 친근하게 다가가도록 돕는 데 중점을 둡니다. 또 도쿄 아트 바자(TOKYO ART BAZAAR)라는 약 40그룹의 작가와 크리에이터가 참여하는 아트 이벤트도 주기적으로 개최하고 있습니다.

INFO **주소** 3-17-4 Higashigotanda, Shinagawa-ku, Tokyo **영업시간** 12:00~18:00 **휴무일** 월·화요일, 전시 준비 기간

TIP

전시 정보는 www.voilld.com에서 확인하세요.

WISH LESS

새로운 가치관의 발신

위시리스는 그래픽 디자이너 나가이 요코 씨와 화가 롭 키드니 씨가 2012년에 문을 연 갤러리 겸 숍입니다. 독창적인 세계관을 지닌 작가들의 개인전, 음악을 주제로 다수의 아티스트가 참여하는 그룹전 등을 큐레이션합니다. 갤러리 한편에서는 작품을 기반으로 제작한 굿즈와 인쇄물도 함께 판매해, 잡화점을 둘러보는 느낌으로 가볍게 방문하기 좋습니다.

INFO **주소** 5-12-10 Tabata, Kita-ku, Tokyo **영업시간** 12:00~18:00 **휴무일** 월·화·수요일, 전시 준비 기간

TIP

전시 정보는 www.wish-less.com에서 확인하세요.

PARK GALLERY

예술 애호가들의 놀이터

아키하바라의 커뮤니티형 갤러리인 파크 갤러리는 여러 장르의 크리에이터, 아티스트가 모여 새로운 것을 도모하는 공간입니다. 전시는 작가의 개인전 또는 하나의 주제에 대해 여러 작가가 각자의 생각을 표현하는 그룹전 형태를 띱니다. 풍자나 사물을 바라보는 신선한 시선을 느낄 수 있는 팝아트, 만화나 애니메이션이 떠오르는 작품도 다수 전시합니다. 친근하게 접할 수 있는 작품이 많아 가벼운 마음으로 방문하기 좋습니다.

INFO **주소** 3-5-2 Sotokanda, Chiyoda-ku, Tokyo **영업시간** 13:00~20:00
휴무일 월·화요일, 전시 준비 기간

TIP

전시 정보는 park-tokyo.com에서 확인하세요.

PARCEL

호텔 주차장을 재해석한 예술 공간

상업 갤러리이자 작가의 활동을 보조하는 공간을 지향하는 파셀은 특색 있는 호텔이 모인 니혼바시 DDD 호텔의 주차장 공간을 새롭게 구성한 갤러리입니다. 여러 예술 분야 작가를 소개하며, 장르에 얽매이지 않는 폭넓은 작품을 전시합니다. 작가의 눈을 통해 현시대상을 해석한 작품을 주로 만날 수 있으며 토크 세션이나 갤러리 투어 이벤트도 개최합니다.

INFO **주소** 2-2-1 Nihonbashibakurocho, Chuo-ku, Tokyo **영업시간** 14:00~19:00 **휴무일** 월·화요일, 공휴일, 전시 준비 기간

TIP

전시 정보는 parceltokyo.jp 에서 확인하세요.

Maki Fine Arts

아티스트가 직접 전하는 작품 이야기

카구라자카에 위치한 마키 파인 아트는 일본 중견 작가와 신진 작가를 소개하는 갤러리입니다. 소속 작가들의 작품은 사회 비판적인 작품도 있지만 주로 모더니즘의 특징을 지닌 작품을 전시합니다. 작가의 콘셉트를 존중하는 이곳은 작품을 이해하고 구매하는 과정에서 아티스트와의 소통을 강조합니다. 작가들이 직접 전시를 기획·개최해 작품에 대한 깊은 이야기를 들을 수 있습니다.

INFO **주소** B1F 77-5 Tenjincho, Shinjuku-ku, Tokyo **영업시간** 수~토요일 12:00~19:00, 일요일 12:00~17:00 **휴무일** 월·화요일, 전시 준비 기간

TIP

전시 정보는 makifinearts.com에서 확인하세요.

93

갤러리,
공간의 비밀을 품다

Komagome Soko

도쿄의 작은 동네를 돌아다니다 보면 가정집, 창고, 목욕탕 등 예상치 못한 건물에 예술 작품이 가득한 모습을 종종 발견하곤 합니다. 이들은 무슨 연유에서 이곳을 갤러리로 선택한 것일까요? 궁금증을 가득 안고 공간의 비밀을 품은 갤러리로 들어가보겠습니다.

Komagome Soko

창고에서 탄생한 예술 인큐베이터

코마고메 소코의 소코는 일본어로 창고를 의미합니다. 임대 창고였던 이곳은 일본 국내외의 차세대 혹은 주목할 만한 예술가를 위한 전시 공간으로 변모했습니다. 가능성 있는 예술가들이 활약할 공간이 적다는 점을 아쉬워하며, 형식에 얽매이지 않는 다양한 전시를 통해 미술계의 새로운 가능성을 모색합니다.

INFO

주소 2-14-2 Komagome, Toshima-ku, Tokyo
영업시간 유동적 **휴무일** 부정기, 전시 준비 기간

TIP

전시 정보는 www.komagomesoko.com에서 확인하세요.

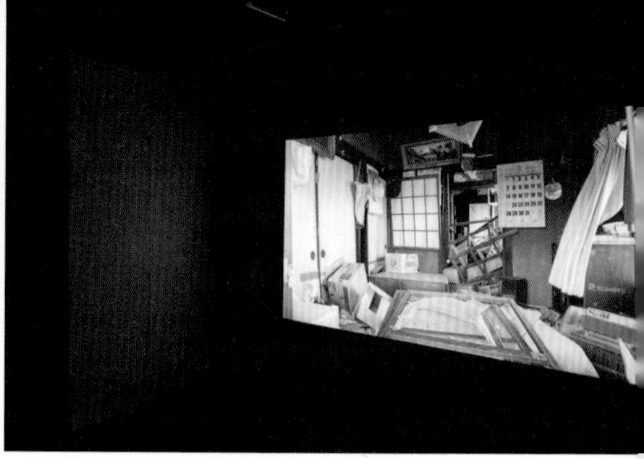

ASAKUSA

큐레이션의 틀을 넓히다

가정집을 개조해 조성한 아사쿠사는 사람들이 쉽게 입 밖으로 꺼내지 못하는 민감한 주제를 다루곤 합니다. 가장 편안한 공간인 집을 연상시키는 이곳에서는 현대사회가 지닌 문제에 대해 자유롭게 생각해보는 시간을 가질 수 있도록 해줍니다. 사회현상과 대치되는 기획을 선보일 때도 있으며, 철학적이며 무겁고 심오한 주제를 다룰 때도 있습니다. 직관적이거나 역설적인 작품은 관람객의 깊은 사고를 이끌어내고 대화로 이어지도록 합니다.

INFO

주소 1-6-16 Nishiasakusa, Taito-ku, Tokyo **영업시간** 12:00~19:00 **휴무일** 월~목요일, 전시 준비 기간

TIP

전시 정보는 www.asakusa-o.com에서 확인하세요.

SCAI THE BATHHOUSE

목욕탕의 놀라운 변신

스카이 더 배스하우스는 재생 공간 디자인의 선구적 사례로 평가받고 있습니다. 1993년, 200년 역사의 목욕탕은 갤러리로서 제2막을 시작합니다. 가정집에 욕조가 보급되며 유서 깊은 목욕탕 카시와유도 끝을 맞이합니다. 폐업 1년 뒤, 카시와유에서 연극을 상연했는데, 그 모습을 본 주인은 이곳을 부수지 말고 남겨야겠다고 결심합니다. 그렇게 카시와유는 갤러리스트들의 손을 통해 현대미술 갤러리 스카이 더 배스하우스로 재탄생했습니다.

INFO

주소 6-1-23, Yanaka, Taito-ku, Tokyo **영업시간** 12:00~18:00 **휴무일** 일·월요일, 공휴일, 전시 준비 기간

TIP

전시 정보는 www.scaithebathhouse.com에서 확인하세요.

DDD ART

일본의 옛 주택을 개조해 만든 아트 갤러리

DDD 아트는 일본 주택의 단순함과 대조되는 개성 강한 아티스트의 작품을 감상할 수 있는 곳입니다. 주거 공간의 모습을 그대로 간직한 전시장은 공간의 힘을 고스란히 느낄 수 있는 매력적인 장소입니다. 전시장은 '나기'와 '소노', 두 공간으로 나뉘어 있으며, 서로 등을 맞댄 형태로 구성되어 있습니다.

INFO

주소 4-41-2 Daizawa, Setagaya-ku, Tokyo **영업시간** 평일 14:00~21:00, 주말 12:00~19:00 **휴무일** 월·화요일, 전시 준비 기간

TIP

전시 정보는 dddart.jp에서 확인하세요.

94

건축 디자이너의 손길이 닿은 절과 신사

도쿄 도심에는 유명 건축 디자이너의 손길이 닿은 절과 신사가 있습니다. 전통적인 아름다움과 현대적 감각을 융합한 이곳에서는 고즈넉한 운치와 함께 세련된 건축미를 느낄 수 있습니다.

도심에 있는 산속 사찰

Sengyoji Temple

마운트 후지 건축 사무소의 하라다 씨는 어린 시절 할머니와 함께 방문한 산속 절에서 영감받아 센교지를 설계했습니다. 산과 절의 관계성에 주목한 그는 우뚝 솟은 건물에 곡선의 철골을 더하고 틈 사이로 나무가 보이도록 했습니다. 건물을 바라보면 산의 등고선과 함께 숲이 연상됩니다. 1층에는 커다란 불상이 자리하며, 그림자 때문에 마치 공중에 떠 있는 듯 보이는 것이 인상적입니다.

INFO

주소 2-20-4 Minamiikebukuro, Toshima-ku, Tokyo

유명 건축가 이시야마 씨는 칸논지를 설계할 당시 부지 모양이 다각형이라는 점에 착안해 형태가 없는 '물'을 모티브로 한 건물을 짓기로 합니다. 계단과 벽면에서는 물방울을 형상화한 이미지를 볼 수 있으며, 그와 대조되는 각진 벽면은 물의 침식작용을 상징합니다. 자연의 축복인 비는 지붕을 지나 계단 옆 커다란 통을 타고 흘러내립니다. 그러다 작은 항아리에 담긴 식물에 이르러 꽃을 피우는 데 필요한 양분이 됩니다. 순환하는 물, 피고 지기를 반복하는 꽃은 윤회를 떠올리게 합니다.

물을 형상화한 절
Kannonji Temple

INFO

주소 1-7-1 Nishiwaseda, Shinjuku-ku, Tokyo

쿠마 켄고의 디자인 철학을 엿보다 -1-
Akagi Shrine

카구라자카의 아카기 신사는 쿠마 켄고의 디자인 철학을 살펴볼 수 있는 곳입니다. 커다란 토리이를 지나 계단을 오르면 벚나무를 마주하게 됩니다. 봄에는 흩날리는 벚꽃이 깔끔한 경내와 어우러져 아름다운 풍경을 자아냅니다. 신사는 쿠마 켄고가 디자인을 검수한 주택 건물과 접하고 있으며, 수직 정렬 디자인의 맨션 건물이 정돈된 형태의 신사를 더욱 돋보이게 합니다. 신사는 일본 전통의 격자 형태를 띠는 지붕, 투명한 유리창이 합쳐져 고전적이면서도 도회적인 분위기를 풍깁니다.

INFO

주소 1-10 Akagi Motomachi, Shinjuku-ku, Tokyo

Zuishoji Temple

쿠마 켄고의 디자인 철학을 엿보다 -2-

일본의 중요문화재로 지정된 즈이쇼지 경내에는 일본을 대표하는 건축가 쿠마 켄고가 설계한 요사채(스님들이 생활하는 집)가 있습니다. 경내 가운데 연못이 위치한 형태로, 햇빛에 반사된 흔들리는 물결의 그림자가 수직으로 올곧게 서 있는 나무와 만나 묘한 감성을 불러일으킵니다. 길 모퉁이에서 절을 바라보면 웅장한 절과 수면에 비친 모습이 하나가 되어 액자에 담긴 그림처럼 아름다운 모습을 감상할 수 있습니다.

INFO

주소 3-2-19 Shirokanedai, Minato-ku, Tokyo

Zuishoji Temple

95

좋은 기운이 모인 파워 스폿

Gotokuji Temple

일본 사람들은 마음의 평온을 찾고 싶을 때 파워 스폿이라 불리는 곳에 가곤 합니다. 도쿄의 파워 스폿 중에는 사진으로 남기고 싶을 만큼 흥미로운 장소도 있습니다. 즐겁게 여행을 떠나는 마음으로 방문하면 좋을 도쿄의 파워 스폿을 소개합니다.

Hie Shrine

원숭이 신과 함께 승승장구!

아카사카의 파워 스폿 히에 신사를 소개합니다. 히에 신사에는 산의 신이라 불리는 원숭이 석상이 있습니다. 신사를 정면으로 바라보고 오른쪽은 아빠, 왼쪽은 엄마 원숭이입니다. 아빠 원숭이는 직업운과 사업 번창을, 엄마 원숭이는 연애, 임신, 순산을 기원하는 의미를 담고 있습니다. 가끔 소원이 이루어지길 빌며 원숭이 위에 술이나 바나나를 올려둔 모습도 볼 수 있습니다.

INFO

주소 2-10-5 Nagatacho, Chiyoda-ku, Tokyo

TIP

붉은색 토리이가 겹겹이 서 있는 센본토리이는 사진 스폿으로 유명합니다.

사업번창

Gotokuji Temple

고양이의, 고양이에 의한, 고양이를 위한

고토쿠지는 복을 부르는 고양이, 마네키네코의 발상지로 알려져 있습니다. 500년 이상의 역사를 지닌 절은 마네키네코의 발상지답게 1,000점 이상의 고양이 모형으로 빼곡히 채워져 있습니다. 주로 집안의 평안, 사업 번창, 개운을 바라는 사람들이 많이 방문합니다. 역부터 절까지 가다 보면 마을 구석구석 고양이에서 모티브를 얻은 조각이나 그림이 숨어 있어 하나씩 찾아보는 소소한 재미가 가득합니다.

INFO

주소 2-24-7 Gotokuji, Setagaya-ku, Tokyo

TIP

다양한 사이즈의 마네키네코를 구입할 수 있습니다.

Hatonomori Hachiman Shrine

비둘기 운세와 후지산

옛날 일본 사람들은 후지산을 영험한 곳으로 생각했습니다. 그들은 직접 후지산에 가지 못하는 아쉬움을 달래고자 돌을 쌓아 후지산과 비슷한 후지총을 만들어 잠시나마 후지산을 오르는 기분을 맛보곤 했습니다. 센다가야의 하토노모리 신사는 도쿄에서 가장 오래된, 약 200년 된 후지총이 있습니다. 후지총 정상에 올라 소원을 빈 뒤, 신사를 대표하는 비둘기 운세를 뽑습니다. 한편에는 소원을 적은 나무판인 에마와 비둘기 운세가 가득한 귀여운 장소도 있습니다.

INFO

주소 1-1-24 Sendagaya, Shibuya-ku, Tokyo

TIP

비둘기 운세에 凶(흉), 大凶(대흉)이라고 적혀 있으면 지정된 장소에 묶어두고 오세요.

96

도쿄의 밤은 낮보다 아름답다

Yebisu Garden Place Tower

화려한 네온사인, 눈부신 빌딩이 끝없이 펼쳐진 도쿄의 야경은 특별한 시간을 선사합니다. 도쿄의 수많은 전망대 중 마음 가볍게 도쿄의 밤을 감상할 수 있는 무료 전망대를 모았습니다.

Yebisu Garden Place Tower

숨은 야경 명소

에비스 가든 플레이스의 38층은 숨은 도쿄 야경 명소입니다. 동쪽 전망대에서는 도쿄 타워와 레인보 브리지, 북서쪽 전망대에서는 시부야, 신주쿠를 볼 수 있습니다. 차분한 분위기의 전망대는 데이트 코스로도 인기입니다.

INFO

주소 38F 4-20 Ebisu, Shibuya-ku, Tokyo **영업시간** 11:00~23:30 **휴무일** 무휴

TIP

스카이라운지인 톱 오브 에비스(TOP of YEBISU)의 전용 엘리베이터를 이용하세요.

Tokyo Metropolitan Government Building

도쿄 중심에서 즐기는 야경

도쿄 도청은 야경을 즐기고 싶은 여행객이라면 여러 번 방문할 정도로 도쿄의 무료 전망대를 대표하는 곳입니다. 맑은 날 어스름이 깔리는 시간대에 방문하면 도쿄의 야경과 멀리 위치한 후지산이 어우러진 진귀한 풍경을 볼 수 있습니다.

INFO

주소 45F The North Observatory 2-8-1 Nishishinjuku, Shinjuku-ku, Tokyo **영업시간** 09:30~22:00 (입장 마감 21:30) **휴무일** 부정기

TIP

전망대 내부에 작은 기념품 숍과 카페가 있습니다.

Shibuya Hikarie

화려한 시부야의 밤

히카리에는 화려한 네온사인으로 대변되는 시부야 야경을 볼 수 있는 곳입니다. 특히 도쿄 하면 떠오르는 시부야 스크램블 교차로의 복잡한 모습을 담을 수 있어 많은 사진, 영상 작가가 방문하는 야경 스폿입니다.

INFO

주소 11F 2-21 Shibuya, Shibuya-ku, Tokyo **영업시간** 11:00~23:00 **휴무일** 무휴

TIP

히카리에에서 쇼핑을 마친 후 잠시 들르기 좋은 곳입니다.

KITTE Marunouchi

도쿄역 야경 스폿은 여기

키테의 옥상 정원은 도쿄역을 감상하기에 가장 좋은 장소입니다. 붉은 벽돌로 이루어진 고풍스러운 도쿄역과 그 주변을 둘러싸고 있는 현대적인 고층 건물이 대비되어 도쿄역을 더욱 아름다워 보이도록 합니다.

INFO

장소 6F 2-7-2 Marunouchi, Chiyoda-ku, Tokyo **영업시간** 11:00~22:00 **휴무일** 무휴

TIP

삼각대를 이용한 사진 촬영은 삼가 주세요.

Carrot Tower

동네 주민들의 야경 쉼터

산겐자야의 캐롯 타워에 위치한 전망대는 독특한 분위기를 풍깁니다. 전망대를 마주한 소파에는 야경을 바라보며 조용히 휴식을 취하는 사람들로 가득합니다. 다른 전망대와 비교해 야경의 아름다움은 덜 화려하지만 맑은 날에는 후지산을 정면으로 바라볼 수 있어 한적하게 풍경을 즐기고 싶은 이들이 많이 찾습니다.

INFO

주소 26F 4-1-1 Taishido, Setagaya-ku, Tokyo **영업시간** 09:30~22:50 **휴무일** 둘째 주 수요일

TIP

건물 2층에서 전망대 전용 엘리베이터를 이용하세요.

97

도쿄 타워, 노래로 기억하다

시간에 따라 모습을 달리하는 도쿄 타워의 아름다움을 담을 수 있는 장소와 그와 어울릴 법한 노래를 준비했습니다. 찰나의 순간을 넘어 오랫동안 기억에 남을 추억이 되길 바라며.

Shiba Park 4th Block

여름의 시작과 끝을 노래하다

시바 공원은 가로수길 사이에 우두커니 서 있는 도쿄 타워의 모습을 담을 수 있는 곳입니다. 싱그러운 녹음과 대비되는 도쿄 타워와 한적한 공원 분위기가 인상적입니다. 많은 이들이 방문하는 여름의 시작과 끝을 떠올리게 하는 곡을 확인해보세요.

INFO **주소** 3-2 Shibakoen, Minato-ku, Tokyo
TIP 장시간의 사진·영상 촬영은 금지입니다.

♫ *Kanashiikurai diamond - RYUSENKEI, HITOMITOI*
♫ *Last Summer Whisper - Anri*

Azabudai Hills

담담한 일상의 기록

아자부다이 힐스에서는 도쿄 타워의 전체 모습을 내려다볼 수 있습니다. 손에 닿을 듯 크고 가깝게 보이는 도쿄 타워 풍경이 백미입니다. 도쿄 타워 전체 모습을 온전히 기록하고 싶다면 낮과 밤 모두 방문하길 추천합니다. 이곳과 어울리는 노래로 낮의 도쿄 타워를 바라보며 가볍게 들을 수 있는 곡을 골랐습니다.

INFO **주소** 33F 1-3-1 Azabudai, Minato-ku, Tokyo

TIP 스카이 로비는 34층 카페 이용자에 한해 개방합니다.

♫ ***Don't Know What's Normal - Shintaro Sakamoto***

♫ ***Hitotsu no inochi - STUTS, BIM***

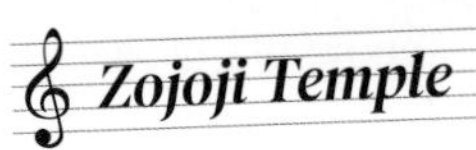

노란빛으로 물든 오후

조조지는 해가 지기 시작하며 서서히 노란빛에 잠기는 도쿄 타워를 기억하기 좋은 곳입니다. 경내나 절 오른쪽 도로, 근처 토후야 우카이의 계단에서 주로 사진을 찍습니다. 느슨한 오후의 여유를 즐길 수 있는 곡과 함께 석양을 즐겨보세요.

INFO **주소** 4-7-35 Shibakoen, Minato-ku, Tokyo

TIP 벚꽃 시즌에는 꽃잎과 함께 도쿄 타워 사진을 남길 수 있습니다.

♫ *Sweet Love - Junko Ohashi*

♫ *Love was Really Gone - Makoto Matsushita*

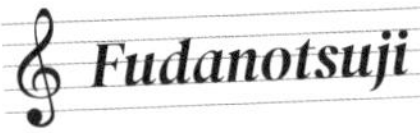

밤의 입구에서

후다노츠지는 어둠이 도시를 삼키기 전, 빌딩 윤곽과 도쿄 타워의 불빛이 어우러진 감성적인 풍경을 기록할 수 있는 곳입니다. 사라져가는 노을의 아쉬움과 다가오는 밤의 즐거움을 담은 노래를 선정했습니다.

INFO **주소** 3-5 Mita, Minato-ku, Tokyo

TIP 후다노츠지 육교도 사진 명당입니다.

♫ ***DELIGHT IN RE-CREATION - LUVRAW & BTB***

♫ ***Girl's in Love with Me(2022 Remaster) - Yoshino Fujimal***

7-Eleven Minato City Shiba 3-chome

분주함과 멈춤 사이에 서서

이곳에서 사진을 찍다 보면 퇴근을 서두르는 도로 위 차를 사이에 두고 도쿄 타워와 나만 멈춘 듯한 인상을 받곤 합니다. 빠르게 흘러가는 세상에서 조금은 천천히 걷고 싶을 때, 슬로 템포로 고개를 끄덕일 수 있는 노래를 감상해보는 것은 어떨까요?

INFO **주소** 3-15-9 Shiba, Minato-ku, Tokyo

TIP 횡단보도를 걸으며 영상을 남기는 사람들도 많아요.

♫ ***Feelin' 29 - 5lack, KOJOE***

♫ ***Slow Wine - grooveman Spot, MoMo***

로맨틱한
도쿄의 밤

롯폰기 힐스는 도쿄 타워의 야경을 바라보며 사랑을 속삭이기에 더할 나위 없는 곳입니다. 몽글몽글한 도쿄 타워의 불빛처럼 로맨틱한 기분을 더욱 끌어올려줄 음악을 선택했습니다.

INFO **주소** 6-10-1 Roppongi, Minato-ku, Tokyo

TIP 루이즈 부르주아의 거대한 거미 조형물 '마망' 뒤편 계단이 도쿄 타워 뷰 명당입니다.

♫ *Rendezvous - KAHOH & Yo-Sea*

♫ *Circus Night - Tavito Nanao*

98

봄봄봄 봄이 왔어요

3월 말부터 4월 중순까지, 2~3주 정도의 짧은 벚꽃 시즌. 적절한 인파, 여유로운 분위기 속에서 도쿄 벚꽃을 가장 아름답게 감상할 수 있는 곳을 소개합니다. 따뜻한 햇살과 함께 핑크빛 추억을 남겨보세요.

Chidorigafuchi Moat

보트를 타면서 벚꽃을 즐길 수 있는 명소

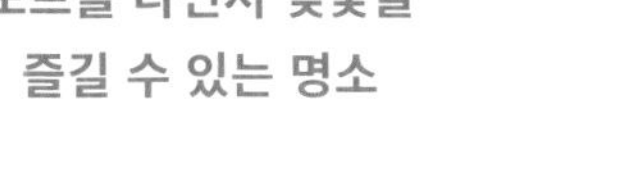

약 700m 길이의 산책로에서 벚꽃을 즐길 수 있으며 특히 보트 위에서 흐드러진 꽃잎을 구경할 수 있는 유명 벚꽃 맛집입니다. 수면 위로 떨어진 벚꽃이 만든 핑크빛 연못은 또 다른 장관을 연출합니다.

TIP

비가 오면 운영하지 않으니 주의하세요!

INFO

장소 치도리가후치료쿠도 **전철** 쿠단시타

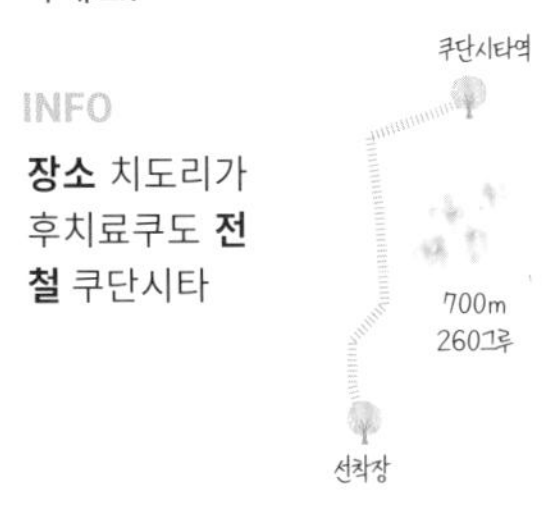

Sumida Park

벚꽃과 스카이트리의 핑크빛 컬래버레이션

강을 따라 약 1km 길이의 벚꽃 가로수길이 펼쳐져 있습니다. 에도시대에 심은 700여 그루의 벚나무와 도쿄 랜드마크인 스카이트리를 함께 구경할 수 있어 인기 벚꽃 명소로 손꼽힙니다.

TIP

밤에는 스카이트리의 라이트업과 함께 벚꽃을 즐길 수 있어요.

INFO

장소 스미다 공원 **전철** 아사쿠사

Edo Sakura Dori

고풍스러운 건물과 하나 된 벚꽃의 아름다움

에도사쿠라 거리는 다른 곳과 비교하면 거리는 짧지만 어느 곳보다 강렬한 밤 벚꽃의 아름다움을 즐길 수 있습니다. 분홍빛으로 라이트업한 벚꽃과 고풍스러운 건물의 조합은 현실과 동떨어진 느낌까지 들게 합니다.

TIP

거리가 끝나는 지점의 횡단보도 앞이 사진 명소입니다.

INFO

장소 에도사쿠라 도리 **전철** 미츠코시마에

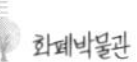

Nakano Dori

벚꽃과 함께하는 2.3km 산책 코스

나카노 벚꽃 거리는 꽃이 지기 시작할 무렵, 300그루의 나무에서 꽃잎이 떨어지는 아름다운 풍경을 만끽하기 좋은 산책 코스 중 하나입니다. 따뜻한 커피를 들고 산책을 즐기는 것만으로도 행복해지는 경험을 할 수 있을 거예요.

TIP

4월 초 아라이야쿠시 공원에서 벚꽃 축제를 즐길 수 있습니다.

INFO

장소 나카노도리 **전철** 나카노, 아라이야쿠시마에

99

도쿄의 여름 축제

여름에 반드시 도쿄를 찾아야 하는 이유. 반짝이는 조명 아래 퍼지는 북소리, 코끝을 스치는 여름밤의 향기까지. 생애 가장 빛나는 추억을 만들기 위해 놓쳐서는 안 될 도쿄의 여름 축제를 소개합니다.

Koenji Awa-Odori

100만 명과 함께 즐기는 도쿄 대표 축제

아와오도리는 일본 토쿠시마현의 향토 무용입니다. 1957년, 코엔지 상점가의 청년들은 마을을 부흥시키기 위해 아와오도리를 도입해 코엔지를 대표하는 축제로 발전시켰습니다. 100만 명의 관객이 찾는 대규모 축제 코엔지 아와오도리는 이틀 동안 진행됩니다. 1만 명이 넘는 공연 참가자가 시내를 돌며 춤추는 풍경이 장관을 이룹니다.

INFO

장소 코엔지역 상점가 주변 **전철** 코엔지 **개최 시기** 매년 8월 마지막 주 토·일요일

TIP 맛집에서 운영하는 포장마차를 꼭 이용해보세요.

Kinshicho Bon-Odori

도쿄의 레이브 파티, 킨시초 본오도리

본오도리는 선조를 공양하는 의미에서 시작된 일본의 전통 춤 축제입니다. 그중 1982년부터 시작된 킨시초 본오도리는 이틀간 열리며, 라이브 음악에 맞춰 3만 명이 넘는 방문객이 함께 춤추고 먹고 마시며 즐기는 도쿄의 대표 여름 축제입니다.

INFO

장소 타테카와 공원 **전철** 킨시초 **개최 시기** 매년 7~8월

TIP 춤이 쉬워서 금방 따라 할 수 있어요.

Itabashi Hanabi

아련한 여름밤의 추억 이타바시

8월, 도쿄와 사이타마를 나누는 경계인 아라카와강에서 1만 3,000발의 불꽃이 하늘을 밝게 수놓습니다. 대형 불꽃부터 예술 불꽃, 그리고 포켓몬, 이모지 불꽃 같은 위트 있는 불꽃과 700m의 나이아가라 폭포 불꽃까지. 가슴 뛰는 불꽃 소리와 함께 잊지 못할 여름밤 추억을 만들어볼까요?

INFO

장소 아라카와 강둑 **전철** 이타바시 **개최 시기** 8월

TIP 유료 좌석은 예약이 필요해요.

100

가을,
도쿄와 사랑에 빠지다

Tokyo University Ginko Trees

따가운 여름 햇살이 완연해질 때쯤, 도쿄는 싱그러운 푸르름을 뒤로하고 낭만 가득한 계절을 맞이합니다. 천천히 물들어가는 단풍을 바라보면 영화 <미술관 옆 동물원>의 대사가 떠오릅니다. "사랑이란 게 처음부터 풍덩 빠지는 건 줄로만 알았지, 이렇게 서서히 물들어버릴 수 있는 건 줄은 몰랐어."

Meiji Jingu Gaien Ginkgo Avenue

도쿄에서 가장 아름다운 은행나무 가로수길

INFO **장소** 메이지진구 가이엔 **전철** 가이엔마에

TIP 방문 추천 시기는 11월 중순~12월 초입니다.

메이지진구 가이엔은 도쿄의 가을을 대표하는 단풍 명소입니다. 곧게 뻗은 146그루의 은행나무 거리는 추억을 남기려는 사람들로 항상 북적입니다. 낮에는 도로 건너편에서 바라보는 단풍 가로수길이 아름답고, 밤에는 잔잔한 분수대에 비친 은행나무가 특유의 감성을 자아냅니다.

Yoyogi Park

노란빛 은행 카펫 라이드

INFO **장소** 요요기 공원 **전철** 하라주쿠

TIP 공원 수경 시설 근처 빨간 단풍나무도 매력적입니다.

사계절 언제 가든 운치 있는 요요기 공원이지만 가을은 요요기 공원을 더욱 특별한 곳으로 만들어줍니다. 커다란 은행나무가 서 있는 입구를 지나 공원 안쪽을 거닐다 보면 끝없이 펼쳐진 은행잎 카펫을 마주하게 됩니다. 노란빛으로 물든 세상은 바라보는 것만으로도 마음이 치유되는 느낌을 줍니다.

Kishimojin Temple

600년 된 은행나무와 함께하는 가을 풍경

INFO **장소** 키시모 신당 **전철** 조시가야

TIP 셋째 주 일요일에는 공예품 플리마켓이 개최됩니다. 자세한 정보는 tezukuriichi.com에서 확인하세요.

한적한 가을 정취를 느낄 수 있는 숨은 단풍 명소 키시모 신당에는 600년 된 은행나무가 있습니다. 웅장한 나무 주변을 둘러싼 붉은 토리이는 은행잎과 만나 신비로운 자태를 뽐냅니다. 가만히 풍경을 감상하다 보면 동네 고양이들이 나무 근처로 몰려와 잠시 휴식을 취하는 모습도 볼 수 있습니다.

Tokyo University Ginko Trees

낭만과 추억의 가을 캠퍼스

가을의 도쿄대학교는 캠퍼스의 낭만을 온전히 느낄 수 있는 장소입니다. 커다란 은행나무 옆에 앉아 여유로운 시간을 즐기는 사람도, 가을이 익어가는 풍경을 화폭에 옮기는 사람도 마주할 수 있습니다. 낙엽이 뒹구는 가로수길을 걸으며 잠시 추억 여행을 떠나보길 바랍니다.

INFO **장소** 도쿄대학교 은행나무 가로수 **전철** 토다이마에

TIP 캠퍼스 안 산시로 연못도 단풍 명소입니다.

Otaguro Park

가을밤을 물들이는 알록달록 단풍나무

오타구로 공원은 낮에도 좋지만 밤이 더 아름다운 단풍 스폿입니다. 공원 입구에 늘어선 100년 이상 된 은행나무를 지나면 일본식 정원이 펼쳐집니다. 특정 시기에만 즐길 수 있는 라이트업 이벤트는 단풍 풍경이 수면에 반사되어 절경을 연출합니다.

INFO **장소** 오타구로 공원 **전철** 오기쿠보 **개방시간** 09:00~17:00(11월 말~12월 초 09:00~20:00)

TIP 단풍 라이트업 이벤트 개최 정보는 hakone-ueki.com/sub에서 확인하세요. 오후 5시 이후 방문 시 공원 입장료는 300엔입니다.

101

반짝반짝 겨울밤을 밝혀줄 일루미네이션

Omotesando Illumination

겨울이 시작되면 가로수길은 화려한 빛으로 새 단장을 마치고 도시를 비추기 시작합니다. 도쿄를 아름답게 물들이는 일루미네이션과 함께 차가운 날씨와 따뜻한 빛이 공존하는 풍경으로 여행에 마침표를 찍어 보세요.

Omotesando Illumination

고요한 밤 거룩한 밤

없던 사랑도 꽃피우게 만든다는 오모테산도의 일루미네이션. 1km 거리를 약 90만 개의 따뜻한 불빛으로 수놓은 장관은 도쿄에서 감상할 수 있는 최고의 일루미네이션입니다. 매년 다른 디자인의 거대 트리 조형물을 감상할 수 있는 오모테산도 힐스도 잊지 말고 방문해보세요.

INFO

장소 오모테산도 **전철** 오모테산도

TIP

개최 정보는 omotesando.or.jp/illumi에서 확인하세요.

Keyakizaka Illumination

SNS 사진 맛집

롯폰기의 케야키자카는 겨울에 가장 붐비는 거리입니다. 400m의 좁은 도로에 늘어선 푸른 일루미네이션은 차량의 헤드라이트와 합쳐져 몽환적인 분위기를 자아냅니다. 루이 비통 매장 부근의 횡단보도는 도쿄 타워와 일루미네이션을 배경으로 사진을 찍으려는 사람들로 가득합니다. 비탈길을 마주한 롯폰기 힐스에서는 일루미네이션과 크리스마스 마켓을 구경할 수 있습니다.

INFO

장소 롯폰기 케야키자카도리 **전철** 롯폰기

TIP

개최 정보는 www.roppongihills.com/events에서 확인하세요.

AONODOKUTSU SHIBUYA Illumination

빛의 동굴을 거닐다

푸른 동굴이란 뜻의 아오노 도쿠츠는 도쿄의 다른 일루미네이션에 비해 비교적 최근에 생긴 이벤트입니다. 요요기 공원에서 시작한 일루미네이션은 900m까지 이어지며 약 70만 개의 전구가 은은한 빛을 발합니다. 일부 구간은 바닥에 반사되는 재질을 덧대 위아래로 일루미네이션이 펼쳐지는 듯 신비한 분위기를 조성합니다.

INFO

장소 요요기 공원 느티나무 **전철** 시부야

TIP

개최 정보는 shibuya-aonodokutsu.jp에서 확인하세요.

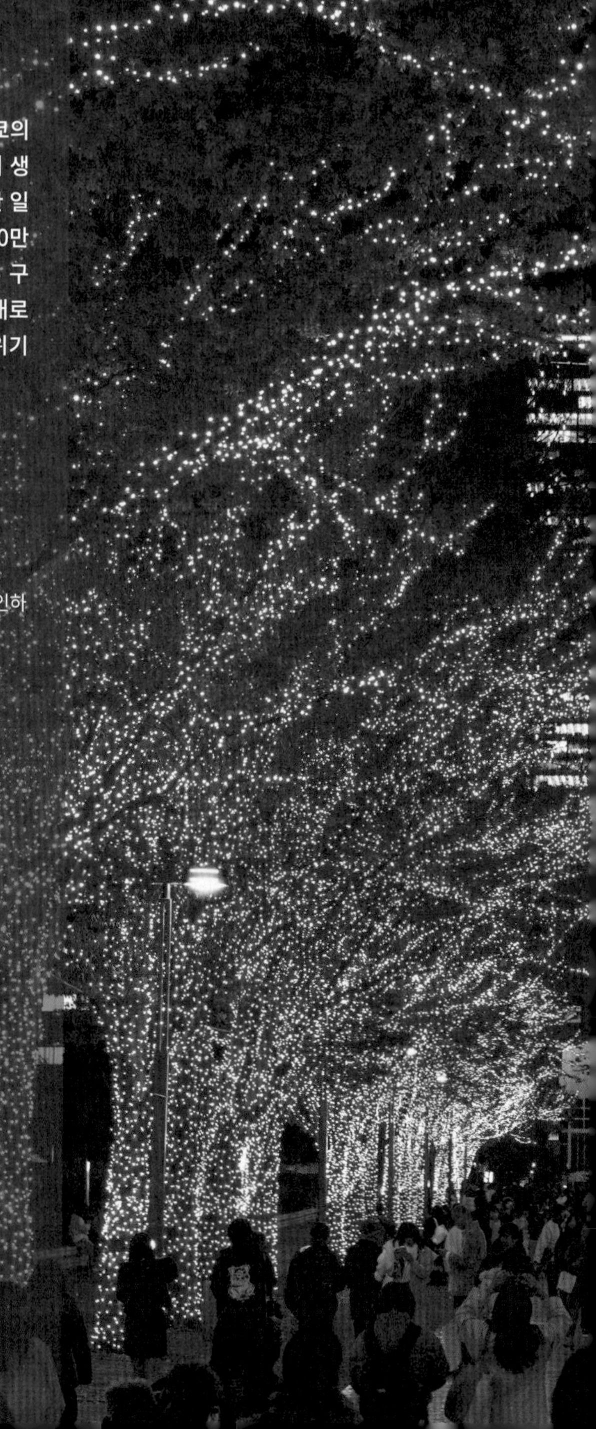